Compact NMR

小型核磁共振

（德）

伯恩哈德·布拉米克（Bernhard Blümich）

萨比娜·哈勃·坡梅尔（Sabina Haber-Pohlmeier） 著

瓦西夫·齐亚（Wasif Zia）

李　新　倪卫宁　译

化学工业出版社

·北京·

《小型核磁共振》作为小型化核磁共振仪器及其应用的指南,通过介绍相关基础知识和操作方法让读者能成功地进行核磁共振实验。本书的内容集中在用于材料和过程分析方面的小型和移动型核磁共振仪器,不掌握、了解核磁共振知识的研究人员最可能需要这些技术。第1章是核磁共振和移动式核磁共振的基本介绍。第2章讨论核磁共振实验仪器。第3章讲述核磁共振实验的基本类型。第4~8章为核磁共振实验在流体、聚合物、生物组织、多孔介质和文化遗产领域的代表性应用。每个应用都会根据先前章节中的原理给出测量和数据评价方法,内容包括:目标、理论背景、脉冲序列和参数、初级测量、高级测量以及数据处理。

《小型核磁共振》适合化学、医学、生物、地学、材料、农林、食品和考古领域的相关人员阅读参考。

图书在版编目(CIP)数据

小型核磁共振/(德)伯恩哈德·布拉米克,(德)萨比娜·哈勃·坡梅尔,(德)瓦西夫·齐亚著;李新,倪卫宁译.
—北京:化学工业出版社,2019.7
书名原文:Compact NMR
ISBN 978-7-122-34876-0

Ⅰ.①小… Ⅱ.①伯…②萨…③瓦…④李…⑤倪…
Ⅲ.①核磁共振谱仪 Ⅳ.①TH834

中国版本图书馆 CIP 数据核字(2019)第 143013 号

Compact NMR,by Bernhard Blümich,Sabina Haber-Pohlmeier,Wasif Zia
ISBN 9783110266283
Copyright © 2014 by Walter de Gruyter GmbH,Berlin Boston. All rights reserved.
Authorized translation from the English language edition published by Walter de Gruyter.
本书中文简体字版由 Walter de Gruyter 授权化学工业出版社独家出版发行。
未经许可,不得以任何方式复制或抄袭本书的任何部分,违者必究。
北京市版权局著作权合同登记号:01-2018-8580

责任编辑:满悦芝   文字编辑:孙凤英
责任校对:刘 颖   装帧设计:张 辉

出版发行:化学工业出版社(北京市东城区青年湖南街 13 号 邮政编码 100011)
印 装:三河市延风印装有限公司
710mm×1000mm 1/16 印张 15¾ 字数 275 千字 2020 年 3 月北京第 1 版第 1 次印刷

购书咨询:010-64518888   售后服务:010-64518899
网   址:http://www.cip.com.cn
凡购买本书,如有缺损质量问题,本社销售中心负责调换。

定   价:99.00 元   版权所有 违者必究

译 序

小型核磁共振（*Compact NMR*）是核磁共振技术的一种独特实现形式，近年来凭借便捷、绿色和准确的优势，在工业、医学、农业、食品、材料等研究领域涌现出大量新方法、新应用，正快速蓬勃发展。

小型核磁共振的精华在于一个"小"字。"小"在字面上的意义主要指仪器的体积，它赋予核磁共振技术众多新特性和新生命力。这些特性包括：

第一，硬件轻量化。核磁共振硬件小型化包括探测器和电子系统两方面。探测器方面，磁体的缩小直接带来轻量化，线圈的缩小降低电子线路需求，促进了电子线路相应地变小变轻。核磁共振分析仪器经历了：落地式-桌面式-携带式-手持式-穿戴式的演化。硬件的轻量化使核磁共振从传统大型专用实验室转向大众化大规模应用具备了技术可行性基础。将核磁共振设备带至测量地点，开展原体原位测量的新概念极大扩展了核磁共振技术应用的想象空间，单边核磁共振甚至实现了任意大小物体的测量，这为核磁共振技术深入各个应用领域，并与之结合发展提供了充沛动力。

第二，成本经济化。核磁共振硬件的小型化直接降低制造成本，这是实现规模化应用的第二个优势。小型核磁共振通常采用成本较低的永磁体作构建主磁场，硬件本身降低的同时，维护、屏蔽和场地成本也大大降低。随着经济性的提升，科研机构逐步流行配置小型核磁共振仪器开展基础教学和科学研究的选项。核磁共振技术逐渐普及并被大众了解，培育了较大规模的应用群体和专业人才。针对不断出现的特殊应用需求，促成厂商与使用者共同研究的灵活开发方式，产学研良性循环趋势显现。

第三，磁场简单化。小型（甚至开放式磁体）核磁共振仪器实现了波谱、成像和弛豫测量，能够从频率维度、空间维度和时间维度信息表征物体特性。由于大众化应用中更多面临的是多组分的非均质复杂系统的问题，成像和弛豫成为天然选择的主要方法。尤其是时域测量方法不但简便，十分适于多组分材料的快速评价，而且对磁场分布要求极低（基于单个条形磁体就能测量），非常适合低成本应用，发展出许多标志性方法。

"小"为核磁共振带来的主要问题就是磁场强度变"小",波谱和成像分辨率相应降低。而由于易于实现,发展出了多种场强、多种梯度的小型核磁共振磁体,加上正则化逆拉普拉斯变换反演的多解性,小型核磁共振较难实现计量的标准化、操作的标准化。

《小型核磁共振》一书的目的就是解决操作的复杂性问题,争取让使用者能够像使用手机那样便捷地完成实验。这部著作详细阐述了小型核磁共振的概念、方法和硬件操作,通过大量新颖的实例,以教学的方式给出在不同领域测量复杂多组分系统的标准化序列、参数和流程,相信对于核磁共振技术研发人员和使用者都大有裨益。

核磁共振小仪器,新应用,大舞台!核磁共振小型化的过程就是其大众化、普及化的过程。小型核磁共振的灵活性和成本优势,加上低场-时域技术组合,形成了良好的竞争力。未来,小型核磁共振的潜力还将不断被挖掘和发现!

由于译者水平有限,书中不免有纰漏之处,恳请批评指正!

李　新

2019 年 12 月 10 日 北京

前　言

　　核磁共振（NMR）是一项复杂的技术。初学时，核磁共振专家告诉我们那些漂亮的实验都很简单，而我们对它着迷的同时也面临着堆积成山的信息，包括脉冲、扳转角、旋转坐标系、密度矩阵等。为什么不能像操作 DVD 播放器或其他复杂设备（例如手机）那样开展核磁共振实验呢？核磁共振谱仪肯定比咖啡机要复杂得多，所以谱仪的使用不会特别简单。但核磁共振谱仪真的比手机更复杂吗？答案恐怕是否定的！我们使用移动电话时并不了解其功能实现和内部电路的技术细节。那么为什么核磁共振谱仪不能像手机那样便捷地得到漂亮的实验结果呢？

　　目前，专用化和个性化的小型核磁共振仪器是核磁共振领域最具挑战的课题之一。小型核磁共振仪器技术相对新颖，也越来越受欢迎。本书作为小型化核磁共振仪器与应用的指南，通过讲解基础知识和操作方法让读者能成功地完成核磁共振实验。本书主要介绍在用于材料和过程分析方面的小型和移动型核磁共振仪器，不掌握、了解核磁共振知识的研究人员最可能需要这些技术。第 1 章是核磁共振和移动式核磁共振的基本介绍。第 2 章讨论核磁共振实验仪器。第 3 章讲述核磁共振实验的基本类型。第 4～8 章为核磁共振实验在流体、聚合物、生物组织、多孔介质和文化遗产领域的代表性应用。每个应用都会根据先前章节中的原理给出测量和数据评价方法，内容包括目标、理论背景、脉冲序列和参数、初级测量、高级测量以及数据处理。希望本书能够帮助核磁共振初学者在小型核磁共振设备上成功开展测量实验，即便现在使用核磁共振设备还达不到像使用手机那样的简便程度。

　　本书得益于许多朋友和亚琛核磁共振研究组成员的帮助。他们贡献了本书中某些章节的早期版本，核对了脉冲序列和相位列表，最重要的是提供了文中许多实例的实验数据。感谢下列人士对本书内容的科学贡献：Alina Adams、Sophia Anferova、Vladimir Anferov、Stephan Appelt、Juliane Arnold、Maria Baias、Peter Blümler、Federico Casanova、Ernesto Danieli、Vasiliki Demas、Dan Demco、Gunnar Eidmann、Ralf Eymael、Stefan Glöggler、Nicolae Goga、Andreas Guthausen、Gisela Guthausen、Agnes Haber、Rolf Haken、Song-I Han、Christian Hedesiu、Volker Herrmann、Jürgen Kolz、Kidist Hailu、Bharatam Jagadeesh、Martin Klein、Kai Kremer、Rance Kwamen、Maxime Van Landeghem、Dirk Oligschläger、Eva Paciok、Josefina Perlo、Juan Perlo、Pablo Prado、Gabriel Rata Doru、Ralf Savelsberg、Udo Schmitz、Andrea Schweiger、Shatrughan Sharma、Siegfried Stapf、Oscar Sucre、Yadoallah Teimouri、Jochen Vieß、Alexandra Voda、Anette Wiesmath、Eiichi Fukushima、Tia Ishi。Eva Paciok 和 Lutz Weihermüller 校对了本书早期版本。Gisela Guthausen、Burkhard Luy、Antonio Marchi、Peter McDonald 和 Frank Rühli 提供了独特的插图。Bernhard 特别感谢 Joanie 接纳一个总是心不在焉的丈夫，Sabina 特别感谢 Andreas 在早餐前进行的讨论，Wasif 特别感谢母亲 Rifqua Ejaz 的倾听以及 Aroosa Ijaz 的支持。

Bernhard Blümich
Sabina Haber-Pohlmeier
Wasif Zia
2013 年 8 月 31 日
亚琛

目 录

第1章 核磁共振简介 / 1

1.1 核磁共振 ·· 2

1.2 移动式核磁共振 ·· 5

1.3 测量方法 ··· 8

1.4 硬件 ·· 14

1.5 总结 ·· 15

1.6 延伸阅读 ·· 16

第2章 硬件和操作 / 17

2.1 谱仪连接 ·· 17

2.2 测试样品 ·· 18

2.3 软件启动 ·· 19

2.4 噪声水平 ·· 20

2.5 调谐和匹配 ·· 21

2.6 刻度脉冲扳转角 ·· 22

2.7 脉冲序列和参数 ·· 24

2.8 数据处理 ·· 29

2.9 总结 ·· 30

2.10 延伸阅读 ··· 31

第3章 测量的类型 / 32

3.1 自旋密度 ·· 32

3.2 弛豫和扩散 ·· 42

3.3 成像 ·· 61

3.4 波谱 ·· 73

第 4 章　溶液、乳状液和悬浮液 / 88

4.1　溶液 ………………………………………………………… 89

4.2　乳状液 ……………………………………………………… 98

4.3　悬浮液 ……………………………………………………… 105

第 5 章　聚合物和弹性体 / 112

5.1　弹性体 ……………………………………………………… 114

5.2　非晶态聚合物 ……………………………………………… 127

5.3　半晶态聚合物 ……………………………………………… 131

第 6 章　生物组织 / 142

6.1　皮肤深度维剖面 …………………………………………… 143

6.2　肌腱各向异性 ……………………………………………… 151

6.3　植物和水果 ………………………………………………… 157

第 7 章　多孔介质 / 167

7.1　岩石和沉积物 ……………………………………………… 168

7.2　土壤 ………………………………………………………… 179

7.3　水泥和混凝土 ……………………………………………… 191

第 8 章　文化遗产 / 203

8.1　壁画和石画 ………………………………………………… 203

8.2　架上绘画 …………………………………………………… 212

8.3　木材 ………………………………………………………… 219

8.4　纸张和羊皮纸 ……………………………………………… 225

8.5　木乃伊和骨骼 ……………………………………………… 230

第 9 章　结束语 / 236

9.1　未来发展 …………………………………………………… 236

9.2　延伸阅读 …………………………………………………… 239

9.3　参考文献 …………………………………………………… 240

缩 略 词

1D	一维	MIP	压汞孔隙度计
2D	二维	MOUSE	可移动通用表面探测器
2Q	双量子	MRI	磁共振成像
3D	三维	MRT	磁共振断层扫描
ADC	模数转换器	MQ	多量子
AOCS	美国石油化学家学会	NMR	核磁共振
ASCII	美国信息交换标准码	NOESY	核欧佛豪瑟效应
CLI	命令行界面	o/w	水包油
COSY	关联谱	PE	聚乙烯
CPMG	Carr-Purcell-Meiboom-Gill	PFG	脉冲场梯度
C-S-H	水化硅酸钙	Prospa	处理软件包
CT	计算机断层扫描	PVC	聚氯乙烯
CUFF	可自由打开的均匀磁体	PTFE	聚四氟乙烯
CYCLOPS	周期相位序列	rf	射频
DOSY	扩散排序谱	RARE	弛豫增强快速采集
EXSY	交换谱	RMS	均方根
FID	自由感应衰减	ROSY	弛豫排序谱
FLASH	快速低角度测量	RPA	橡胶加工分析仪
FSP	纤维饱和点	RX	接收器
FT	傅里叶变换	SEC	排阻色谱
GARfield	梯度和磁场垂直的磁体	SFC	固体脂肪含量
GPC	凝胶渗透色谱法	SNR	信噪比
HetCor	异核关联谱	SPAC	土壤-植物-大气连续体
HDPE	高密度聚乙烯	S/V	比表面率
IR	红外线	SQUID	超导量子干涉仪
ISO	国际标准化组织	TX	发射器
LDPE	低密度聚乙烯	USB	通用串行总线
LLDPE	线性低密度聚乙烯	UV	紫外线
ln	自然对数	w/c	水灰比
MAS	魔角旋转	w/o	油包水

第1章

核磁共振简介

核磁共振，化学家称之为 NMR，医生称之为 MRI。在化学领域，NMR 是分析分子结构最常用的工具；在医院里，MRI 是一种无创诊断工具，提供生物组织的高分辨图像来描绘大脑功能和心脏跳动。这两种技术都采用大型且昂贵的超导磁体（图 1.0.1），在磁体内部将原子核取向来磁化物体。利用射频电磁波可触发磁

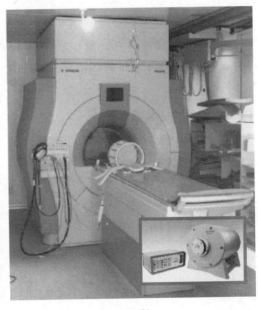

(a)　　　　　　　　　　　　　　　　(b)

图 1.0.1　采用超导磁体的高场核磁共振仪器和采用永久磁体的小型低场仪器。(a) 化学分析磁体；(b) 核磁共振成像磁体，患者或物体位于磁体内孔的中心，医学核磁共振成像仪器的大型电子线路通常位于另外单独的房间内

化矢量绕磁场方向旋转。根据工作模式的不同，旋转核磁化量的频谱能够为化学家提供分子信息、为医生提供解剖学图像；脉冲衰减可帮助材料学家了解固态物体（例如潮湿墙壁）的物理性质。

1.1 核磁共振

核磁共振是利用电磁波照射处于磁场中的原子核来激发的、研究分子性质的物理现象。许多核同位素拥有称为自旋的角动量。在经典力学里，自旋像自行车轮那样绕某一轴线旋转 [图 1.1.2(a)]。对于原子核则适用量子力学中的法则。例如，每个自旋都对应于一个指针罗盘似的磁矩。取决于其幅度的不同，自旋可在不同的稳定方向上随磁场取向，它们相对于磁场方向呈不同倾角，因此能量也不同 [图 1.1.1(a)]。氢核（有机质中最丰富的核自旋）具有高（↑）和低（↓）两种能态。这两种能态的自旋对应的能量为 $E_\uparrow$ 和 $E_\downarrow$，其相对数量 $n_\uparrow$ 和 $n_\downarrow$ 服从玻尔兹曼分布，其中 k_B 为玻尔兹曼常数，T 为热力学温度：

$$\frac{n_\downarrow}{n_\uparrow} = \exp\left[-(E_\downarrow - E_\uparrow)/(k_B T)\right] \tag{1.1.1}$$

对于宏观样品来说（约有 10^{23} 个自旋），不同取向方向的自旋数量存在差异 $n_\uparrow - n_\downarrow$，因此产生一个核磁化矢量 M [图 1.1.1(b)]。

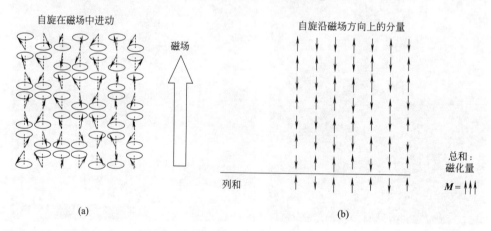

图 1.1.1　沿磁场方向取向的质子自旋示意图（10^{23} 个中的 49 个）。(a) 每个自旋都绕磁场方向旋转或进动，进动方式与沿重力场方向进动的自旋自行车轮类似 [图 1.1.2(b)]，(b) 只画出与磁场方向平行的自旋矢量时，自旋的高、低能态更易理解，因为每个自旋都是一个磁体，所以每个箭头代表一个磁体，磁化矢量 M 为所有小磁体的磁化量之和

由于产生的磁化矢量 M 由无数的量子力学实体组成，其行为像一个经典磁体绕其磁化轴旋转。磁化矢量与磁场 B_0 相互作用的方式很像陀螺，或者像旋转的自行车轮与重力场间的相互作用的方式 [图 1.1.2(a)]。当磁化量还未与施加的磁场方向一致时，磁化量轴绕磁场方向旋转，称为进动。进动频率或拉莫尔频率 ω_0 正比于施加的磁场强度 B_0。

$$\omega_0 = 2\pi v_0 = \gamma B_0 \qquad (1.1.2)$$

式中，γ 为旋磁比，是由原子核类型决定的常数；$v_0 = (E_\downarrow - E_\uparrow)/h$，$h$ 是普朗克常数。例如，氢核 ^1H 在 $B_0 = 0.5T$ 磁场中的频率 $v_0 = 21.29MHz$，这是采用小型永久磁体的移动核磁共振仪器的典型值。

当样品暴露在磁场中时，自旋需要一定的时间来完成与磁场的一致取向并沿磁场方向建立起核磁化矢量（图 1.1.1）。这个时间用纵向弛豫时间（T_1）描述。施加一个射频场激励可以将磁化量从磁场 B_0 的方向上扳转 [图 1.1.2(c)]。激励通过射频线圈以电流脉冲的形式施加 [图 1.1.2(b)]，线圈通常是射频共振电路的一部分。这个线圈产生一个垂直于静磁场 B_0 的交变电磁场 B_1 [图 1.1.2(b)]，磁化矢量同样以频率 $\omega_1 = \gamma B_1$ 绕 B_1 场旋转。磁化矢量扳离磁场 B_0 的角度用 α 表示，其大小通过射频脉冲场幅度和射频脉冲持续时间来调整：

$$\alpha = \gamma B_1 t_p \qquad (1.1.3)$$

当使用单一脉冲激发时，扳转角为 90°时产生的信号幅度最大，激发后磁化矢量垂直于 B_0 场方向。

在传统核磁共振和核磁共振成像中，样品位于磁体中的线圈的内部。在单边核磁共振中，样品位于线圈和磁体外部的杂散场中。当施加激发脉冲后，进动的磁化矢量在线圈中感应生成一个振荡电压，这与自行车发电机发电的方式相同。如果磁场是均匀的，感应电压按时间常数 T_2 衰减 [图 1.1.2(c)]。衰减是由样品中不同的磁化矢量组分破坏性相互作用引起的，因为分子随机运动产生的磁场波动改变了这些组分的进动频率，导致在进动时保持相同方向的自旋越来越少，所以磁化矢量幅度逐渐减小。

脉冲响应包含所有可以测量的信息，包括振荡频率、衰减时间和幅度。化学家利用傅里叶变换评价脉冲响应，分析分子化学键中电子轨道运动电流引起的进动频率微小偏移。这类偏移和对应的分量幅度是化学基团（例如分子结构）及其浓度的指纹。物理学家通过确定脉冲响应的衰减时间（弛豫时间 T_2）来研究物质与分子可动性相关的物理性质。在非均匀物质中，脉冲响应是每种组分响应之和。当每种组分的弛豫时间不同时，可通过弛豫时间分布确定组分幅度。相对组分幅度正比于其含量。

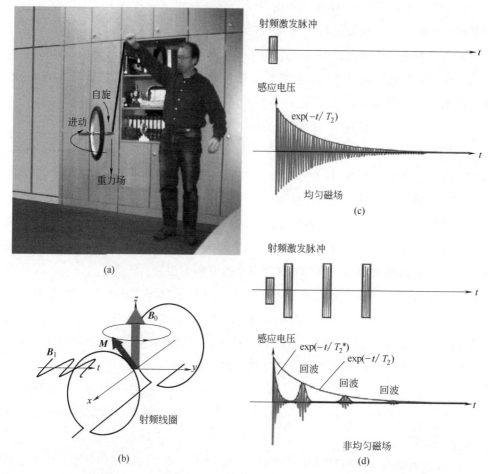

图 1.1.2　进动和脉冲响应。(a) 自行车轮绕其轴自旋，并在重力场中进动；(b) 核磁化矢量 M 在磁场 B_0 中做相同运动；(c) 频率为 v_{rf} 的磁射频脉冲在 v_{rf} 等于进动频率时可以激发核磁化矢量，在均匀磁场 B_0 中脉冲响应按时间常数 T_2 衰减；(d) 在非均匀场中，脉冲响应按时间常数 T_2^* 衰减，两个和多个激发脉冲可以生成回波，理想条件下，回波幅度将均匀磁场下的响应衰减频闪地采样下来

　　在非均匀磁场中，样品中每个位置上的进动频率都不同，因为在每处施加的磁场不同。因此脉冲响应按时间常数 T_2^*（短于 T_2）更快地衰减 [图 1.1.2(d)]。仅受静磁场均匀度影响而不受变化磁场影响的部分信号幅度可以通过自旋回波的方式恢复，这通过施加第二个射频脉冲将磁化矢量分量有效反转来实现。Erwin Hahn 首先发现了这一基本现象，因此自旋回波也称 Hahn 回波以示对他的敬意。生成回波的过程可以多次重复来产生回波串。唯一的信号损失来自变化磁场引起的 T_2 弛豫，因此回波串包络很好的对应于均匀磁场中的信号衰减。按照最初的发明者 Carr、Purcell、Meiboom 和 Gill，一串 Hahn 回波也叫 CPMG 回波串。生成回波

串是在永久磁体的非均匀场中测量信号的原理基础，在 NMR-MOUSE 等便携式杂散场核磁共振仪器中经常用到。

1.2　移动式核磁共振

目前，便携和小型核磁共振仪器正处于快速发展时代。这一过程起始于科学家懂得如何利用简易磁体和磁体外的非均匀场来采集核磁共振信号。研究表明，利用性质不同的永久磁体块组合可以得到极其均匀的磁场，进一步推动了它的发展。

目前，核磁共振的三种基本测量已在便携式核磁共振磁体上全部实现。它们是：核磁共振弛豫，通过弛豫测量分析材料性质；核磁共振成像，测量 2D 和 3D 图像；核磁共振波谱，用于化学分析（图 1.2.1）。在高场条件下，样品几乎总是

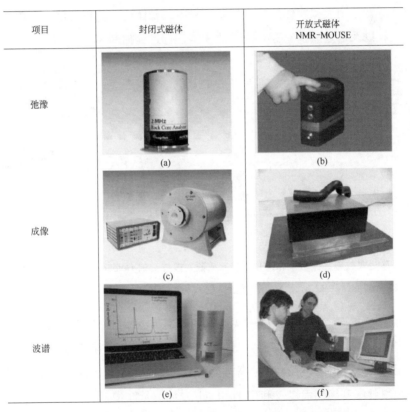

图 1.2.1　移动式核磁共振的小型磁体。(a)、(c)、(e) 为在中心容纳样品的封闭式磁体；(b)、(d)、(f) 为开放式磁体，靠近物体来测量物体内部选定区域的核磁共振信号。这类小型杂散场的早期核磁共振仪器为 NMR-MOUSE

位于磁体内部（图 1.0.1），而移动式核磁共振还将磁体置于物体附近，因此物体暴露在磁体的杂散场中。如此一来，样品可以任意大，因为物体尺寸不受磁体内腔限制，并且信号敏感区域十分明确。这两类磁体结构通常称为开放式和封闭式结构。无论哪种结构，从弛豫到成像再到波谱对磁场均匀度的要求越来越高。使用回波技术可在任意形状的磁场中进行弛豫测量，成像最好在具有固定梯度的线性变化磁场中采集，波谱最好在极端均匀磁场中采集。

第一个采用开放式设计的小型仪器叫 NMR-MOUSE（Mobile Universal Surface Explorer）。它可以像鼠标一样移位来扫描大型物体［图 1.2.1（b）和图 1.2.2(b)］。NMR-MOUSE 的磁体有多种设计方式，磁场可平行或垂直于传感器表面。利用永久磁体块搭建封闭式磁体也有多种方式。Klaus Halbach 提出了一种独特的方法，许多封闭式磁体都从基本 Halbach 结构发展而来［图 1.2.2(a)］。它们在磁体中心产生最强的磁场，而在磁体外部产生近乎完美的零杂散场。NMR-MOUSE 适合检测大型物体的材料性质，封闭式磁体适合分析能放入磁体中心样品管的物质，以及通过成像对穿过磁体的物体进行过程控制。

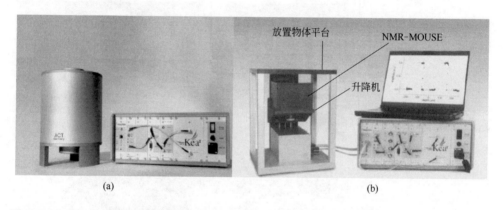

(a)   (b)

图 1.2.2　移动式核磁共振磁体和谱仪。(a) 核磁共振波谱的 Halbach 磁体；(b) 计算机控制的升降机上的 Profile NMR-MOUSE 测量深维度剖面

实际应用中最重要的小型核磁共振磁体分别为 NMR-MOUSE（弛豫测量）和 Halbach 磁体（成像和波谱）。由于永磁体产生的磁场强度随温度变化，许多应用需要对温度进行控制。这在测量高分辨率数据时是基本条件，例如利用 NMR-MOUSE 测量深度维剖面以及利用 Halbach 磁体测量波谱。

1.2.1　Halbach 磁体

Halbach 发现将磁块按照一定规则放置可以获得期望的磁场分布形状。其中一种磁场分布就是所有核磁共振测量最需要的均匀磁场。将磁块布置在圆周上形成一个磁环，每个磁块的磁化方向都位于圆平面内，且在上一个磁块的磁化方向上旋转一个角度。这样一来，整个圆周上的磁块磁化方向共旋转了两圈（图1.2.3）。理想条件下，磁环中心的磁场是均匀的，而且强度最高，而磁环外部磁场为零。磁环可以进行叠加形成圆柱形磁体，内部像传统超导磁体那样容纳样品。

　　Halbach磁体内部的磁场的均匀度不足以进行波谱和成像测量，但足够测量核磁共振弛豫。磁场非均匀性主要来自于几个方面，一是采用有限数量的磁块代替了磁环圆周上的连续极化条件，二是烧结颗粒材料引起的磁块内部磁畴不一致性，三是磁块尺寸和磁化精度误差。补偿非均匀性的一个有效方法是径向移动位于梯形磁块中间的矩形磁块 [图1.2.3(b)]。这类Halbach磁体的典型磁场强度为0.5～2T，具体取决于磁体内腔的相对直径。

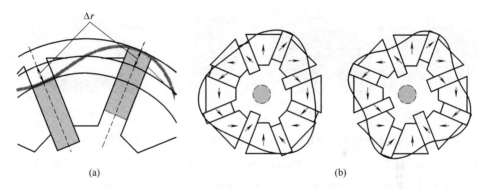

(a)　　　　　　　　　　　　　　　　　　　　(b)

图1.2.3　Halbach磁体。(a) 一段基于梯形和矩形磁块的Halbach环。移动气隙中的矩形磁块可消除磁块不完美引起的磁场变形。(b) 不同的矩形磁块位移 Δr 产生不同的场校正项

1.2.2　NMR-MOUSE 磁体

　　在磁体外部的杂散场中测量样品是一个著名的方法。石油工业中的核磁共振测井探头利用该方法测量井壁孔隙中流体的核磁共振弛豫信息。早期材料研究利用这种方法测量土壤、桥面和其他建筑物材料中的水分含量。随后，超导磁体波谱和成像磁体的杂散场用于测量图像和扩散系数。由于磁场梯度达到50T/m甚至更大，加上其较高的磁场强度，让这种方法具有非常优越的分辨率和敏感度。利用小型永久磁体也能在低场强下获得20T/m的磁场梯度。除了磁场梯度的优势以外，NMR-MOUSE（小型杂散场核磁共振传感器）结构的简单性使其成为适用于所有含氢材料的检测工具，例如检测橡胶、聚合物、木材、食品和多孔介

质中的水分。

　　将在磁极间产生均匀磁场的经典 C 形磁体打开可以得到 NMR-MOUSE。样品处于其表面附近的磁体杂散场和线圈杂散场中，线圈位于磁极之间 [图 1.2.4 (b)]。这个简单传感器的敏感区形状有些奇怪，更像是倒置的汤盘而非平片。利用简单的条形磁体能够得到不同的敏感区形状 [图 1.2.4（c）]。Profile NMR-MOUSE 在线圈上方产生的磁场的平面均匀性最好，其结构像是两个图 1.2.4（b）中的 U 形磁体并排放置。这时敏感区内的磁场仅在垂直于传感器表面的方向上发生变化，可获得 $2.3\mu m$ 薄切片内的信号。一般来说，核磁共振波谱测量所需的超高磁场均匀度仅能在磁体内部获得，但利用额外的磁体对 U 形 NMR-MOUSE 进行匀场能获得满足氢核化学位移测量的均匀度 [图 1.3.4(b)]。

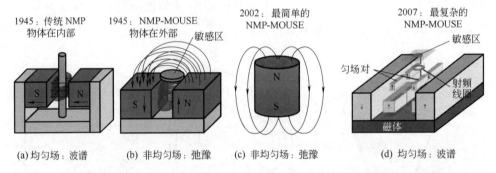

图 1.2.4　杂散场核磁共振的永久磁体组合。(a) 早期核磁共振使用的磁体在两个磁极之间产生均匀磁场；(b) 打开 C 形磁体获得 NMR-MOUSE 结构，磁体和线圈产生的杂散场都是非均匀的；(c) 最简单的杂散场核磁共振磁体仅有一个条形磁体；(d) 利用额外的磁块可将杂散场中的敏感区局部匀场，获得能分辨氢核波谱微小频率差异的均匀度

1.3　测量方法

　　核磁共振测量方法可以分为两类（图 1.3.1）。一类需要均匀磁场来分辨射频脉冲激发产生的横向磁化矢量进动引起的信号振荡 [图 1.3.1(a)]。另一类仅测量非均匀场中不同时间产生的回波串的信号衰减包络 [图 1.3.1(b)]。在均匀场（或弱空间变化磁场）中测得的振荡脉冲响应称为自由感应衰减 FID，在非均匀场中测得的回波串称为 CPMG 回波串（Carr、Purcell、Meiboom 和 Gill 首先提出了这种方法）。

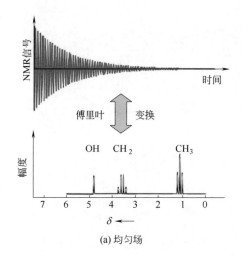
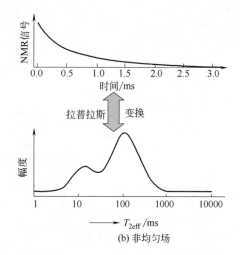

(a) 均匀场   (b) 非均匀场

图 1.3.1 **核磁共振信号和处理方法**。(a) 均匀磁场中采集的自由感应衰减。它的傅里叶变换是一个频率分布，即用于研究分子结构的核磁共振波谱。若在线性变化磁场中采集，得到的核磁共振波谱则是物体的投影，例如一维图像。(b) CPMG 采集的多个回波包络。它的逆拉普拉斯变换是弛豫时间分布

这两类信号都要经进一步处理来获取参数或参数分布形式的信息（图 1.3.1）。FID 信号总是利用傅里叶变换转换成频率分布。这个频率分布在均匀静磁场时是核磁共振谱，在线性空间磁场中是物体的 1D 投影图像。CPMG 回波串利用指数或双指数衰减的模型函数拟合获得幅度和弛豫时间，或利用逆拉普拉斯变换转化为弛豫分布。

两种方法都可以进一步扩展来采集多维数据体（图 1.3.2）。基本理念是不在样品放入磁场足够久（建立了热平衡状态）后才开始采集数据，而是采集开始前在非热平衡状态下操控初始磁化量。磁化量的操控通过射频脉冲和等待时间实现。系统地实施操控，采集前的核自旋系统演化也产生振荡或遵循多指数曲线。系统地改变初始条件，通过测量多组 FID 或 CPMG 回波串采集到多维数据体，通过多维傅里叶变换或拉普拉斯变换（或二者组合）获得频率和弛豫时间的多维分布。与一维分布相比，多维参数分布能够揭示被测系统更多的细节信息。

核磁共振图像就是一种广为人知的信号幅度和频率的二维分布。在恒定梯度的磁场中（例如磁场强度随空间线性变化），一个特定体元处的核磁共振频率正比于物体位置。其他重要的例子还有核磁共振关联和交换谱。二维谱图平面上的交叉峰指示在演化和测量过程中以不同频率进动的磁化矢量组分之间存在相互作用。在高场核磁共振波谱和二维傅里叶核磁共振中，频率分布或核磁共振谱有几百条离散共

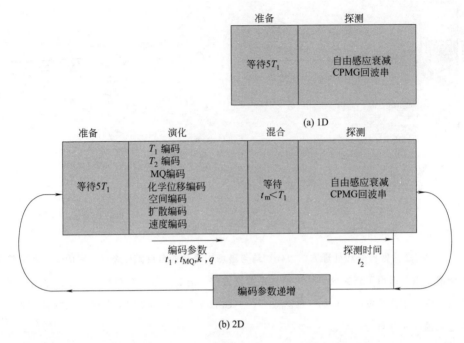

图 1.3.2 核磁共振数据采集方法。（a）一维核磁共振，经过等待时间让磁化矢量达到热平衡状态后，根据磁场均匀性的不同来采集 FID 或 CPMG 回波串；（b）二维核磁共振，系统地改变每次采集时的自旋系统初始状态，编码参数也将系统地变化，这为采集的数据体引入第二个维度，同样傅里叶或拉普拉斯变换处理。编码参数的变化方式取决于核磁共振实验中设定的射频脉冲和梯度脉冲施加方案

振谱线，用来识别分子结构和分子动态。另外，弛豫时间分布和扩散系数分布则最多出现 5 个谱峰。二维拉普拉斯核磁共振可帮助研究弛豫中心性质和被流体分子占据的孔隙空间结构。

1.3.1 弛豫

弛豫技术测量弛豫变化曲线，其对磁场均匀度的要求最低。相对于波谱测量，弛豫测量的磁场可以是常规磁体非常不均匀的杂散场，也可以是未经匀场的 Halbach 磁体的内部磁场。事实上，核磁共振测井仪和 NMR-MOUSE 主要测量横向和纵向弛豫曲线。例如，利用简单 Halbach 磁体测量饱和在岩石孔隙内的水的 CPMG 回波串 ［图 1.3.1(b)］，经过变换使其成弛豫时间分布。

如果测量孔隙骨架内运动的流体分子的 2D 弛豫时间谱图 ［图 1.3.3(a)］，简单的仪器就可提供孔隙空间的详细信息。例如，利用图 1.3.2 所示的二维方法，在

一次弛豫交换实验中测量两次弛豫时间分布，即在一个时间间隔或混合时间 t_m 的初始和结束分别测量一次。在这个混合时间内，磁化量将被流体分子从一个弛豫点带到另一个弛豫点。在许多情况下，被测流体分子是土壤或岩石孔隙中受自由扩散作用而运动的水分子。土壤或岩石孔隙中的不同弛豫点位代表由不规则颗粒压实形成的复杂孔隙空间中的不同位置。根据对实验交换谱图的计算机仿真结果可知，实验可以得到交换速率，并由此计算出弛豫中心的距离。

NMR-MOUSE 常测量简单的一维弛豫时间曲线（例如 CPMG 回波串）。Profile NMR-MOUSE 的敏感区是一个位置明确的薄切片，改变传感器与物体间的距离可以调整切片在物体内的位置〔图 1.3.3(b)〕。来自敏感区切片的 CPMG 信号幅度正比于切片内的氢核数量，并对应于某些多孔建筑材料（例如混凝土墙或壁画）中的水或蜡的含量。与传感器位移对应的信号幅度值是物体深度方向上氢核含量的 1D 图像。除了信号幅度，还可以画出测得信号的弛豫时间或其他参数，这取决于测量者想获得怎样的对比度。

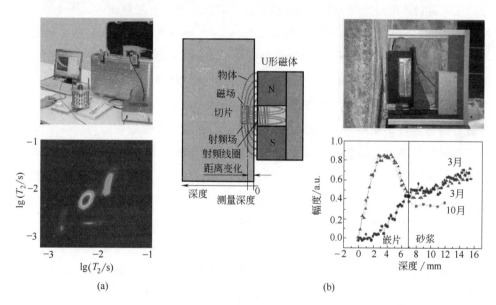

(a)   (b)

图 1.3.3　核磁共振弛豫测量的应用。（a）利用简单 Halbach 磁体和 Bruker 公司 Minispec 谱仪（封装在手提箱内）测量饱和水的土壤得到的 2D 弛豫-交换核磁共振谱图。2D 拉普拉斯交换谱图通过对角线上的交叉峰识别出不同的弛豫点。混合时间 10ms 时的水分子扩散产生的交叉峰指示出不同弛豫点间的空间距离。（b）Profile NMR-MOUSE 得到的深度维剖面。通过改变传感器与物体间的距离，敏感区切片在物体内移动。图中为赫库兰尼姆（Herculaneum）壁画在不同时间和不同位置测得的氢核密度幅度（由 CPMG 信号幅度确定）剖面

通过逐步改变测量位置来扫描物体的深度维剖面是一个缓慢的过程。这种方法曾出现于核磁共振成像早期。一个更快的方法是在较弱的梯度磁场下测量脉冲响应，利用体元内具有的不同核磁共振频率，在磁场强度变化方向（梯度方向）上确定其位置［图1.3.4(a)］。对于NMR-MOUSE来说就是远离传感器表面的方向。事实上，不移动传感器也能用CPMG回波串来测量覆盖切片厚度这一狭窄范围内的信号。利用核磁共振回波的傅里叶变换就能获得敏感切片内的深度剖面。这种成像方法是诊断医学中几乎所有成像方法的基础，但诊断医学成像使用的磁场梯度要比NMR-MOUSE的小得多，所以能够对较大物体以较低的分辨率进行成像。

1.3.2 成像

核磁共振成像需要优于弛豫测量所需的磁场分布。在理想情况下，磁场在物体上线性变化，在测量中还应可以调整磁场变化的方向［图1.3.4(a)］。磁场变化线性对应于空间导数或梯度恒定不变。事实上，这些要求由磁体两部分来完成。其中一部分产生覆盖物体范围的均匀场，这可以是医学磁共振成像的超导磁体［图1.0.1(b)］或小型核磁共振的Halbach磁体［图1.2.1 (c)］。通过电线圈的电流在这些磁体内部或NMR-MOUSE上方产生可切换的梯度场。取决于所谓梯度线圈的激发方式，磁场梯度可以在不同方向上施加，但梯度场的方向始终与均匀场保持一致。

由于磁场强度 B 正比于核磁共振频率 ω ［式（1.1.2）］，磁场梯度方向上不同位置处的每组自旋都具有不同的频率。因此，在恒定梯度磁场中测得的频率分布或核磁共振信号频谱是沿梯度方向上磁化矢量的1D图像。核磁共振成像的艺术体现在精心设计射频脉冲和梯度线圈的电流脉冲上，以最佳方式和最佳对比度图测量物体内的信号分布信息。通常这些分布和图像通过测量信号的傅里叶变换得到，因为傅里叶变换可以解出脉冲响应中的不同频率组分。对比度通过利用物体内分子的弛豫时间和扩散系数作用对不同体元施加权重来实现。这有许多方法来实现，核磁共振可以获得很宽范围的对比度，让核磁共振成像在软物质（例如流体、多孔材料中的水分、生物组织、食品、植物、橡胶和聚合物）分析方面优于其他的成像方法。

在装配梯度线圈的NMR-MOUSE上首次实现了小型单边核磁共振成像，测量物体内平行于传感器表面切片的傅里叶图像［图1.3.4(b)］。由于在垂直传感器表面方向上有很强的磁场梯度，所以切片非常薄，测量时间很长。现在的技术能将NMR-MOUSE的磁场梯度降低，通过测量更厚的切片提升敏感度。此外，已经能建造在很大范围内获得出色均匀度的Halbach磁体，满足直径为几厘米的物体的成像要求［图1.3.4(c)］。在几秒或几分钟时间内就能采集到许多软物质物体（例如老鼠）的 2D 核磁共振图像 ［图 1.3.4(d)］，利用流动成像还能研究经过磁体的流体的流变学性质。

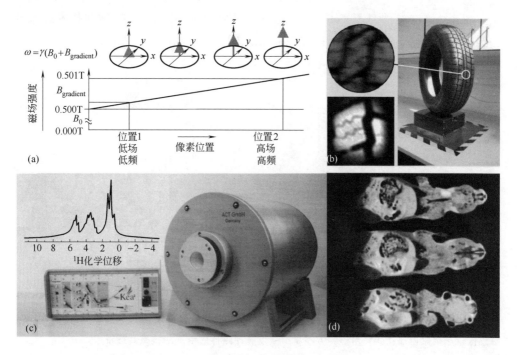

图 1.3.4　核磁共振成像。(a) 利用核磁共振频率对不同体元进行定位，由于磁场强度在物体上线性变化，核磁共振频率正比于体元位置，线性变化磁场是由磁体内部的电流驱动线圈实现的，电流的幅度和时序由在采集图像数据时输入谱仪硬件的特殊命令序列确定；(b) NMR-MOUSE 测得的轮胎面的杂散场核磁共振成像，图中分别为胎面照片、核磁共振图像和测量装置；(c) Kea 核磁共振谱仪和 0.5T Halbach 成像磁体，Halbach 磁体的磁场非常均匀，可以清晰地分辨出 $1cm^3$ 乙醇样品 [1]H 化学位移谱线；(d) 利用 0.5T Halbach 磁体测得的老鼠核磁共振图像

1.3.3　波谱

化学结构引起的质子核磁共振频率差异在 1 范围甚至更低，因此核磁共振波谱要求样品范围内具有极高的磁场均匀度。在大型磁体内部的很小样品区的条件下达到这个均匀性水平要容易得多。但是随着均匀区的增大、磁体体积的减小，这样的磁场的均匀性的获得的难度越来越大。从这个角度讲，图 1.3.4（c）中的 Halbach 磁体的均匀度已经非常出色，通常高分辨率核磁共振波谱的样品管直径小于 5mm，而图 1.3.4（c）中的高分辨率波谱来自一个直径为 10mm 的样品。最差的情况是在磁体外部的杂散场测量 [1]H 核磁共振波谱，很久以来人们认为这是不可

能实现的。然而，NMR-MOUSE 可以在气隙中添加额外的磁体进行良好的匀场，从而将磁体外部一个有限区域内的磁场变得足够均匀来获得[1]H 核磁共振化学位移谱（图 1.3.5）。需要注意的是，这仅是一个原理验证的范例。在这项技术进入日常应用以前，必须消除温度波动引起的磁场漂移。

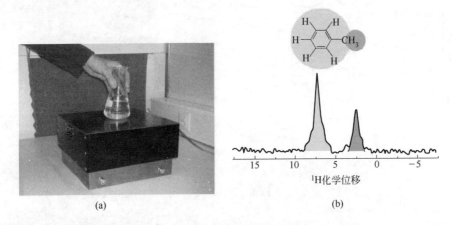

(a)   (b)

图 1.3.5　杂散场核磁共振波谱。NMR-MOUSE 杂散场中的敏感区可以匀场至极高的均匀度，能获得化学位移来测量[1]H 核磁共振波谱。（a）测量时，一个装有溶液的烧瓶放置在磁体的顶部，敏感区位于烧瓶内部；（b）用这种方法单个激发脉冲测得的甲苯的核磁共振谱

1.4　硬件

核磁共振仪器本质上是让操作者与磁场中的原子核进行双向射频通信的装置（图 1.4.1），它包括控制台用来连接的位于磁场中与样品通信的探头。控制台由计算机操控，计算机负责测量中所有事件的定时控制和数据处理。发射器 TX 发射激发脉冲，接收器 RX 接收核磁共振信号。控制台中的计算机在核磁共振成像实验中控制施加给梯度线圈的电流。磁体和探头通常构成一个独立于控制台的单独部件，可以是 NMR-MOUSE，包含杂散场磁体和射频共振电路；或是 Halbach 磁体或其他磁体，内部含有容纳样品在内的射频线圈的探头。

探头由发射器和接收器共用，收发转换器（双工器）选择与谁接通。探头通常可以更换以适应不同类型的样品，其共振电路需要调谐到样品的共振频率并匹配到 50Ω 阻抗。调谐和匹配需要不时检查并调整至仪器最佳状态。

在接收器中，核磁化量在线圈中感应出的电压被放大，并从射频范围转换至声

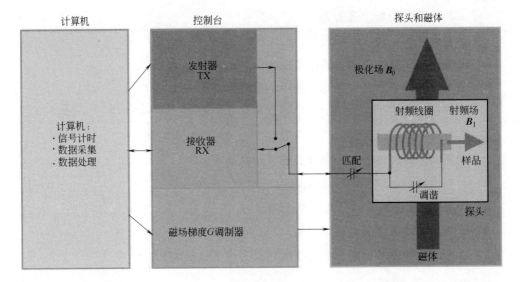

计算机：
·信号计时
·数据采集
·数据处理

发射器
TX

接收器
RX

磁场梯度G调制器

极化场 B_0

射频线圈　　射频场
B_1

匹配

调谐

样品

探头

磁体

图 1.4.1　核磁共振仪器的三个主要部分：计算机、控制台和包含探头的磁体。搭建核磁共振实验方案时，这三部分要在物理和电气上连接，建立起正确的通信。磁体产生恒定磁场 B_0，样品靠近探头并暴露在磁场中。探头的主要部件是射频共振电路，用于产生激发脉冲的射频磁场 B_1、接收核磁共振信号。控制台包含发射器 TX、接收器 RX 和梯度模块。发射器仅在发射射频脉冲时与射频共振电路接通，否则由接收器与射频电路接通来探测核磁共振信号。电流模块切换梯度场的开关。TX、RX 和梯度模块由计算机定时控制，计算机还用于处理数据，例如执行傅里叶和拉普拉斯变换

频范围，其方式与收音机通过天线将无线电波转换至声频信号一样。在核磁共振中，旋转波在处理时采用复数记法，由实部和虚部构成，每部都通过一个接收器通道采集。这两道信号称为正交信号。正交声频信号经模数转换器数字化后存储在计算机内做进一步处理（例如傅里叶变换和拉普拉斯变换）。

　　梯度控制器通常也是谱仪的一部分，它产生随时间变化的电流来驱动位于射频线圈附近的梯度线圈，在敏感区内产生平行于主磁场的具有良好梯度的额外磁场。在核磁共振实验中，产生的梯度场对敏感探测区内的磁化分量位置进行编码，或者通过破坏磁场的均匀性来破坏不期望的横向磁化量。后者这个梯度场称为匀场破坏梯度。不同核磁共振探测需要特定的磁体和谱仪，而计算机是通用的，用于运行核磁共振谱仪对应的核磁共振软件包。

1.5　总结

——小型核磁共振使用开放式和封闭式的小型永久磁体。

——核自旋在磁场中进动。

——自旋频率正比于磁场强度。

——根据玻尔兹曼分布，核磁共振的敏感度较低。

——单个脉冲激励足以在均匀场中测量核磁共振信号。

——自旋回波用于在非均匀场中测量核磁共振信号。

——核磁共振信号提供信号组分的幅度、频率和弛豫时间。

——纵向和横向弛豫时间由分子的可动性决定。

——利用简单磁体可以测量弛豫时间分布。

——核磁共振成像需要线性磁场分布。

——核磁共振波谱需要均匀磁场。

——开放式磁体可以测量不同核磁共振的深度维剖面。

1.6 延伸阅读

[1] Casanova F，Perlo P，Blümich B，editors. Single-Sided NMR. Berlin：Springer；2011.

[2] Soltner H，Blümler P. Dipolar Halbach magnet stacks made from identically shaped permanent magnets for magnetic resonance. Conc Magn Reson 2010；36A：211-222.

[3] Kose GK，Haishi T，Handa S. Applications of Permanent-Magnet Compact NMR Systems. In：Codd S，Seymour JD，editors. Magnetic Resonance Microscopy. Weinheim：Wiley-VCH；2009，pp. 365-380.

[4] Blümich B，Casanova F，Perlo J. Mobile single-sided NMR. Prog Nucl Magn Reson Spectr 2008；52：197-26.

[5] Mitchell J，Blümler P，McDonald PJ. Spatially resolved nuclear magnetic resonance studies of planar samples. Prog Nucl Magn Reson Spectr 2006；48：161-181.

[6] Stapf S，Han SI，editors. NMR Imaging in Chemical Engineering. Weinheim：Wiley-VCH；2006.

[7] Blümich B. Essential NMR. Berlin：Springer；2005.

[8] Freeman R. Magnetic Resonance in Chemistry and Medicine. Oxford：Oxford University Press；2003.

[9] Fukushima E，Roeder SBW. Experimental Pulse NMR：A Nuts and Bolts Approach. Reading：Addison Wesley；1981.

第2章

硬件和操作

在利用小型核磁共振仪器测量物品之前，需要将各个独立的硬件模块（取决于设备类型）连接起来，并调谐到最佳性能。传统上讲，核磁共振设备的三个基本组成部分为磁体（包括射频探头）、谱仪控制台和计算机（图 1.4.1）。过去，绝大多数核磁共振学者和科学家希望得到硬件系统搭建的培训，而现代小型核磁共振仪器仅需连接几条电源和数据线，硬件性能的日常优化和调谐均自动完成。目前，全集成化小型核磁共振谱仪正在逐渐成为常规配置，不需要用户进行任何硬件搭建和操作维护工作，还能通过专门的程序运行实验。这种小型核磁共振仪器现在还未广泛普及，所以这里讲解搭建硬件的步骤。根据仪器厂家的不同，硬件模块的外观、脉冲序列参数以及谱仪命令都有所差异。但绝大多数厂商的仪器的总体搭建过程相似，例如 Bruker、Magritek、Oxford、Tecmag 等。下文中的介绍主要参考 Magritek 公司的 Kea 谱仪。

2.1 谱仪连接

谱仪控制台的不同功能单元插接在 Kea 谱仪不同的卡槽中（图 2.1.1），在前面板进行接线。发射器中的合成器产生射频脉冲，同发射器一起组成收发器。发射器输出口①接入射频放大器的输入口②，射频放大器将激发能量抬升至所需的能量水平。射频放大器输出口③通过发射-接收开关或双工器④与磁场中容纳样品的探头⑤连接。对于 NMR-MOUSE（图 1.2.2）来说，探头的部分电子器件位于覆盖

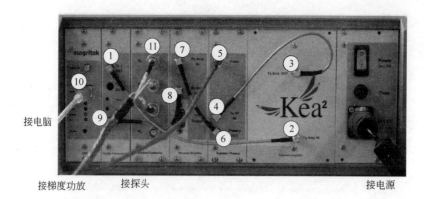

图 2.1.1　Kea 谱仪的前面板。谱仪的每个单元（图 1.4.1）占用一个卡槽。信号通过连接线在单元间传输。正文中介绍了连接方式

在磁体上的平板下方，激发和接收核磁共振信号的射频线圈位于平板中心，应尽量靠近物体。

核磁共振信号从探头回到双工器，在发射器未接通时经过前置放大器。信号从前置放大器输出口⑥传输到接收放大器输入口⑦，再从接收放大器输出口⑧到收发器输入口⑨进行数字化，再通过计算机接口连接器⑩传输给计算机。成像和扩散测量需要磁场梯度，并对其进行开关切换和时序调制。为此，谱仪还包括三个梯度模块⑪，通过外部梯度放大器接到磁体组合中的梯度线圈上。

2.2　测试样品

为了测试硬件和建立核磁共振实验条件，需要合适的测试样品。现成的测试样品包括小块硅橡胶和天然橡胶（例如铅笔橡皮）、稳定的乳状液（例如护肤霜）和一些常见的流体（例如水）。由于纯水的 T_1 弛豫时间很长，磁化量的建立很慢（需要几秒的时间），需要加入弛豫剂硫酸铜（$CuSO_4$）来避免连续扫描间过长的延迟。高浓度硫酸铜溶液的 T_1 约为 10ms，可将 50ms 作为循环延迟时间。在 NMR-MOUSE 的高梯度磁场中测量流体样品时，流体分子永远在具有不同磁场强度的区域间扩散而改变着共振频率，所以信号会在几毫秒内迅速衰减。乳状液中的分子扩散距离受液滴粒度所限，所以相对于水来说，护肤霜是 NMR-MOUSE 更好的测试样品，其信号不会衰减太快。

2.3 软件启动

正确连接硬件部分，准备完毕测试样品后，就可以开展核磁共振实验了。虽然每个核磁共振实验都不尽相同，但多数实验的基本步骤是相同的。核磁共振实验通过谱仪的操作软件来实施。Kea 谱仪的数据处理软件包叫作 Prospa，通过点击计算机屏幕上的 Prospa 图标来启动，计算机通过 USB 接口与谱仪连接。软件启动后出现的主窗口包括几个子窗口，分别为：1D Plot、2D Plot、Edit 和 CLI（图 2.3.1）。1D Plot 窗口显示采集到的 xy 数据，例如 FID、回波或回波串。2D Plot 窗口显示图像或其他二维数据组。Edit 窗口显示正在运行中的宏命令的源代码。CLI 窗口为命令行界面，显示脉冲长度等相关参数值、信息标志和测量过程中的错误信息。

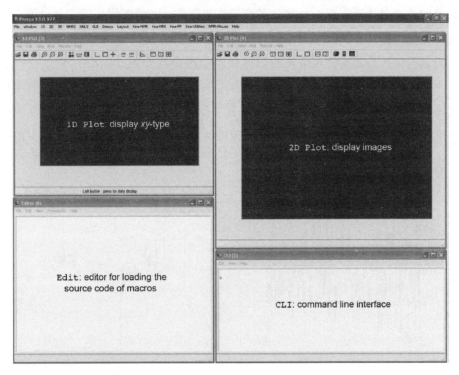

图 2.3.1 Prospa 的主界面窗口

Prospa 软件上有主菜单栏，例如 Windows 或 Kea-MRI 等菜单。这些菜单包含一系列命令，以及控制 Prospa 界面和运行实验的宏命令。如果多人共用一台谱仪，最好在菜单栏定义个人的测量环境和入口。在进行第一个实验之前，必须运行如下步骤来确认谱仪的功能正常。

——检查外部噪声水平。

——检查探头调谐与匹配。

——刻度脉冲宽度。

——定义采集程序参数，例如单脉冲激发或 CPMG 序列。

2.4　噪声水平

当采用封闭式磁体时（例如核磁共振波谱测量），探头和样品位于磁体内部，能够屏蔽环境电磁射频噪声。单边核磁共振则不同，探头和磁体是开放的，核磁共振探测电路会接收到来自外部的噪声（图 2.4.1）。降低这类噪声的方法有：①把实验装置放置在接地铜板上，部分屏蔽探头和物体；②将磁体接到零电势上；③用接地的导电物体（例如铜网绸）覆盖整套实验装置。

测量包含样品并连接到谱仪的射频线圈的噪声均方根（RMS）和谱仪自身产生噪声的均方根，二者的比值可确定噪声水平 [图 2.4.1(b)]。注意，噪声不仅来自线圈也来自样品，尤其当样品是湿墙或手臂这类导电物体时。谱仪噪声值为用 50Ω 电阻代替探头时检测到的噪声值。理想情况下噪声比值为 1，这时探头的噪声可以忽略。但实际情况下这个比值要更大，1.5 是可以接受的数值。如果大于这一

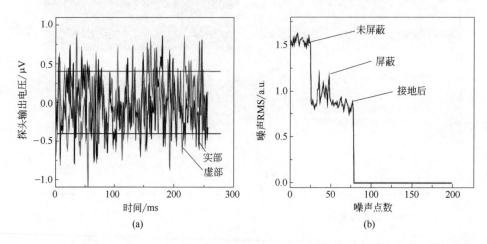

图 2.4.1　噪声水平的测量。(a) 探头记录的真实噪声，水平横线为用 50Ω 电阻代替探头时的参考电压；(b) 通过将磁体和物体屏蔽、接地把 13.4MHz 的 NMR-MOUSE 的噪声水平从不可接受值变到可接受值的过程

数值，就需要采取降低外部噪声的措施了。图 2.4.1（b）是噪声水平随着样品和 NMR-MOUSE 屏蔽与接地而发生的变化。

2.5　调谐和匹配

　　探头的射频谐振电路由一个线圈和两个可调电容器构成，将谐振频率 v_{rf} 调谐到核磁化量进动频率 v_0，并将阻抗匹配到 50Ω（图 1.4.1）。进动频率 v_0 由敏感区域处的磁场强度 B_0 决定，$v_0 = \gamma B_0/(2\pi)$［由式（1.1.2）知］。调节与线圈并联的电容得到谐振电路频率 v_{rf}，调节串联电容进行阻抗匹配［图 1.4.1 和图 2.5.1（a）］。两个电容器的电容值都不能孤立地调节，调谐和匹配必须重复多次。将谐振电路的阻抗匹配为谱仪的 50Ω 非常重要，这样才能将最大的射频能量从发射器传递给探头，并将最大的信号量从探头传递给接收器。

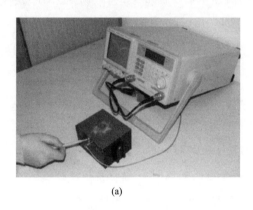
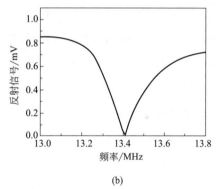

(a)　　　　　　　　　　　　　(b)

图 2.5.1　NMR-MOUSE 射频电路的调谐和匹配。（a）使用频谱分析仪；（b）随频率变化的反射信号，曲线最小值为最佳调谐

　　调谐和匹配时，要在宽于谐振电路的频率范围上观察探头反射回来的发射能量。探头的调谐和匹配有两种方法，一种利用外部频谱分析仪的帮助，另一种利用谱仪自身的 Wobble 功能。这两种方法都向探头发射一个低功率射频信号，在所需频率范围内重复扫频或摆动［图 2.5.1(b)］，同时测量反射能量。随着频率变化，反射能量在共振频率处呈下降特征。当谐振电路阻抗与谱仪阻抗匹配时，反射信号最小。使用 Kea 调谐和匹配 NMR-MOUSE（进动频率为 13.4MHz）时的参数见表 2.5.1。进动频率 v_0 的上限和下限范围很重要，决定了扫频的范围和发射器幅度衰减范围。

表 2.5.1　NMR-MOUSE® PM25 调谐匹配的默认参数

参数		参数	
进动频率 v_0 的下限	13.4 MHz	接收器增益	1 dB
进动频率 v_0 的上限	14.1 MHz	发射器衰减	-44 dB(300W)

虽然许多传感器不需要频繁地调谐和匹配，但推荐探头在第一次使用或样品具有不同属性时应检查调谐和匹配的质量。导电样品可能与射频电路发生耦合，所需调谐和匹配值与非导电样品不同。使用严重偏离调谐匹配正确值的设备会损坏谱仪的电子器件。

2.6　刻度脉冲扳转角

将初始纵向热平衡的磁化量扳转得到最大横向磁化量的扳转角度是 90°。射频激发脉冲的扳转角 α 由脉冲的面积决定，例如由持续时间 t_p 和磁场幅度 B_1 决定（注：该面积等于持续时间 t_p 和磁场幅度 B_1 相乘）。对于矩形脉冲，$\alpha = \gamma B_1 t_p$ [式（1.1.3）]。调整 B_1 和 t_p 中的任何一个都可以找到 90°脉冲。B_1 由谱仪上的射频放大器加载到射频线圈上的电流决定。射频放大器的最大功率在脉冲程序中会损耗一部分，脉冲持续时间也在此设定。功率衰减用分贝（dB）衡量。1dB 代表输出与输入功率的比值取以 10 为底对数的 1/10。例如，-20dB 的功率比为 $10^{-(0.1 \times 20)} = 0.01$。由于射频功率正比于 B_1^2，-20dB 的功率衰减对应的 B_1 幅度比为 0.1。

通常，将发射功率和 B_1 值固定不变，在每次扫描时不断增加脉冲宽度来观察 FID 或回波来调节扳转角。相应的参数在刻度窗口中定义，典型数值见表 2.6.1。在图 2.6.1 的实例中，初始 90°脉冲长度为 8μs，按 2μs 步长变化 19 步来寻找最大信号。对于 NMR-MOUSE 来说，信号是来自测试样品的回波。当从一个很短的射频脉冲开始时，信号幅度随着脉冲长度的增加逐渐达到最大值后开始衰减。最大信号幅度对应的脉冲长度就是 90°脉冲。

表 2.6.1　NMR-MOUSE® PM25 确定 90°脉冲脉宽的默认参数

参数	
发射器频率 v_{rf}	13.8 MHz
发射器 90°脉冲的衰减	-6 dB(300W)
最小射频脉冲持续时间 t_p	7 μs
最大射频脉冲持续时间 t_p	45 μs

参数	
接收器增益	31 dB
采样间隔 Δt	0.5 μs
复数点数 n_{acq}	14～50
回波间隔 t_E	50～120 μs
回波个数 n_E	32
循环延迟 t_R	300 ms
扫描次数 n_s	8

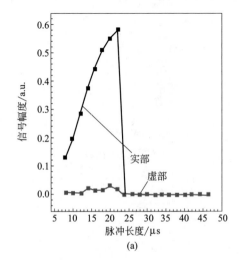
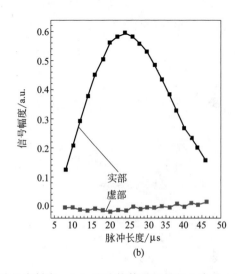

图 2.6.1　用硫酸铜溶液对 NMR-MOUSE 进行脉冲长度刻度。（a）脉冲持续时间增加 8 次后，回波幅度随脉冲长度的变化关系。（b）脉冲持续时间增加 20 次扫描到的回波幅度。90°脉冲的最优脉冲长度 t_p 是 24μs

另一种较少使用的设置射频脉冲扳转角的方法是将发射器衰减固定为很短的持续时间 t_p，寻找获得最大信号时的发射功率。射频功率越高，给定扳转角的脉冲持续时间越短，激发带宽也越大。要在梯度场中获得大敏感区，需要很高的射频功率。

给定 90°脉冲的持续时间 t_p 和幅度 B_1 后，保持幅度不变、脉冲长度变为两倍可以得到 180°脉冲的参数，或者保持脉冲长度不变、发射功率增加 6dB 幅度变为两倍。虽然这两种方法都可以得到 180°脉冲，但它们在梯度场中施加的效果却不同。NMR-MOUSE 测量时，一个 90°脉冲后面跟着一个或多个 180°脉冲。如果通过改变脉冲长度来调整脉冲扳转角，两种具有不同宽度的脉冲激发的区域大小不同，将产生特殊的干涉作用，这可在回波形状上观察到。这种作用在通过脉冲幅度调节扳转角时不显著，所以 NMR-MOUSE 的实验通常通过脉冲幅度来改变扳转角。在非均匀场中，低幅度、长脉宽的射频脉冲激发的敏感区很小，在 Profile NMR-MOUSE 激发薄切片的实验中使用这种脉冲。

2.7 脉冲序列和参数

在均匀或弱非均匀磁场中，用单脉冲测量自由感应衰减 FID 设定核磁共振参数［图 2.7.1(a)］。在非均匀场中，用回波（Hahn 回波）或多回波［CPMG，图 2.7.1(b)］采集信号。

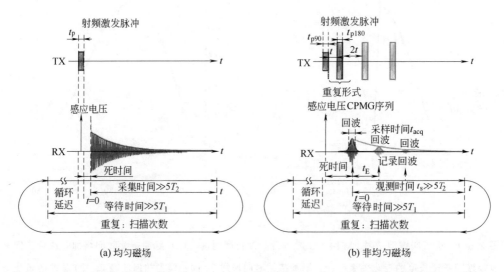

(a) 均匀磁场   (b) 非均匀磁场

图 2.7.1　核磁共振的基本脉冲序列。(a) 在均匀场中测量自由感应衰减的单脉冲激发实验。虽然产生的信号从在第一个射频脉冲的中心开始，但是将记录信号开始的时刻作为观测时间的零点。产生的信号和记录的信号二者零点间的时间偏置是实验的死时间。注意，循环延迟＋采集时间＞$5T_1$。(b) 在梯度场中测量回波串的 CPMG 序列。如果只测量 1 个回波，则叫作 Hahn 回波序列。注意，循环延迟＋观测时间＞$5T_1$

(1) 设定实验参数

核磁共振实验参数取决于样品、脉冲序列和硬件（NMR-MOUSE，磁体类型）。单脉冲实验和 CPMG 实验的最重要的实验参数如表 2.7.1 所示。

共振频率和用户可调偏置量二者之和为发射器频率 v_{rf}。准备实验时，第一次扫描时将发射器偏移设置为零，使用短采样间隔 Δt 得到大频率宽度来寻找核磁共振信号。采样时间为两个连续的采样数据点之间的时间间隔，采样频率 $1/\Delta t$ 对应频谱宽度。例如，$\Delta t = 1\mu s$ 对应的频谱宽度为 $\pm 1000kHz$，非常适合 NMR-MOUSE 采集回波。对于 40MHz 的 ^1H 波谱，FID 需要 10 倍于谱宽（12）的采样频率，即 5000Hz。假设对磁化量组分 $\boldsymbol{M}_x$ 和 $\boldsymbol{M}_y$ 都采样可以区分正负频率，谱宽要设置为 $\pm 2.5kHz$，对应 $\Delta t = 400\mu s$。接下来，调节发射器偏置，将发射频率对应到核磁共振谱中心频率上，并将谱宽降至物体波谱范围，例如 40MHz 的 ^1H 核磁共振波谱为 500Hz。

射频脉冲的幅度决定射频磁场的强度 B_1，通过设置最大发射功率的衰减来调节。例如，90°脉冲需要的发射功率衰减值可能是 $-8dB$。但第一次实验时，既不知道正确的脉冲长度 t_p，也不知道正确的幅度，这时通常先设定一个较短的脉冲长度，例如 $5\mu s$。接下来要调节的参数是接收增益和接收参考相位 φ_{RX}，将在后续讨论。后面还将讨论 CPMG 脉冲序列的采集参数，主要有扫描次数 n_s、重复时间或循环延迟 t_R、回波个数 n_E、回波间隔 t_E、采集时间 t_{acq} 和采样间隔 Δt。表 2.7.1 给出了适用于在 42MHz 均匀场中测量 ^1H 核磁共振波谱的 FID ［图 2.7.1(a)］时，以及在 NMR-MOUSE 的非均匀场中测量 CPMG 回波串时 ［图 2.7.1(b)］的典型采集参数。表 2.7.1 中给出了两种不同 NMR-MOUSE 传感器对应的 CPMG 参数，一个深度为 5mm 测量护肤霜、一个深度为 25mm 测量饱和水岩石或土壤。

表 2.7.1 FID 和 CPMG 回波串的默认采集参数

参数	FID	CPMG	CPMG
仪器	波谱磁体	NMR-MOUSE PM5 护肤霜	NMR-MOUSE PM25 岩石/土壤
发射器频率 v_{rf}	42MHz	17.1MHz	13.8MHz
90°脉冲幅度	$-6dB(10W)$	$-8dB(300W)$	$-6dB(300W)$
90°脉冲长度 t_{p90} ($t_{p180}=2t_{p90}$)	$500\mu s$	$2\sim 5\mu s$ （取决于垫片[①]）	$7\sim 36\mu s$ （取决于垫片[①]）
接收增益	31dB	31dB	31dB
回波个数 n_E	—	$256\sim 600$	$128\sim 1024$
回波间隔 $t_E \approx 2\tau$	—	$32\sim 60\mu s$	$50\sim 120\mu s$
采样间隔 Δt	4ms	$0.5\mu s$	$0.5\mu s$
复数点数 n_{acq}	1024	16	32
采集时间 t_{acq}	4s	$8\mu s$	$16\mu s$
观测时间	4s	$n_E t_E$	$n_E t_E$
扫描次数 n_s	$4\sim 256$	$4\sim 256$	$4\sim 256$
循环延迟 t_R	6s	0.6s	1s
分辨率	0.25Hz	$10\mu m$	$210\mu m$

① 垫片增加了 NMR-MOUSE 磁体和射频线圈之间的距离。

（2）接收增益

接收增益决定将数字化核磁共振信号放大的倍数。最优值为接收信号接近模数转换器（ADC）满输入量程时的值，这一范围称为 ADC 的采集窗口。如果接收增益设置过高，信号极大值会被削顶，接收到的信号将不能被正确处理。如果增益过低，没有完全利用仪器的动态范围，很小的信号可能会在模数转换器离散间隙丢失。

（3）接收相位

忽略弛豫时，核磁化量进动的感应电压在射频线圈中形成的电流正比于 $\cos(\omega_0 t + \varphi_{RX})$，振荡频率为拉莫尔频率 $v_0 = \dfrac{\omega_0}{2\pi}$，相位为 φ_{RX}。在接收器中，用来自射频合成器的正弦和余弦信号（频率 $v_{rf} = \dfrac{\omega_{rf}}{2\pi}$，相位 φ_{TX}）与感应信号混频的方法，将射频频率 ω_0 转换到声频信号。混频器产生的频率差信号经数字化后并存储下来供后续处理，它们分别是 $u(t) = M_0 \cos(\omega_{rf} - \omega_0)t + \varphi_{TX} - \varphi_{RX}$ 和 $v(t) = M_0 \sin(\omega_{rf} - \omega_0)t + \varphi_{TX} - \varphi_{RX}$。二者共同构成复数磁化量 $M_t = u(t) + iv(t) = M_0 \exp(i\Omega t + i\Phi)$，其中，$\Omega = \omega_{rf} - \omega_0$ 为声频频率；$\Phi = \varphi_{TX} - \varphi_{RX}$ 为相位偏置。

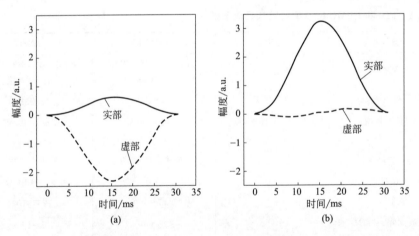

图 2.7.2 以 CPMG 回波串的回波和为例，调节接收相位偏置。(a) 未做相位校正时，实部分量 $u(t)$（实线，正值）和虚部分量 $v(t)$（虚线，负值）均为非零值。(b) 当接收相位偏置 φ_{RX} 调节到 $-\varphi_{TX}$ 时，虚部分量分散在 0 附近，而实部具有最大正幅度

为了接收干净的回波和回波串，操作者需要在谱仪面板上调节接收相位 φ_{RX} 达到 $\Phi = \varphi_{TX} - \varphi_{RX}$，这时所有回波只出现在接收器的一个通道中。这个调节帮助避免在弛豫测量数据采集后进行相位校正。在时间与记录幅度数据时，可以绕过整个过程。但是要尽可能避免使用幅度数据，因为分析弛豫实验数据时，测量噪声的存

在会在拟合幅度数据时引起系统误差。实际中，按照记录信号的虚部为零、实部为正最大值来调节设定接收相位 φ_{RX}（图 2.7.2）。

（4）相位循环

通常，核磁共振数据要测量多次，每次测量的数据叠加来改善信噪比 SNR。每次测量中，接收相位 φ_{TX} 和发射相位 φ_{RX} 分别循环增加。为了方便起见，相位都为 90° 的倍数，所以测量次数 n_s 应是 4 的整数倍。每次实验中的相位增量和它们的变化规律都由操作者额外增加到接收参考相位 φ_{RX} 上。这一过程称为相位循环。大多数核磁共振测量都要使用相位循环来降低谱仪的人为误差。相位循环可以消除信号总和中不期望的磁化分量，用于选择测量响应中的特定分量。脉冲程序负责确定射频脉冲相位和接收相位，以及指示每次测量的相位如何变化的相位循环方案。

射频相位有不同的符号记法。四象限相位 x、y、$-x$、$-y$ 对应相位增量为 $\varphi=0°$、$\varphi=90°$、$\varphi=180°$ 和 $\varphi=270°$，简写成 $n×90°$（$n=1$、2、3、4）的形式。单脉冲激发 [图 2.7.1(a)] 的相位和 CPMG 序列 [图 2.7.1(b)] 的相位如图 2.7.3 所示。运行单脉冲实验时，射频脉冲的发射相位为 $\varphi_{TX}+\varphi_{90}$，而接收相位设为 $\varphi_{RX}+\varphi_{acq}$，每次测量都根据 φ_{90} 和 φ_{acq} 的值步进循环 [图 2.7.3(a)]。单脉冲激发实验的相位循环叫作 CYCLOPS。弛豫测量和多维核磁共振中激发多个脉冲，所以相位循环的步骤更多，CPMG 序列需要设置最少三个相位 [图 2.7.3(b)]。

单脉冲激发		CPMG序列		
φ_{90}	φ_{acq}	φ_1	φ_2	φ_{acq}
x	$-y$	x	y	$-y$
y	x	x	$-y$	$-y$
$-x$	y	$-x$	y	y
$-y$	$-x$	$-x$	$-y$	y
(a)		(b)		

图 2.7.3 **激发脉冲的射频相位增量和接收器相位循环。（a）单脉冲激发；（b）CPMG 序列。相位增量表示为 x、y、$-x$、$-y$，分别代表 0°、90°、180° 和 270°**

（5）扫描次数

扫描次数 n_s 决定回波串或 FID 的测量次数。每次测量采集的数据都叠加用来改善信噪比。如果信噪比良好，最小扫描次数由相位循环决定。例如，假设按照图 2.7.3 中的相位循环，FID 和 CPMG 都为 4 次。如果信噪比很差，需要叠加多次测量的信号来改善信噪比，n_s 的值需要很大。通常信号会被随机噪声污染，信噪比的改善随 n_s 的平方根而增加。因此，要将信噪比提高 2 倍需要将 n_s 乘以 4，测量时间也乘以 4。

(6) 循环延迟

循环延迟是从上一次数据采集阶段（例如 FID、回波或回波串）结束到下一次测量开始之间的时间。两次测量之间的时间为观测时间和循环延迟 t_R 之和（图 2.7.1）。循环延迟应该是纵向弛豫时间 T_1 的 5 倍，以便恢复 99% 的热平衡磁化量。通常循环延迟要远大于观测时间，所以循环延迟 t_R 近似等于两次测量之间的时间。在确定 T_1 之前，t_R 可以设置为任意值，例如 1s。

一旦知道 T_1，如果选择小于 90° 的扳转角，则可以缩短循环延迟，在给定的时间内进行更多次测量。Richard Ernst 计算了单脉冲实验中给定激发脉冲延迟为 $t_{acq} + t_R$ 的情况下，能获得最佳信噪比的扳转角 α_E，即著名的 Ernst 角。

$$\cos\alpha_E = \exp\left[-(t_{acq} + t_R)/T_1\right] \tag{2.7.1}$$

对于短 t_R 来说，利用 Ernst 角作为激发脉冲的扳倒角在给定时间内进行更多测量，信噪比可通过信号平均增加 $\sqrt{2}$ 倍。

在某些情况下，循环延迟可能会设为大于热平衡磁化量恢复所需的时间。这在测量包含许多回波的回波串的情况下出现，因为线圈中的射频功率损耗会将探头温度升高，需要长循环延迟帮助设备降温。

(7) 回波间隔

回波间隔 t_E 必须大于等于脉冲长度 t_{p180}、2 倍接收器电路死时间和回波采集时间 t_{acq} 三者之和。假设脉冲长度为 $10\mu s$、采集时间为 $20\mu s$、死时间为 $30\mu s$，则 $t_E \geqslant 90\mu s$。CPMG 序列中的采集窗口位于两个 180° 脉冲间隔的中心［图 2.7.1 (b)］。NMR-MOUSE 的采集时间 t_{acq} 的最优值在脉冲长度 t_p 和 $1.5t_p$ 之间（图 2.7.4）。确定仪器死时间的方法如下：首先令 t_E 等于脉冲长度与回波采集时间之和，再慢慢增加 t_E 直到回波不再失真为止。

(8) 回波个数

在确定回波个数 n_E 时，先将 n_E 设定为一个较小的值（例如 8 或 20），并用小的叠加次数 n_s 采集回波串。根据测量数据估算最后测量所需信号的回波个数。如果只需要确定总自旋密度，利用少量回波个数记录回波串初始部分就足够了。如果做弛豫分析，需要记录整个回波串。回波个数与样品类型有关，硬物质的回波个数可能很低，例如 30；软物质的回波个数可能很高，例如 3000。

(9) 采集时间和采样间隔

核磁共振波频谱的最大分辨率由观测时间的倒数决定，在测量脉冲响应时的观测时间等于采集时间 [图 2.7.1(a)]。例如，要获得 1Hz 的分辨率，信号采集时间必须达到 1s。数字化仪器将信号离散地采样，采样间隔 Δt 内的信号将被忽略。采样速率 $1/\Delta t$ 决定了谱峰的频谱宽度或频率范围。如果频谱宽度是 500Hz，则采样间隔最大取 4ms，前提是发射器频率 v_{rf} 位于频谱中心，并且将横向磁化量的实部和虚部都记录下来区分正负频率。

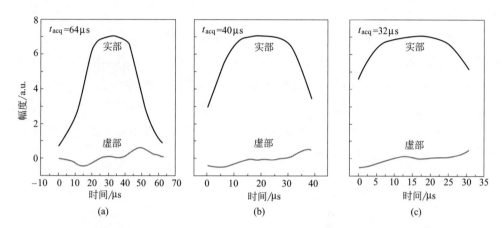

图 2.7.4 回波实验中，采集时间 t_{acq} 对回波信号采样的影响。回波位于采集窗口中心。t_{acq} 越短，记录的回波信息越少。（a）长 t_{acq} 时，完全记录了整个回波，还记录了一些没有信号的噪声部分；（b）短 t_{acq} 时，仅记录了信号和噪声，但浪费了一些信号。t_{acq} 的最优值位于（a）和（b）所用数值之间

采样间隔 Δt 和采样时间 t_{acq} 共同决定记录的点数 $t_{acq}/\Delta t$。正确设置这些参数不但对于均匀场中测量波谱特别重要，对于在 NMR-MOUSE 的非均匀杂散场中用 CPMG 回波串测量深度剖面也非常重要 [图 2.7.1(b)]。在回波实验中，采集时间 t_{acq} 代表单个回波的采集时间。对于 NMR-MOUSE 来说，采集时间越长，信号切片越窄，空间分辨率越高。注意，最大采集时间受到回波间隔、回波信号相对噪声信号占优所持续时间的限制。

2.8 数据处理

仪器厂家通常在提供操作软件的同时提供一套数据处理软件包。但第三方软件或自编程序也能用于处理测量数据。Prospa 软件按照工作目录和实验名称将采集数据存储为 ASCII 格式文件。数据文件可以输入到 Origin 或类似的软件中进行数

据处理，用户还可以使用 Prospa 中的拟合程序处理。

第 3 章将按照不同的测量类型介绍基本数据处理操作。本章讲述的两类基本数据采集方法是：在均匀场中用单脉冲激发测量 FID［图 2.7.1(a)］和在非均匀场中测量 CPMG 回波串［图 2.7.1(b)］。FID 经傅里叶变换得到核磁共振频谱［图 1.3.1(a)］，揭示分子化学结构或提供物体图像；回波串经逆拉普拉斯变换得到弛豫时间分布［图 1.3.1(b)］。

一种更简单的回波串分析方法是用模型函数（例如双指数衰减方程）拟合 CPMG 衰减（图 2.8.1）。这种方法非常有效，对 NMR-MOUSE 测量软物质时的 CPMG 数据有良好的准确性。拟合参数为两个指数方程的幅度及其衰减时间常数 T_{2short} 和 T_{2long}。这两个常数是核磁共振横向弛豫时间，表明样品中有两种组分，其含量为两个指数方程的幅度。频谱和回波串等大型数据常用数据挖掘软件分析，基于统计原理算出数据间的相似和不同之处。

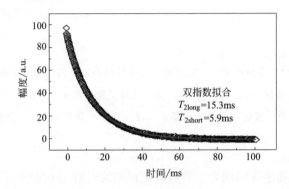

图 2.8.1　胶原样品 CPMG 回波串的双指数拟合（仪器为 Bruker 的 Minispec mq50）。不同的 T_2 值识别出两种具有不同分子移动性的主要组分

2.9　总结

——搭建核磁共振装置需要连接的主要硬件为装配有射频探头的磁体、控制台和计算机。

——NMR-MOUSE 类的开放式磁体对外界噪声敏感。

——利用简单 Halbach 磁体测量时推荐进行调频和匹配。单边仪器很少需要调谐和匹配，但应该定期检查。

——NMR-MOUSE 的射频脉冲扳转角最好采用改变射频功率的方式进行刻

度。通过改变脉冲宽度作为替代方案。

——CPMG 测量最重要的采集参数为回波时间、回波个数、循环时间、采样间隔、采集时间和扫描次数。

2.10　延伸阅读

[1]　Levitt M. Spin Dynamics. Hoboken：Wiley；2007. Chapter 4.

[2]　Keeler J. Understanding NMR Spectroscopy. Chichester：Wiley & Sons；2005.

[3]　Berger S，Braun S. 200 and More NMR Experiments. Weinheim：Wiley-VCH；2004.

[4]　Fukushima E，Roeder SBW. Experimental Pulse NMR：A Nuts and Bolts Approach. Reading：Addison Wesley；1981.

[5]　The spectrometer manual of the instrument manufacturer.

测量的类型

核磁共振测量可以确定许多样品参数。根据自由感应衰减信号得到的三个基本参数为：①初始信号幅度；②衰减常数；③脉冲响应的频率。它们分别代表：①对应敏感区内的原子核数量的自旋密度；②弛豫时间和自扩散系数，提供旋转和平移分子运动的信息；③共振频率，识别磁性原子核的身份及其化学环境。通常假设样品或物体中的这些参数具有多个数值（称为分布）。因此，不仅要确定自旋密度、弛豫时间、扩散因子和频率的单一数值，而且要确定这些参数的分布。自旋密度的分布是不同性质原子核的含量分布。参数的空间分布叫作图像，要用核磁共振成像（MRI）或核磁共振断层扫描（MRT）确定。除了含量的差别，原子核的特性还决定图像的对比度。弛豫时间和自扩散系数是非常重要的性质。在描述多孔介质中的流体、悬浮液和乳状液时，经常分析它们的分布。核磁共振频率是另一个重要性质。核磁共振频率的分布（核磁共振频谱）对每个化学家来说都非常熟悉，常常用于识别溶液中分子的化学结构。

每种参数的获取都需要合适的测量方法，这在核磁共振中用射频脉冲响应代表。不同类型的测量方法有几百种之多。下面讨论基础方法的一般特征、测量仪器的默认设置，以及从实验数据中提取这些参数的方法。本章分节介绍每种参数类型，包括幅度、衰减、脉冲响应频率。鉴于成像的特殊重要性，信号幅度一节没有讨论含量分布，而是用单独一节讨论成像。

3.1 自旋密度

3.1.1 简介

自旋密度表征敏感区域内的自旋数量，例如自旋百分含量。自旋密度直接正比于敏感区域内的总磁化量，并决定脉冲响应的幅度。自旋密度不同于质量密度，因为一定体积内的自旋数量取决于材料的化学同位素分布。在传统核磁共振中，样品位于射频线圈中心的玻璃管中，信号幅度需要归一化到线圈中的样品量。样品量随玻璃管的直径、位置和装填高度而变化。在单边核磁共振中，敏感区域一般完全处于样品内部，无须归一化。

3.1.2 目标

测量自旋密度 M_0 能帮助确定样品中是否存在不期望出现的组分，用于对比不同样品或者根据原子和密度绘制某类样品的性质变化。自旋密度取决于样品的化学性质。例如，水（H_2O）的氢核（^1H）密度高，而特氟龙（聚四氟乙烯，$\ce{-CF_2-CF_2-}_n$）氢核密度为 0，但氟的密度高。由于射频脉冲和电子谱仪的状态影响信号幅度，用相对值来量化自旋密度和自旋密度对比度。

相对自旋密度： $\qquad M_0/M_{0ref}=s(0)/s_{ref}(0)$ （3.1.1）

自旋密度对比度： $\quad C_M=(M_0-M_{0ref})/M_{0ref}=[s(0)-s_{ref}(0)]/s_{ref}(0)$ （3.1.2）

式中，自旋密度 M_0 正比于 $t=0$ 时刻的脉冲响应 $s(0)$；$s_{ref}(0)$ 为利用相同参数和谱仪测得的参考样品（例如水）的脉冲响应。这些定义对传统核磁共振和单边核磁共振均适用。

3.1.3 延伸阅读

［1］ Blümich B. NMR Imaging of Materials. Oxford：Clarendon Press；2000.

［2］ Coates GR，Xiao L，Prammer MG. NMR Logging. Houston：Halliburton Energy Services；1999.

［3］ Kimmich R. NMR Tomography. Diffusometry，Relaxometry. Berlin：Springer；1997.

［4］ Callaghan PT. Principles of Nuclear Magnetic Resonance Microscopy. Oxford：Clarendon Press，1991.

［5］ Mansfield P，Morris PG. NMR Imaging in Biomedicine. Adv Magn Reson. Suppl. 2. New York：Academic Press；1982.

3.1.4 理论

自旋密度 M_0 正比于单激发脉冲后的信号幅度 $s(0)$ 或 CPMG 回波串的幅度 [图 3.1.1(b)]。在核磁共振中，脉冲响应 $s(t)$ 称为自由感应衰减或 FID。激发脉冲结束后，射频电路需要死时间 t_d 来恢复，所以测不到 $t=0$ 时刻的 FID，只能测到 $t \geqslant t_d$ 的信号。对于非均匀场中测量的 CPMG 回波串，从第一个脉冲的中心到第一个采样数据点的最小时间延迟 t_d 是回波间隔 t_E。如果 t_d 比横向弛豫时间小得多，则 $s(t_d)$ 是信号幅度 $s(0)$ 很好的近似值。这一条件对于硬物质和小孔中的流体一般不成立。$s(t)$ 在 t_d 阶段快速衰减，需要将测量信号 $s(t \geqslant t_d)$ 外推到 $t=0$ 时刻。估算 CPMG 信号幅度的简单办法是使用短回波间隔确定第一个回波的幅度，前提是假设最短的 T_2 也要足够长 [图 3.1.1(b)]。这一条件对于软物质和大孔中的流体通常都成立。此外，将回波包络的起始部分积分是一种增强信噪比的简便方法。

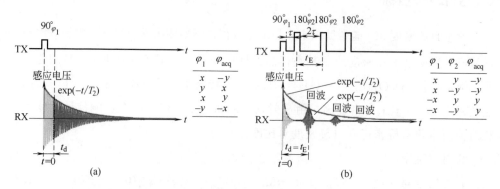

图 3.1.1　估算自旋密度所用脉冲序列和相位循环，根据 $t>0$ 的信号外推 $t=0$ 时的信号幅度。注意，$t=0$ 时刻位于射频脉冲中心。TX 代表发射，RX 代表接收。(a) 均匀场中的测量，仅能测到 t 大于死时间 t_d 的脉冲响应或 FID（深色部分），无法探测到 $0 \leqslant t \leqslant t_d$ 之间的信号（浅色部分）；(b) 非均匀场中的测量，无法探测到短于回波间隔 t_E 的 CPMG 回波串包络。因此，需要根据实验数据将回波包络外推到 $t=0$ 时刻。注意，两个脉冲之间的延迟 2τ 要小于回波间隔 t_E。常用只有第 1 行和第 3 行的两步相位循环代替整个循环

3.1.5　硬件

任何类型的核磁共振仪器都可以测量自旋密度，这种测量对硬件的需求最低。最低的硬件需求包括谱仪、计算机和带有探头的磁体，磁体无须具有高度均匀磁场（图 1.4.1）。因此，自旋密度可以在磁体和射频线圈的非均匀杂散场中测量。杂散场核磁共振应用于电缆和随钻核磁共振测井技术中，磁体位于井眼之中测量周围岩石地层中的信号 [图 3.1.2(a)]。杂散场还应用于单边核磁共振探头，例如 NMR-MOUSE 和其他仪器 [图 3.1.2(b)]。

3.1.6　脉冲序列和参数

单脉冲激励用于在均匀磁场中测量脉冲响应或 FID [图 3.1.1 (a) 和图 2.7.1 (a)]，Hahn 回波或多回波 CPMG 序列用于在非均匀场中采集数据 [图 3.1.1 (b)

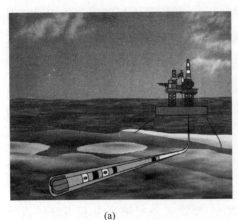
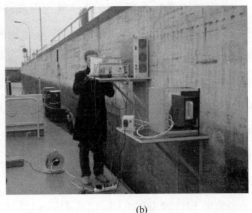

(a) (b)

图 3.1.2　测量自旋密度的特殊核磁共振传感器。(a) 随钻核磁共振仪器，磁体和谱仪器件是油井井眼中向前钻进的钻柱的一部分，在钻井的同时测量来自井壁的流体信号；(b) 测量水闸混凝土墙壁的自旋密度深度剖面的实验，装配有 NMR-MOUSE 的台架转向侧面（前景）用于调整与墙壁间的距离，传感器、谱仪和独立的功率放大器（后景）位于用螺栓固定在闸壁的平板上

和图 2.7.1(b)]。用户要设定的参数有循环延迟、脉冲宽度或幅度、采集时间、回波间隔 t_E 或脉冲间隔 2τ（CPMG 序列时）以及扫描次数 n_s（表 2.7.1）。扫描次数表示实验重复的次数。

　　因为信号幅度来自样品中所有的自旋，两次连续测量之间要有足够大的循环延迟，好让这些自旋产生的所有磁化分量在测量间都恢复至热平衡状态。实验时必须确定最长的纵向弛豫时间 T_{1long}，并将循环延迟 t_R 设置为 $5T_{1long}$。观测时间应该覆盖整个信号衰减 $5T_2$，其中 T_2 为横向弛豫时间。均匀场中用脉冲响应估算 T_2，非均匀场中用 CPMG 回波串衰减估算 T_2。对于流体中的 ^1H，较为合理的 T_2 数值为 0.8s，观测时间为 4s。在均匀场中采集自由感应衰减 FID 时，观测时间等同于采集时间 t_{acq}，采样速率大于等于半频谱宽度，前提是假设采样复数信号 $s(t)$ 能够区分正负频率的信号，并且接收参考频率位于频谱采集窗中心。对于化学位移范围为 12 的质子，40MHz 时的频谱宽度为 480Hz。因此，当设定发射器频率位于频谱中心时，最小采样速率为 $1/\Delta t = 1/250$Hz，所以采样间隔 Δt 为 4ms。从而在 4s 的观测时间内，一个 FID 采集到 1000 个复数数据点。注意上述计算的是最小要求。今天大多数谱仪使用更高的采样速率来改善信噪比，并通过数字滤波保持相位保真度。

　　在 NMR-MOUSE 的强非均匀性磁场中采集回波串时，每个回波都在宽度为

t_{acq} 的窗口中进行采集，该窗口覆盖回波持续时间，并以最大回波时刻为中心（图 2.7.4）。一般来说，选择 $1\mu s$ 短的采样间隔 Δt，t_{acq} 约为 $10\sim20\mu s$。回波串应该持续到横向磁化量的整个衰减过程，所以观测时间为 $5T_2$。如果回波间隔为 t_E，回波个数 n_E 应为 $n_E=5T_2/t_E$。假设回波间隔 $t_E=1ms$、$T_2=0.8s$，4s 时间内采集到 4000 个回波。这一数值适用于流体样品。对于固体样品，T_2 要短得多，例如橡胶为 $1ms$。设定 $t_E=100\mu s$，则采集到 $n_E=50$ 个回波。限制回波个数很重要，因为线圈中消耗的射频能量会使线圈和附近的样品升温，甚至烧毁线圈。如果采集许多回波，要利用更长的循环延迟来散热。

采集 FID 或 CPMG 回波串时，扫描次数 n_s 要设置得足够高来获得好的信噪比。n_s 一般是脉冲程序中相位循环步数的整数倍，这是 n_s 经常取 4 或 8 的倍数的原因。对于流体样品，在开始实验时取 $n_s=4$ 是个好的选择；对于固体样品，应取 $n_s=100$ 或更高。

取决于谱仪的前期使用情况，需要确认发射频率 v_{rf} 和 90°脉冲宽度 t_p 的取值。二者均在仪器准备程序中确定。CPMG 序列中的 180°脉冲宽度通过设置为两倍 90°脉冲宽度 t_p 或将 180°脉冲幅度设置为比 90°脉冲大 6dB。在均匀磁场中采集流体的 FID，以及在强非均匀磁场中采集软固态物质的 CPMG 回波串时，采用的默认参数如表 2.7.1 所示。常见问题见表 3.1.1。

表 3.1.1　测量 CPMG 回波串时的常见问题

——谱仪频率 v_{rf} 设置错误

——探头未与谱仪调谐和匹配；导电或高介电样品可能改变调谐匹配状态

——90°脉冲宽度设置不正确

——180°脉冲宽度或幅度设置不正确

——采集时间设置不正确，过短则部分信号被截止，过长则后面采集过多噪声

——循环延迟过短，压制了长 T_2 组分的信号贡献

——扫描次数不够

——回波个数过大，探头射频线圈变热

——接收相位 φ_{RX} 未调节，第二接收通道显示非零信号

3.1.7　初级测量

自旋密度要根据 FID 或 CPMG 回波串 $s(t)$ 在 $t=0$ 时刻的初始幅度确定。在

确定自旋密度时，一般忽略接收器死时间 t_d（图3.1.1）和射频脉冲宽度。如果实验数据存储留作后期分析，需要将FID的死时间和CPMG回波串的回波间隔一起保存下来，因此所记录的第一个数据点保存为 $t=t_d$ 时刻的 $s(t_d)$ 而不是 $t=0$ 时的值。在处理快速衰减组分的信号时，要特别考虑死时间的影响，例如聚乙烯和灰水泥信号（图3.1.3）。聚乙烯的非晶体组分为慢弛豫信号，而它的晶体组分为快速弛豫信号。短的死时间 t_d 相当于CPMG序列中的短回波间隔 $t_E=t_d$ ［图3.1.3(a)］。通过缩短回波间隔，更早开始采集信号 ［图3.1.3(a)］，对于晶体组分可以采集到更多的数据点。因此，对NMR-MOUSE测得的CPMG衰减进行双指数拟合，能很准确地得到样品结晶度。灰水泥是最常见的建筑材料，混凝土是灰水泥和石头的混合物。灰水泥含有顺磁杂质，严重缩短了水信号的初始衰减。使用 $16\mu s$ 的短回波间隔可以更好地观测到信号衰减 ［图3.1.3(b)］。

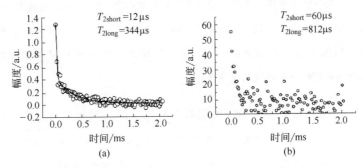

图3.1.3　NMR-MOUSE测得的CPMG衰减，$t_E=16\mu s$。(a) 低密度聚乙烯（LDPE）；(b) 灰色混凝土中的灰浆，初始时刻的快速衰减只能用短回波间隔采集到

3.1.8　高级测量

自旋密度是FID或CPMG回波串在零时刻的信号幅度。由于零时刻的信号隐藏在第一个脉冲之下并被仪器死时间屏蔽，需要将实验信号外推（图3.1.1）。在实际中，使用不同回波间隔的回波（对于固体材料使用固体回波，对液体使用Hahn回波）采集信号并将回波包络外推到零时刻来估算零时刻信号幅度。固体回波 ［图5.1.5(b)］补偿受偶极-偶极相互作用影响的磁化矢量演化，偶极-偶极相互作用是固体中原子核的主要作用。Hahn回波 ［图2.7.1(b)］补偿液体中由于进动频率（来自磁场非均匀性和化学位移差异）差异引起的磁化矢量演化。在弱非均匀磁场中，可以记录FID信号，根据脉冲宽度和死时间将它外推至激发脉冲中心时刻。时间越长，磁场非均匀性影响对信号衰减的贡献越大，所以Hahn或CPMG回波要在没有磁场非均匀性影响的条件下测量（图3.1.4）。

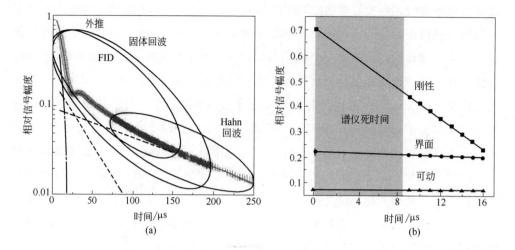

图 3.1.4　将弱非均匀磁场中聚乙烯样品的信号外推至零时刻。(a) 固体回波和 Hahn 回波时间域信号的对比，固体回波与 FID 吻合，利用 Abragam 方程和双指数之和作为拟合方程拟合实验数据，外推得到时间原点附近的数据；(b) 拟合方程的分量幅度对固体回波间隔的变化，Abragam 方程代表的刚性分量产生明显变化

在强非均匀场中采集回波串的情况有些特殊，因为射频脉冲总是使磁化量（以频率 $\omega_{rf} = 2\pi\upsilon_{rf}$ 绕 $\boldsymbol{B}_0$ 方向旋转）以坐标系中的有效场为轴旋转（图 3.1.5）。有效场是两个磁场的矢量之和。其中一个磁场为偏置场或虚构场 $\boldsymbol{B}_{fic} = [(\omega_0 - \omega_{rf})/\gamma]$ $\boldsymbol{z}$，方向沿施加的静磁场 $\boldsymbol{B}_0$ 方向 $z = (0,0,1)^t$，幅度由共振频率 ω_0 与发射频率 ω_{rf} 间的差异决定。另一个磁场为射频场 $\boldsymbol{B}_1$，方向沿平面上的某一坐标轴，例如 $y = (0,1,0)^t$。因此有效场为 $\boldsymbol{B}_{eff} = B_1 \boldsymbol{y} + [(\omega_0 - \omega_{rf})/\gamma]$ $\boldsymbol{z}$。有效场相对 z 轴的倾斜角度 θ 由 $\tan\theta = (\gamma B_1)/(\omega_0 - \omega_{rf})$ 决定。频率偏移 $(\omega_0 - \omega_{rf})$ 越大，脉冲旋转轴偏离 y 轴越远。随着共振偏移的增加，CPMG 回波串中的重聚脉冲将磁化矢量反向重聚的效果减弱。除了第一个回波，其他所有回波都是 Hahn 回波和受激回波的组合（图 3.2.3）。因为在每个脉冲都不是 180°时，三个或更多脉冲通常能产生受激回波。然而，除非第一个脉冲是 180°，则任意两个回波就能产生 Hahn 回波。此外，部分有效弛豫受 T_1 控制，强非均匀场中测得的 CPMG 回波串的第一个回波小于第二个回波。在将衰减曲线外推至零时刻来估算对应自旋密度的信号幅度时，要考虑第二种情况的影响。当第一个脉冲和后续所有产生回波串的脉冲宽度都相等时，第一种情况影响较小。这是 CPMG 回波串中的 180°重聚脉冲要优先使用两倍 90°脉冲幅度的原因。

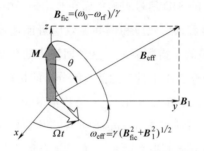

图 3.1.5　磁化量 M 一直绕有效场 B_{eff} 进动，有效场 B_{eff} 是虚构偏置场 B_{fic}（以射频频率 ω_{rf} 旋转的）与 B_1 场（在旋转坐标系中静止）的矢量和。有效场 B_{eff} 从偏置磁场 B_{fic} 向射频磁场 B_1 场的倾斜角度 $\theta = \arctan(B_1/B_{fic})$。射频脉冲施加期间，磁化量进动频率为 ω_{eff}。准确共振（on-resonance）时规定射频脉冲扳转角 $\alpha = \omega_{eff}t_p$，其中 $\omega_0 = \omega_{rf}$，所以 $B_{fic} = 0$。因此 $90°$ 脉冲不能将偏共振磁化分量从 z 轴全部旋转 $90°$ 到横向平面

一般来说，CPMG 序列中的时间延迟关系在长回波间隔条件（相对于脉冲宽度来说较长）下近似成立。在此条件下，两个回波之间的时间 t_E 约等于两个 $180°$ 脉冲之间的时间 2τ，CPMG 序列中前两个回波间的延迟为 τ［图 3.1.1(b)］。但这并不精确，因为近似过程中忽略了脉冲宽度。对于短回波间隔来说，必须考虑脉冲宽度的影响才能得到最大回波幅度。在利用两倍 $90°$ 脉冲宽度（t_{p90}）作为 $180°$ 扳转脉冲时，前两个脉冲之间的延迟必须比 τ 短 $2t_{p90}/\pi$。注意，谱仪可能假定长回波时间条件成立，并认为 $t_E \approx 2\tau$。对于关键应用来说，应该用示波器检查回波之间的时间间隔，并与脉冲程序中的延迟设置进行对照。

3.1.9　数据处理

核磁共振数据以复数 $s(t) = u(t) + iv(t)$ 的形式采集。如果相位调节正确，仅实部通道 $u(t)$ 中有 CPMG 回波串信号，虚部通道为噪声 $v(t) = 0$。如果 $u(t)$ 和 $v(t)$ 两个通道都有信号，则需要在分析之前对 $s(t)$ 做相位旋转，将 $s(t)$ 乘以 $\exp(-i\Phi)$ 使整个信号旋转到实部通道中。当认为 $s(t)$ 幅度中的噪声信号幅度为恒定偏置时还需另外处理。但使用这种方法仍要慎重，因为在信噪比较低时会对分析结果引入系统误差。

利用模型函数对实验数据进行拟合可以得到正确的信号幅度（表 3.1.2），经外推可得到零时刻的信号幅度（图 3.1.4）。对于软物质等简单情况，拟合函数为单指数或双指数方程（两个指数方程之和）［图 3.1.6(a)］。对于橡胶和刚性物质（例如非结晶聚合物具有自旋间磁偶极-偶极作用的复杂网络），使用高斯方程来拟合短观测时间的信号。对于结晶粉末，Abragam 方程拟合效果较好。在均匀场中，短时间精确

衰减包络利用单脉冲激发的 FID 信号观测；而在非均匀场中，利用 Hahn 回波或固体回波观测（图 3.1.4）。自旋锁定效应和偏共振效应可能造成多个回波的数据串（例如 CPMG 回波串）有明显的非指数衰减。这种回波串的包络可用广延指数方程较好地拟合，广延指数方程同样适用于具有弛豫时间分布的材料。将指数除以它的幂可以避免延长时间轴的问题 [图 3.1.6(b)]，这一方程由 Rudolf Kohlrausch 在描述加速过程时得到。他的儿子 Friedrich 将 Kohlrausch 方程简化为广延指数方程。在许多情况下，这两个方程与双指数方程的拟合质量一样，但减少了一个拟合参数。Kohlrausch 方程得到的弛豫时间 T_2 与双指数拟合中的长弛豫时间接近。

表 3.1.2　拟合方程

名称	表达式	形状
高斯方程	$s(0)\exp\{-1/2(t/T_2)^2\}$	图 3.1.6(b)($b=2.0$ 时)
Abragam 方程	$s(0)\exp\{-1/2(t/T_2)^2\}\sin\{at\}/\{at\}$	
指数方程	$s(0)\exp\{-t/T_2\}$	图 3.1.6(b)($b=1.0$ 时)
广延指数方程	$s(0)\exp\{-(t/T_2)^b\}$	
Kohlrausch 方程	$s(0)\exp\{-(1/b)(t/T_2)^b\}$	图 3.1.6(b)(b 为任意值)

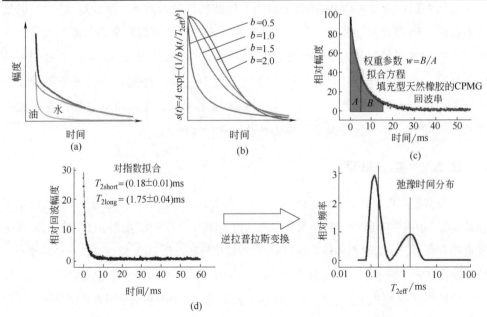

图 3.1.6　横向弛豫衰减分析。(a) 利用两个拟合方程分解水和油的弛豫信号；(b) 指数参数 b 取不同数值时的 Kohlrausch 方程，$b=1.0$ 时为指数衰减方程，$b=2.0$ 时为高斯方程；(c) 定义权重参数 w 为回波包络的两段定积分之比；(d) 双指数衰减得到弛豫时间双峰分布，峰值中心位置处于两个衰减时间上，峰宽由反演算法决定。回波包络的逆拉普拉斯变换通常采用对数刻度来表示弛豫时间分布

多组分系统（例如半结晶聚合物）的横向质子磁化量衰减可用一个 Abragam 方程和两个双指数方程（对应结晶/非结晶界面和非结晶相）之和来描述［图 3.1.4(a)］。组分方程的相对幅度决定系统成分的相对质子密度［图 3.1.4(b)］。为了将它们转换为重量材料密度，需要知道不同形态相的密度。

在对比研究中，需要知道相对于标准样品的相对信号幅度［式（3.1.1）］。虽然谱仪电路可能在几个月时间内都是稳定的，仍建议根据标准材料（例如水）的幅度对采集信号幅度进行刻度。在许多研究中，弛豫加权自旋密度权重参数 w 及其计算方法是弛豫加权自旋密度的一种加权方式，可代替绝对自旋密度进行材料性质对比。这时，将信号幅度外推至零时刻和用模型方程拟合实验数据就不是必需的。

根据信号还能得到其他参数。例如整个信号可按初始值归一化，也可以合并积分。在利用多指数方程之和来估计信号时：

$$s(t) = \sum_i s_i(0) \exp(-t/T_{2\text{eff},i}) \tag{3.1.3}$$

回波串所有回波之和正比于 FID 包络的积分，对应于自旋密度加权的平均弛豫时间 $\langle T_{2\text{eff}} \rangle$。对信号 $s(t)$ 归一化后：

$$\int_0^\infty s(t)/s(0) = \sum_i x_i T_{2\text{eff}} = \langle T_{2\text{eff}} \rangle \tag{3.1.4}$$

式中，$x_i = s_i(0)/\sum_i s_i(0)$，是原子核分量 i 的自旋密度分数。

或者，将部分回波求比例或求积分可以获得一些参数，用于增强材料性质变化的对比度。例如，权重参数 w［图 3.1.6(c)］。

$$w = [t_1/(t_2 - t_1)] \int_{t_1}^{t_2} s(t) \mathrm{d}t / \int_0^{t_1} s(t) \mathrm{d}t \tag{3.1.5}$$

用于描述半结晶聚合物中的形态变化。调整 w 定义中的积分上下限，可获得最大对比度 $C_w = (w - w_{\text{ref}})/w_{\text{ref}}$［式(3.1.2)］。

基于拟合方程的评价效果依赖于方程的正确选择，而积分或部分积分则不然。最常用的积分方程是式（3.1.3），可以写成如下积分形式：

$$s(t) = \int_0^\infty S(p) \exp(-tp) \mathrm{d}p \tag{3.1.6}$$

把信号 $s(t)$ 看成弛豫速率 $p = 1/T_{2\text{eff}}$ 的分布 $S(p)$ 的拉普拉斯变换，就可利用逆拉普拉斯变换从 $s(t)$ 中获得 $S(p)$。弛豫时间通常采用对数刻度［图 3.1.6(d)］，

$\ln(1/T_{2\mathrm{eff}})$ 和 $\ln(T_{2\mathrm{eff}})$ 间只相差一个符号。由于要变换的信号含有测量噪声，所以逆拉普拉斯需要正则化来避免算法的不稳定。这在一定程度上表明只能变换含有限个指数的拟合方程。

反演得到的弛豫时间分布通常有两个或多个最大值。这一分布可利用峰函数拟合或部分积分来获得不同弛豫时间对应组分的百分含量。这个方法等价于利用双指数或三指数方程拟合实验数据来确定组分幅度。拟合方程有很多种，原始拉普拉斯变换只用于简单的指数弛豫，而对于其他基函数方程需要做一般化处理，例如分析含固有非指数弛豫组分的固体和其他物质。拉普拉斯变换的总积分等于总信号幅度，与弛豫过程无关。有时要利用拉普拉斯变换的积分幅度，因为正则化过程具有噪声滤除功能。虽然如此，也仅在将测量信号衰减外推至零时刻时才能获得准确的总幅度。否则弛豫时间分布在短弛豫时间处被截断。

3.1.10 参考文献

[1] Hedesiu C，Demco DE，Kleppinger R，Adams-Buda A，Blümich B，Remerie K，Litvinov VM. The effect of temperature and annealing on the phase composition，molecular mobility and the thickness of domains in high-density polyethylene. Polymer. 2007；48：763-777.

[2] Hürlimann MD. Optimization of timing in the Carr-Purcell-Meiboom-Gill sequence. Magn Reson Imag. 2001；19：375-378.

3.2 弛豫和扩散

3.2.1 简介

弛豫表示自旋系统从非平衡状态到平衡状态的恢复过程。这个过程的特征时间叫作弛豫时间。核磁共振弛豫是分子运动的重要信息来源。分子在固体中运动得慢，在液体中运动得快。弛豫时间取决于分子运动的时长，因为分子运动影响核自旋子相互作用，例如：核自旋与电子自旋的磁偶极-偶极耦合、核自旋自身之间的偶极-偶极耦合、分子中绕轨道运行的电子将自旋与施加场屏蔽。除了时长，弛豫时间还取决于分子运动的几何形状。

核磁共振中的弛豫有两类：纵向弛豫（自旋-晶格弛豫），用弛豫时间 T_1 描述；横向弛豫（自旋-自旋弛豫），用弛豫时间 T_2 描述。纵向弛豫表示磁化分量沿主磁场 $\boldsymbol{B}_0$ 方向（z 方向）恢复至热动态平衡值（图 1.1.1）。作为对比，定义该方

向为 z 方向。横向弛豫表示沿正交于磁场方向上的磁化量衰减。核磁共振实验中直接测量这个磁化量。在非均匀场中，磁化量的衰减受不同机制控制，特别是旋转运动和平移扩散，利用 Hahn 回波可以区分二者。

3.2.2　目标

材料学核磁共振的一个重要目标是建立核磁共振参数和材料性质间的联系。由于大多数材料性质随分子动态而变化，例如分子级别的自由区域，所以核磁共振弛豫时间是材料表征的重要量值。除一些特殊情况外，很难在核磁共振弛豫时间和材料性质间建立准确的理论关系，因此经常通过标样刻度来建立核磁共振弛豫时间 T_1、T_2、扩散系数和材料性质的相关性。下文将介绍测量 T_1、T_2 和 D 最常用的脉冲序列。首先介绍 T_1 的测量，因为连续扫描之间的等待时间要设置为 $5T_1$。通过逆拉普拉斯变换拟合模型方程得到弛豫时间（或扩散系数）和幅度来评估弛豫数据和扩散数据。

3.2.3　延伸阅读

［1］　Kimmich R. Principles of Soft-Matter Dynamics. Dordrecht：Springer；2012.

［2］　Callaghan PT. Translational Dynamics &.Magnetic Resonance. Oxford：Oxford University Press；2011.

［3］　Casanova F，Perlo J，Blümich B，editors. Single-Sided NMR. Berlin：Springer；2011.

［4］　Price W. NMR Studies of Translational Motion：Principles and Applications. Cambridge：Cambridge University Press；2009.

［5］　Song YQ. Novel Two-Dimensional NMR of Diffusion and Relaxation for Material Characterization. In：Stapf S，Han SI，editors. NMR Imaging in Chemical Engineering. Weinheim：Wiley-VCH；2006.

［6］　Blümich B. NMR Imaging of Materials. Oxford：Clarendon Press；2000.

［7］　Kimmich R. NMR Tomography. Diffusometry，Relaxometry. Berlin：Springer；1997.

［8］　Callaghan PT. Principles of Nuclear Magnetic Resonance Microscopy. Oxford：Clarendon Press；1991.

［9］　Slichter C. Principles of Magnetic Resonance. 3rd ed. Berlin：Springer；1990.

［10］　Freeman R. A Handbook of Nuclear Magnetic Resonance. Harlow：Longman Scientific Technical；1987.

3.2.4　理论

纵向弛豫时间涉及沿磁场方向建立热平衡磁化量的过程。这个过程改变自旋能量建立核磁化量，包括自旋与周围电子（晶格）间的能量传递。能量传递的特征时间为自旋-晶格弛豫时间或纵向弛豫时间 T_1。横向磁化不改变系统的能量,而改变熵,例如自旋的有序性。完全均匀磁场中,横向磁化量按 FID 的包络衰减。热平衡状态下,射频脉冲施加前/后,所有磁化分量都沿相同方向取向并开始在横向 xy 平面内进动,在核磁共振接收线圈中感应出一个电压 [图 1.1.2(b)]。此时,每个分量经历不同的随机振荡局部场,沿不同路径永久改变其进动频率,因此磁化分量的矢量和 M 的幅度发生衰减,自旋进动之间失去相关性 [图 1.1.2(c)]。这个衰减的时间常数为横向弛豫时间或自旋-自旋弛豫时间 T_2。

两个弛豫时间 T_1 和 T_2 都可由 Bloch 方程的最简单形式来定义:

$$\frac{\mathrm{d}\boldsymbol{M}(\mathrm{t})}{\mathrm{d}t} = \gamma \boldsymbol{M}(\mathrm{t}) \times \boldsymbol{B} - \boldsymbol{R}[\boldsymbol{M}(t) - \boldsymbol{M}_0] \tag{3.2.1}$$

其中,弛豫矩阵为:

$$\boldsymbol{R} = \begin{bmatrix} 1/T_2 & 0 & 0 \\ 0 & 1/T_2 & 0 \\ 0 & 0 & 1/T_1 \end{bmatrix} \tag{3.2.2}$$

横向和纵向弛豫过程同时发生,二者分别为正交的磁化分量。在自由流体中,T_2 约等于 T_1;在固体或多孔介质中,T_2 可以比 T_1 小得多。自然土壤系统中的水的 T_1/T_2 值在 2~5 之间,固体聚合物中这一值能达到 2~3 个数量级。

在非均匀场中,磁化量组分的破坏性干扰被增强,脉冲响应按更快的 T_2^* 衰减（$T_2^* < T_2$）。然而,通过按回波间隔 t_E 形成回波可以消除磁场非均匀性的影响 [图 1.1.2(d)]。这些回波仅受 T_2 弛豫衰减,除非分子在回波间隔内改变到具有不同磁场强度的位置。流体分子确实可受平布朗运动作用在周围移动,其影响用自扩散系数 D 描述。如果在孔隙介质的孔隙中也这样运动,横向磁化量的弛豫会因碰撞孔隙壁而进一步增强。

如果流体所处孔隙的比表面率为 S/V,则 CPMG 序列测到的横向弛豫速率为:

$$\frac{1}{T_2} = \frac{1}{T_{2\mathrm{bulk}}} + \rho_2 \left(\frac{S}{V}\right)_{\mathrm{pore}} + \frac{D(\gamma G t_E)^2}{12} \tag{3.2.3}$$

式中,$T_{2\mathrm{bulk}}$ 为自由流体弛豫;ρ_2 为孔隙壁的表面弛豫率;G 为孔隙内磁场 $\boldsymbol{B}_0$ 的梯度。此方程在快扩散条件下成立,即分子可在回波间隔 t_E 内扩散通过孔隙多次。孔隙内部梯度 G 来自孔隙内外磁化率差异引起的磁场 $\boldsymbol{B}_0$ 变形,以及施加磁场本身的非均匀性。该方程表明,弛豫时间的分布与比表面成比例关系,可根据饱和孔隙介质的流体来探测孔隙大小的分布。该方程还表明,横向弛豫速率受梯度磁场中分子平移扩散作用而增强。时不变或恒定磁场梯度、脉冲场梯度核磁共振是深受青睐的测量平移扩散的方法。

流体分子不同化学基团中的质子的纵向弛豫时间 T_1 变化不大，一般为几秒范围。相对于 T_2，它不受非均匀场中分子扩散的影响，因此 T_1 弛豫是研究这类系统的标准工具。在快扩散条件下，T_1 的表达式与式（3.2.3）相似。

$$\frac{1}{T_1} = \frac{1}{T_{1\text{bulk}}} + \rho_1 \left(\frac{S}{V}\right)_{\text{pore}} \tag{3.2.4}$$

3.2.5 硬件

测量弛豫的硬件要求与测量自旋密度的要求相同（图 3.1.5）。由于对磁场均匀度没有严格要求，从概念上讲，简单封闭式磁体和开放式磁体都可使用（图 1.2.1）。例如，Bruker Minispec 低场桌面型谱仪及配套的标准磁体，磁体工作在较高的固定温度下以消除温度变化引起的磁场漂移［图 3.2.1(a)］。对于扩散测量，如果测量不是在具有天然梯度的杂散磁场中进行，则硬件还应包括产生脉冲场梯度的单元。NMR-MOUSE 等便携式杂散场传感器是测量弛豫和扩散的便捷工具［图 3.2.1(b)］。将 NMR-MOUSE 装配在步进电机驱动的台架上，可以自动测量弛豫和扩散参数的深度维剖面。NMR-MOUSE 不具有温度稳定性。但 NMR-MOUSE 传感器具有高梯度磁场，磁体温度的变化只引起敏感区位置的微小变化。由于弛豫和扩散系数与物体温度有关，采集核磁共振数据的同时也应记录样品温度。在测量橡胶等软材料的弛豫时间和流体的扩散系数时应尤其注意。

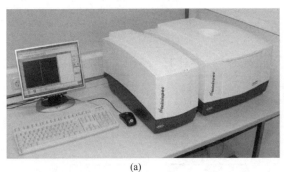
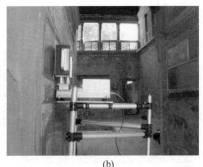

(a) (b)

图 3.2.1　测量弛豫和扩散的低场核磁共振仪器。（a）Bruker Minispec 和恒温 1T 磁体（右侧）；（b）装配在定位台架上的 NMR-MOUSE 在赫库兰尼姆测量壁画的深度维剖面

3.2.6 纵向弛豫

（1）理论

纵向磁化也叫极化。纵向弛豫为热平衡状态发生变化后的恢复过程，例如磁场幅度或方向、核磁极化幅度或磁化方向发生变化时。在样品或物体放入磁场或将 NMR-MOUSE 放在物体附近的那一刻，磁场就开始改变核磁极化状态了。极化过程可用饱和脉冲衰减，或用超极化专业方法增强（超极化方法不在本书讨论范围内）。射频脉冲让磁化量离开它的平衡方向（沿磁场轴）。热平衡极化量服从玻尔兹曼分布［式（1.1.1）］。因为室温下满足高温近似条件，极化量直接正比于静磁场 B_0 的幅度。这正是使用高场核磁共振波谱分析低浓度溶液的原因。

在实验初始条件下求解 Bloch 方程［式（3.2.1）］，可以得到纵向磁化量 $M_z(t)$ 恢复到平衡状态 M_0 时所服从的关系方程。测量纵向弛豫有两种标准方法。饱和恢复实验，磁化量从零开始恢复［图3.2.2(a)］；反转恢复实验，磁化量从负平衡磁化量开始恢复［图3.2.2(b)］。对于水等简单流体，两种实验都得到如下形式的弛豫方程：

$$M_z(t)=M_0[1-f\exp(-t_0/T_1)] \tag{3.2.5}$$

参数 f 取决于实验类型。饱和恢复实验时 $f=1$，反转恢复实验时 $f=2$。T_1 值由分子中的核自旋之间以及核自旋与附近电子之间的相互作用控制。这些作用受分子运动（分子平移和旋转运动）调制。由于原子核和电子自旋间存在相互作用，T_1 弛豫过程受到顺磁中心加速，例如具有不成对电子的溶解 Cu^{2+} 和孔隙介质界面处的顺磁中心。这是给水添加硫酸铜来减小 T_1 以及在核磁共振成像中使用弛豫剂产生对比的原因。

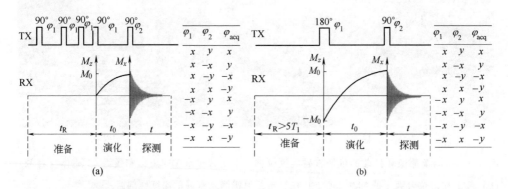

图 3.2.2　测量纵向弛豫曲线的脉冲序列和相位循环。TX 代表发射，RX 代表接收。(a) 饱和恢复序列；(b) 反转恢复序列

（2）脉冲序列和参数

T_1 弛豫关心纵向磁化量 M_z 的变化。由于 M_z 不能被核磁共振直接测量，必须用 90°脉冲转化为可观测的横向磁化量 M_x 或 M_y。这样一来，横向磁化量的初始幅度就对应于纵向磁化量在施加脉冲前那一时刻的值。在均匀场中，横向磁化量可用 FID 采集；在非均匀场中，可用 CPMG 回波串采集。

任何纵向弛豫测量实验都需要先让纵向磁化量离开其平衡值。两个典型的非平衡状态分别为零纵向磁化矢量 $M_z(0)=0$ 和负平衡磁化量 $M_z(0)=-M_0$，从而形成纵向弛豫测量的两种标准方法。饱和恢复法中 [图 3.2.2(a)]，首先用一系列（大约 5 个）90°脉冲（脉冲间的延迟时间按对数递减）将热平衡磁化量破坏。反转恢复法中 [图 3.2.2(b)]，首先用一个 180°脉冲将热平衡磁化量反转。在不同的恢复时间 $t_0(0<t_0<5T_1)$ 下重复进行这两种实验，将采集信号的初始幅度按不同 t_0 画出得到纵向弛豫曲线（图 3.2.2）。饱和恢复法弛豫曲线的标度只有反转恢复法动态范围的一半，但饱和恢复法更快、更简单，因为它的两次扫描之间无需循环延迟。另外，反转恢复法具有两倍动态范围，但较为费时，因为它的两次扫描之间需要保证纵向磁化量完全恢复。由于测量时并不知道样品的 T_1 值，预估一个足够长的循环延迟 t_R 让所有磁化分量完全恢复。

利用 NMR-MOUSE 测量岩石孔隙水弛豫时间的参数见表 3.2.1。在研究橡胶或护肤霜等软材料时，测量 FID 和 CPMG 回波串（图 3.1.1）所用参数见表 2.7.1，这些参数同样可用于饱和恢复和反转恢复脉冲序列中的检测阶段。

表 3.2.1　用 PM25 NMR-MOUSE 测量饱水岩石（使用 10mm 隔片）T_1 弛豫时间的采集参数

参数	饱和恢复	反转恢复
发射频率 v_{rf}	13.8MHz	13.8MHz
90°脉冲幅度	-6dB(300W)	-6dB(300W)
90°脉冲宽度 t_p	13μs	13μs
采样间隔 Δt	0.5μs	0.5μs
采集时间 t_{acq}	8μs	8μs
恢复时间 t_0	0.02~0.8s	0.02~0.8s
回波间隔 t_E	80μs	80μs
回波个数 n_E	10	10
循环延迟 t_R	0s	1.5s
扫描次数 n_s	16	16

（3）测量

封闭式磁体的磁场一般足够均匀，射频线圈中的整个样品体积都可被射频脉冲激发。因此，反转和饱和恢复实验中可以探测到图 3.2.2 中的 FID。如果测量磁场高度不均匀，例如杂散场中的实验，则用 Hahn 回波或 CPMG 序列采集信号 ［图 3.1.1(b)］。由于饱和恢复法不易出错，相对于反转恢复法要优先使用。为了让系统误差最小化，需要在相位敏感模式下采集数据。测量纵向弛豫曲线时的常见问题与测量自旋密度时相同，如前文表 3.1.1 所示。

（4）数据处理

在简单流体和固体中，T_1 弛豫曲线一般为单指数。根据式（3.2.5）可知，当将 $\ln[f/1-M_z(t_0)/M_0]$ 与 t_0 画出时，$1/T_1$ 是该曲线的斜率。另外，可以用式（3.2.5）拟合实验数据得到 T_1。这两种情况下的数据都需要在相位敏感模式下采集。如果观察到实部和虚部数据通道都有数据，则需要将实验数据 $u(t)+iv(t)$ 乘以 $\exp(-i\Phi)$ 做相位校正，所取的 Φ 值要能将全部信号旋转到实部通道中。如果数据是用反转恢复法采集的，则 T_1 可根据恢复曲线与零基线的交点 t_{zero} 估算，即 $T_1 = t_{zero}/\ln 2$。对于非均质样品来说，弛豫曲线通常为多指数。此时采用式（3.2.5）中的反演核做逆拉普拉斯变换得到弛豫时间分布，而不是拟合式（3.2.5）中的加权和。

3.2.7 横向弛豫

（1）理论

横向弛豫表示横向磁化量 ［例如 $M_x(t)$］的衰减。根据 Bloch 方程 ［式 3.2.1)］可知，这个衰减是单指数的：

$$M_x(t) = M_x(0)\exp(-t/T_2) \tag{3.2.6}$$

式中，T_2 是横向弛豫时间，是脉冲响应 ［图 3.1.1(a)］的特征衰减时间，并决定流体核磁共振频谱的线宽 $\Delta v_{1/2}$：

$$\Delta v_{1/2} = 1/(\pi/T_2) \tag{3.2.7}$$

可见，FID 持续越长，T_2 越长，核磁共振谱线越窄。

横向磁化量的衰减是以不同频率绕磁场进动的磁化分量相消干涉引起的 ［图 1.1.2(b)］。这些不同的频率分别来自：①不同的化学环境，产生流体化学位移；②敏感区域内变化的非均匀场；③分子和化学基团的随机平移和旋转造成各向异性自旋相互作用。其中，随机运动引起的横向磁化量的相消干涉是不可逆的，而其他两种作用机制的相消干涉是可逆的。这种干涉可在 Hahn 回波 [图 3.2.3(a)]和 CPMG 回波的中心消除 [图 3.1.1(b)]。这时，回波包络的衰减仅来自随机分子运动的非可逆作用，相关弛豫速率为 $1/T_2$。可逆和不可逆衰减二者共同引起的信号衰减弛豫速率为 $1/T_2^*$，其中 $T_2 > T_2^*$ [图 3.1.1(b)]。弛豫测量的目的就是探究引起不可逆衰减的分子运动，所以用 Hahn 和 CPMG 回波进行弛豫测量，因为在回波峰值处消除了可逆衰减。

180°脉冲能让以恒定频率进动的磁化分量的相消干涉反向变为相长干涉。相长干涉形成一个回波，该现象由 Erwin Hahn 首先发现。在回波峰值处，相长干涉又变为相消干涉，回波像 FID 那样衰减。Carr 和 Purcell 发现回波可以多次重复形成。Meiboom 和 Gill 发现，如果初始 90°脉冲和后续 180°脉冲相位相差 90°，则回波串受脉冲角度不完美的影响小。CPMG 是快速测量横向弛豫衰减的标准脉冲序列。

Hahn 回波的形成原理如图 3.2.3 所示。施加初始 90°脉冲后，构成总核自旋磁化量的磁化分量以不同频率进动，所有磁化分量的矢量和最终接近于零 [图 3.2.3（a）和(b)]。Hahn 回波的 180°脉冲将横向磁化分量绕射频磁场 $\boldsymbol{B}_1$ 扳转。

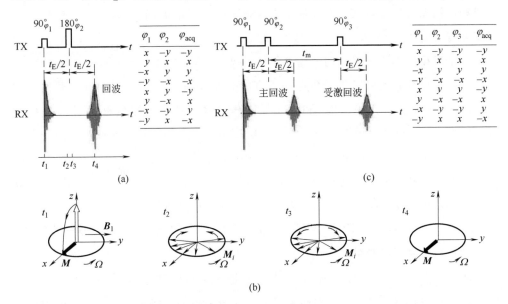

图 3.2.3　基本回波脉冲序列。TX 代表发射、RX 代表接收。(a) Hahn 回波脉冲序列和完整相位循环。(b) 发射频率 ω_{rf} 与磁化分量的进动。$t_1 \sim t_4$ 时刻的快照。一个 90°y 脉冲将磁化量从磁场方向 z 旋转到 x 方向。每个磁化分量 M_i 以不同频率 Ω_i 进动。一个 180°x 脉冲将所有磁化分量绕 x 轴旋转，磁化分量交换位置并保持原有进动方式。当 $t_4 = t_E$ 时，所有分量都回到 x 轴上，形成 Hahn 回波。(c) 受激回波脉冲序列和相位循环。混合时间 t_m 内不存在按 T_1 弛豫的热平衡纵向磁化量

与 B_1 正交的横向磁化分量发生 180° 相位跃变，将快磁化分量置于慢磁化分量之后 [图 3.2.3(b)]。经历相同的时间 $t_E/2$（磁化分量经历的分离时间）后，磁化分量在相长干涉作用下于回波最大值处重聚。

将 180° 脉冲分解为两个相隔 t_m 的 90° 脉冲也能产生回波 [图 3.2.3(c)]。第二个 90° 脉冲将一半横向磁化量转换为纵向磁化量，后面的第三个 90° 脉冲又将这部分纵向磁化量转换为横向磁化量。于是在第三个脉冲后观察到一个受激回波（或间接回波），在第二个脉冲后观察到一个 Hahn 回波（直接回波）。理想情况下，两个回波的幅度都为用 180° 脉冲作为第二脉冲产生的最大 Hahn 回波的一半 [图 3.2.3 (a)]。在受激回波序列的第二和第三个脉冲之间的 t_m 时间内，半数磁化量被保存为纵向磁化量并按 T_1 弛豫，且明显长于 T_2，所以受激回波可在比 Hahn 回波长很多的时间后观测。

受激回波在核磁共振中有许多应用，例如测量扩散和利用二维傅里叶、拉普拉斯交换核磁共振来分析进动速率。在这些应用中，时间 t_m 用于延长纵向磁化分量（源自具有特定共振频率或横向弛豫时间的横向磁化矢量）在多种动态过程下交换变成相应横向磁化分量（具有其他频率或弛豫时间）的时间。因此将 t_m 叫作混合时间或混合阶段。

在杂散场传感器的强非均匀场中测量 CPMG 回波串时，共振偏移 $\Omega = \omega_0 - \omega_{rf}$ 的无限范围导致有效射频扳转角存在很宽的分布（图 3.1.5）。仅在准确共振条件 $\omega_0 = \omega_{rf}$ 下才能获得正确的 90° 和 180° 扳转角。对于某些共振偏移 Ω 来说，标称 180° 脉冲的有效扳转角可能只有 90°，因此 CPMG 序列的前三个回波产生一个受激回波。结果是，利用 CPMG 在强非均匀场中观测到的回波是直接 Hahn 回波和间接受激回波之和，回波串按有效弛豫时间 $T_{2eff} > T_2$ 衰减。此外，第一个回波一直是直接 Hahn 回波，而第二个回波为直接回波和间接受激回波之和。所以，第一个回波小于第二个回波，利用拟合模型函数评价 CPMG 回波串时要考虑这一事实。

（2）脉冲序列和参数

测量横向磁化量衰减的标准脉冲序列是 Hahn 回波序列 [图 3.2.3(a)] 和 CPMG 序列 [图 3.1.1(b)]。对磁化量衰减完全采样需要测量多个回波。因为信号在开始时衰减快，后面衰减慢，所以可以按对数时间布点采集回波，例如设定每个回波间隔都为上一个间隔的两倍。这种方式对于单独测量每个回波的 Hahn 回波序列来说很容易实现。而 CPMG 序列采用固定不变的回波间隔 t_E 一次测量得到所有的回波。因此在测量横向弛豫时间衰减时，CPMG 序列要优于 Hahn 回波序列。此外，在 CPMG 序列中采样短回波间隔还能改善平移扩散的影响。这在测量非均匀介质（例如多孔岩石中的流体、悬浮液和乳状液）的弛豫时尤其重要，因为所施加的磁场会因局部磁化率差异而变形，在孔隙中形成的非均匀场通常用内部梯度 G 来描述。内部梯度与扩散结合，会对横向磁化量的衰减产生贡献［式（3.2.3）］。

测量快速弛豫磁化量需要使用短回波间隔。回波间隔 t_E 是两个回波间的时间，在脉冲程序中经常忽略脉冲宽度［图 3.1.1(b)］，将两个 180°脉冲间的延迟 2τ 叫作回波间隔。注意，实际上 $t_E = 2\tau + t_{180}$，其中 t_{180} 是 180°脉冲持续时间。测量饱水岩石横向弛豫的典型参数如表 3.2.2 所示。

表 3.2.2　PM25 NMR-MOUSE 测量饱水岩石的默认回波采集参数

参数	Hahn 回波	CPMG 序列
发射频率 v_{rf}	13.8MHz	13.8MHz
90°脉冲幅度	-6dB(300W)	-6dB(300W)
90°脉冲宽度 t_p	13μs	13μs
采样间隔 Δt	1μs	1μs
回波间隔 t_E	120μs～50ms	120μs
回波个数 n_E	1	2000
扫描次数 n_s	16	16
循环延迟 $t_R = 5T_1$	2.5s	2.5s

（3）初级测量

开始测量时，按照第 2 章中的方法设置发射频率、频率偏移、接收增益、接收相位和 90°脉冲长度等通用仪器参数，然后加载正确的 CPMG 或 Hahn 回波脉冲序列程序。后续的谱仪设置与测量自旋密度时一样（表 2.7.1）。但是相对于自旋密度测量，弛豫测量必须设置恰当的回波个数采集到整个 T_2 衰减。对流体样品来说，回波个数可能达到几千之多。大量的射频脉冲流过探头中的射频线圈，会产生大量的热。一种补救方法为增大回波间隔 t_E，但这会在测量流体时增大扩散对 T_2 的影响，需要对比不同参数的测量结果；另一种补救方法为增大循环延迟。

循环延迟 t_R 应设置为 $5T_1$ 左右。含流体样品的 T_1 可能会很长（例如 3s），纯水的 T_1 更长。如果事先不知道样品的 T_1，则应先将其测定（见 3.2.6 节）。还有一种快速测量 T_1 的方法，只用较少的扫描次数（例如 $n_s = 4$）测量单个 Hahn 回波，不断增加循环延迟并重复测量。当 t_R 足够长时，回波幅度将接近一个常数。测量弛豫时间的常见问题如表 3.1.1 所示。

（4）高级测量

几十年来，一直用弛豫模型或简单地提取出弛豫时间和组分幅度来分析核磁共振弛豫衰减曲线。受石油工业需求的驱动，现在更多地采用逆拉普拉斯变换得到弛豫时间分布来分析弛豫衰减曲线［式（3.1.6）］。类似于傅里叶变换将信号表示为谐波函数之和，拉普拉斯变换将信号表示为指数方程之和。相对于谐波函数，不同的指数方程并不互相正交，所以逆拉普拉斯变换天生不稳定，也不唯一。然而，该算法能够提供有用的结果，特别是为岩石、食品和生物组织等含有流体的固体和软物质的孔隙结构研究提供新的见解。

多维傅里叶核磁共振波谱方法在现代分子分析中非常重要，随着逆二维拉普拉斯变换问题的高效求解，发展出了类似的多维拉普拉斯方法。拉普拉斯核磁共振甚至能用于强非均匀场条件，引起了研究人员的兴趣。目前，已发展出多种多样的二维拉普拉斯方法，其中涉及弛豫的最重要的是 T_1-T_2 关联实验和 T_2-T_2 交换实验。

T_1-T_2 关联实验通过对部分弛豫的纵向磁化量施加 CPMG 序列来采集横向弛豫。由于获得部分弛豫的纵向磁化量有反转恢复和饱和恢复两种方法（图 3.2.2），对应地，T_1-T_2 关联实验也有两种方法。基于饱和恢复的实验相对简单［图 3.2.4（a）］。在每次纵向磁化量恢复阶段（演化阶段 t_1）重复脉冲序列，测得的 CPMG 回波衰减随探测阶段 t_2 变化，以行为单位存储成矩阵形式。利用二维逆拉普拉斯变换将这个矩阵转换成弛豫时间的二维分布。反演数据时，需要正确选择适合反转或饱和恢复以及横向磁化衰减的拉普拉斯变换的核。所得到的二维弛豫时间分布在二维平面上呈脊状分布［图 3.2.4(b)］。

对于饱水砂岩，上述脊状分布通常平行于对角线，表明所有尺寸孔隙的 T_1/T_2 值恒定不变，同时说明小孔和大孔壁类型相同［具有相同的表面弛豫率 ρ_1 和 ρ_2，见式（3.2.3）和式（3.2.4）］。对于低孔隙度和低渗透率的 Allermöhe 砂岩样品，用 $150\mu s$ 的回波间隔测量得到的脊状分布不与对角线平行［图 3.2.4(b)］。T_2 越小，T_1/T_2 值越大。因为短弛豫时间对应小孔隙，观测结果表明孔隙越小，磁场非均匀性越大（孔隙水和岩石骨架磁化率差异引起的梯度越大），CPMG 序列回波间隔时间内的扩散作用使小孔隙信号衰减变快。用更短的 $60\mu s$ 回波间隔测量相同样品得到的脊状分布与对角线平行，验证了上述解释的正确性。因此，T_1-T_2 关联实验是探测含流体孔隙介质中局部磁场梯度的有效工具。

弛豫交换实验［图 3.2.4(c)］通过观测不同弛豫时间坐标上的弛豫谱在对角线上的交叉峰来探测孔隙空间几何结构［图 3.2.4(d)］。其脉冲序列中的演化阶段 t_1 和探测阶段 t_2 都用 CPMG 采集数据，两个阶段相隔一个混合时间 t_m，纵向磁化分量在此时间内可发生交换。在含流体孔隙介质中，交换过程通过质子从一个弛豫中

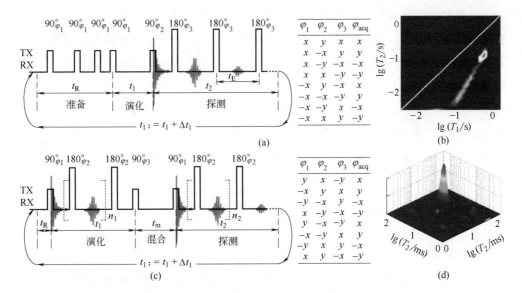

图 3.2.4　弛豫时间分布的二维拉普拉斯变换。按一定范围的 t_1 值循环实验。(a) T_1-T_2 关联脉冲序列和相位循环，饱和恢复序列测量 T_1 后接 CPMG 回波串。(b) 饱水 Allermöhe 砂岩（渗透率 1.85mD、孔隙度 6%）的 T_1-T_2 关联谱图，测量在 0.22T Halbach 磁体上进行，回波间隔 t_E = 0.15ms。(c) T_2-T_2 交换核磁共振实验的脉冲序列和相位循环。单独改变 n_1 和 n_2 在演化和探测阶段用 CPMG 序列探测 T_2。两个阶段相隔混合时间 t_m，用于将演化阶段 t_1 内编码的横向磁化量保存为纵向磁化量。(d) 饱水球形二氧化硅颗粒的 T_2-T_2 交换谱图。质子在两个不同的弛豫环境之间前后扩散产生交叉峰

心迁移到另一个弛豫中心来完成。如果流体不经历压力梯度，则该迁移一般通过平移扩散进行。因此，只要能分析形成交叉峰的交换动力并且已知弛豫中心间的距离，T_2-T_2 交换实验就具备在均匀磁场中探测平移扩散的能力。反之亦然，如果已知扩散系数，就能通过 T_2-T_2 交换实验探测弛豫中心间的距离范围。混合时间 t_m 设定了分子交换的时间，受 T_1 限制。但在流体中，T_1 可能不比 T_2 大很多，所以演化阶段 t_1 和探测阶段 t_2 的最大持续时间与混合阶段 t_m 持续时间在一个数量级上。因此，交换过程在演化和探测阶段中仍在继续，只能通过实验交换图谱建模获得定量动力参数。

（5）数据处理

　　横向弛豫衰减的处理方法见 3.1.9 节。利用模型参数拟合非均质样品的弛豫信号，获得组分幅度和弛豫时间等有关参数。另一种代替模型方程拟合的方法是计算逆拉普拉斯变换获取弛豫时间分布。对分布中的峰面积积分可以得到不同组分的含量，它们以不同弛豫时间分量共同构成核磁共振信号。

二维弛豫时间分布，尤其是弛豫交换图谱，需要建模进行定量分析。因为动态现象（例如弛豫点 i 与 j 间的磁化量以交换律 $k_{ij}=1/\tau_{ij}$ 进行交换）可影响视弛豫速率 $1/T_2$。给定 t_0 时刻的磁化矢量 $\boldsymbol{M}_0$，通过从不同弛豫点采集纵向或横向磁化分量 $\boldsymbol{M}$，利用旋转矩阵 $\boldsymbol{R}$ 和交换律矩阵 $\boldsymbol{K}$ 可计算出 t 时刻的磁化矢量：

$$\boldsymbol{M}(t)-\boldsymbol{M}_0=\exp\left[-(\boldsymbol{R}+\boldsymbol{K})(t-t_0)\right]\left[\boldsymbol{M}(t_0)-\boldsymbol{M}_0\right] \tag{3.2.8}$$

利用该方程，可计算涉及 n 个弛豫点的弛豫实验任意时刻的磁化量，其中 n 是矢量 $\boldsymbol{M}$ 和矩阵 $\boldsymbol{R}$、$\boldsymbol{K}$ 的维度，并建立引起图 3.2.4（d）中弛豫交换图谱的磁化量演化模型。

3.2.8 平移扩散

(1) 理论

在分子间碰撞的影响下，分子从空间中某点到另一点的热激发随机运动称为平移扩散。Robert Brown 在利用显微镜研究水滴中的花粉随机运动时发现了这一现象，因此也叫布朗运动。扩散系数 D 是定量描述热平衡和化学平衡条件下布朗运动的数学常数。Einstein 和 Smoluchowski 指出一个粒子的运动可表述为具有均方位移的统计波动。对于沿一维空间的运动：

$$\langle R^2(\Delta)\rangle=2D\Delta \tag{3.2.9}$$

式中，D 是平移扩散系数；Δ 是扩散时间。对于三维随机运动，$\langle R^2(\Delta)\rangle=6D\Delta$。根据 Stokes 和 Einstein 理论，扩散系数 D 与黏度 η 有关：

$$D=k_B T/(6\pi\eta R) \tag{3.2.10}$$

式中，k_B 是玻尔兹曼（Boltzmann）常数；T 是温度。

浓度梯度下的扩散称为互扩散；只由布朗运动引起的扩散称为自扩散。核磁共振和光散射法都是研究自扩散的常用手段，但核磁共振还适用于不透明介质。在自由流体和气体中，扩散是自由的，扩散系数与式（3.2.9）中的观测时间 Δ 无关。如果扩散长度 $l_d=[\langle R^2(\Delta)\rangle]^{1/2}$ 受到含流体或气体孔隙尺寸的限制，观察到的将是与观测时间 Δ 相关的有效扩散系数 $D_{eff}(\Delta)$。孔隙介质中的流体一般都符合该条件，在短扩散时间条件下，有效扩散系数取决于孔隙半径的倒数或比表面率 S/V。

$$\lim_{x\to\infty}\frac{D_{eff}(\Delta)}{D_0}=1-\frac{4\sqrt{D_0\Delta}}{9\sqrt{\pi}}\times\frac{S}{V} \tag{3.2.11}$$

自旋在随机扩散以及关联流动作用下产生的位移可用非均匀场核磁共振探测。最常用的方法与核磁共振成像中的方法相当（3.3 节），空间线性变化磁场可视为

恒定均匀场 $\boldsymbol{B}_0$ 和梯度场 $\boldsymbol{Gr}$ 之和。约定 $\boldsymbol{B}_0$ 沿 z 轴方向，梯度场 $\boldsymbol{Gr}$ 也沿相同方向但在空间不同方向上（例如 x 方向）线性变化 [图 3.3.1 和式 (3.3.1)]，因此磁场 $G_x x$ 叠加在均匀场上，其中 G_x 为磁场梯度、x 为表示自旋位置的空间坐标。核磁共振频率正比于磁场强度 [式 (1.1.2)]，不同位置 x 处的自旋具有不同的共振频率，沿梯度方向扩散的自旋从位置 $x=r$ 处移动到另一位置时将改变共振频率。通过分析与共振频率变化相关的进动角 [图 3.3.2(a)] 获得自扩散系数。

(2) 脉冲序列和参数

核磁共振测量自扩散的原理是测量磁化分量在扩散时间 Δ 内所经历的均方位移 R^2。为了达到这一目的，利用核磁共振成像的原理（3.3 节），在磁场梯度 $G=G_x$、G_y 或 G_z 的梯度磁场中测量自旋的初始和终了共振频率 ω_i 和 ω_f 来识别其初始和最终位置。因此，所用脉冲序列必须包含至少两个时间间隔，一个记录自旋初始位置，另一个读出自旋最终位置。考虑到测量需要非均匀磁场，这些脉冲序列应是回波序列，尤其是 Hahn 回波 [图 3.2.3(a)]（或延长成 CPMG 回波串）和受激回波 [3.2.3(c)]。

在 Hahn 回波 [图 3.2.5(a)] 和受激回波 [图 3.2.5(b)] 中，梯度 G 在回波间隔 t_E 的前半和后半段都处于开启状态。将前后两个半段隔开的 180° 脉冲具有在脉冲前将梯度场符号反转的作用，所以有效梯度场 G_{eff} 的符号发生变化。初始和终了位置用不同的符号标识，其位置差异（即扩散时间 $\Delta=t_m$ 内的扩散长度）决定信号衰减。取决于磁场梯度的生成方式 {NMR-MOUSE 的固定梯度 [图 3.2.5 (c) 和(d)] 或施加脉冲梯度 [图 3.2.5 (e) 和 (f)]} 以及所用脉冲序列 [图 3.2.5 (a) 和 (b)]，测量信号与扩散系数 D 和脉冲序列参数的关系也不同（图 3.2.5）。不考虑脉冲序列，扩散是一个随机过程，所以不同的自旋经历不同的扩散长度。对于自扩散，平均进动角 $(\omega_f-\omega_i)\Delta$ 显示为均值为零的高斯分布，所以扩散引起的核磁共振信号衰减与横向弛豫相似。当局限于常规尺寸孔隙时，高斯近似不再成立，磁化量发生衍射效应，并与孔隙均匀性有关。

在杂散场核磁共振仪器的固定梯度中很容易进行扩散实验，但敏感度很低，因为在梯度场中施加射频脉冲只能激发整个样品中的一个切片。如果在均匀场中使用脉冲场梯度技术，则激发的是整个样品，信噪比更高。如果忽略弛豫作用，受激回波的幅度是直接 Hahn 回波的一半。所以在信噪比低的情况下使用 Hahn 回波序列。另外，Hahn 回波的扩散时间受到回波间隔 t_E 的限制，而受激回波可扩展到 t_m，所以受激回波序列可探测到更慢的扩散。在 NMR-MOUSE 的固定梯度 [图 3.2.5 (a) 和(c)] 中测量受激回波的典型参数如表 3.2.3 所示。在非均匀场中用

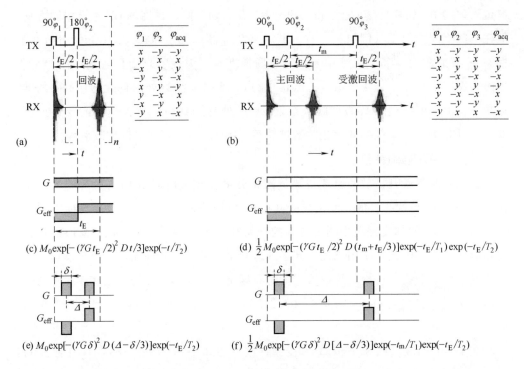

图 3.2.5 测量分子平移扩散的脉冲序列、相位循环和信号衰减因子。（a）Hahn 回波序列（$n=$ 1）和 CPMG 序列（$n>1$）。（b）受激回波。它们都可以同固定磁场梯度（c）、（d）和脉冲磁场梯度（e）、（f）同时使用。180°脉冲将施加的所有梯度 G 的符号在脉冲前逆转，有效梯度 G_{eff} 形成面积相等、相位相反的反相位对。无论哪种情况都记录回波的幅度。注意（b）既表示 Hahn 回波序列（按回波间隔 t_E 记录信号）也能表示 CPMG 序列（按回波包络衰减时间 $t=n_E t_E$ 记录信号）。固定梯度场的受激回波实验中的 t_m 对应扩散时间 Δ

短回波间隔 $t_E=50\mu s$ 的 CPMG 回波串在均匀场中测量 FID 来探测扩散编码回波。在均匀场中利用脉冲场梯度和受激回波序列［图 3.2.5（b）和（f）］进行扩散测量的参数如表 4.1.2 所示。测量扩散时，或在固定梯度实验中变化梯度对横向磁化量的作用时间 $t_E/2$，或在脉冲梯度实验中按对数变化梯度的幅度 δ，变化步长取 10 次左右。

表 3.2.3　NMR-MOUSE 测量水的扩散系数所用参数

参数	数值
磁体	NMR-MOUSE PM25
发射频率 υ_{rf}	13.8MHz
90°脉冲幅度	-6dB(300W)

参数	数值
90°脉冲长度	$7\mu s$
采集间隔 Δt	$0.5\mu s$
循环延迟 t_R	2s
扫描次数 n_s	16
采集时间	$16\mu s$
数据点数 n_{acq}	20
扩散时间 $t_m = \Delta$	20ms
扩散编码时间 $t_E/2$	$0.02\sim 1ms$
扩散编码步骤 n_G	16
梯度	7T/m

（3）初级测量

在 NMR-MOUSE 上用受激回波序列［图 3.2.5(d)］可以方便地测量纯净溶液的扩散系数，测量时通过按线性或优先用对数刻度适当地改变编码时间 $\frac{t_E}{2}$。由于 NMR-MOUSE 的梯度 G 较大，弛豫引起的信号衰减相对于扩散衰减来说通常可忽略不计。因此相对信号幅度的自然对数正比于时间变量的三次方：

$$\ln[s(t_E)/s(0)] = -\gamma^2 G^2 (t_E/2)^2 (t_m + 1/3 t_E)D \qquad (3.2.12)$$

在已知梯度 G 的情况下，可以根据线性关系的斜率计算出扩散系数（图 3.2.6）。虽然该测量很简单，但还是有一些问题要注意（表 3.2.4）。

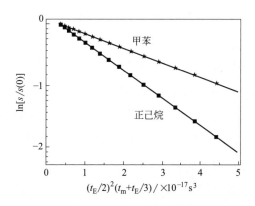

图 3.2.6　室温下，利用受激回波和 CPMG 组合脉冲序列通过改变回波间隔 t_E 测量纯正己烷和纯甲苯得到的相对信号衰减量的自然对数图。根据曲线斜率计算得到正己烷和甲苯的扩散系数分别为 $4.53\times 10^{-9} m^2/s$ 和 $2.37\times 10^{-9} m^2/s$

表 3.2.4　NMR-MOUSE 测量扩散时的常见问题

——扩散编码时间 t_E 太长,信号在探测前消失

——扩散编码时间 t_E 或扩散时间 $t_m = \Delta$ 太短,扩散形成的信号衰减过小

——样品是多孔的,除扩散之外,表面弛豫引起较大额外信号衰减

——样品中的流体含量太低,无法探测到扩散

——接收相位失调,数据采集后需要对信号进行相位校正

(4) 高级测量

平移扩散是一种分子迁移现象,与化学工程和生命科学中的各种现象同等重要。与弛豫类似,扩散能够区分复杂溶液中不同分子类型以及在分子尺度上探测流体受限空间的几何形状。就此而言,二维 T_2-D 关联核磁共振利用两个分离变量(弛豫和扩散)描述复杂溶液,在描述乳状液、悬浮液(图 4.3.3)和孔隙中油水多相流体(图 7.1.6)时格外有用。标准 T_2-D 脉冲序列包含一个受激回波序列(回波间隔 t_{E1})对扩散编码,并在不同间隔 t_{E1} 的受激回波后接一个 CPMG 回波串(回波间隔 t_{E2})探测横向磁化量衰减 [图 3.2.7(a)]。考虑到非均匀场中偏共振引起扳转角分布(图 3.1.5),测得的横向弛豫时间为有效弛豫时间 $T_{2\text{eff}}$,而且需要采用恰当的相位循环在 CPMG 回波串中选择直接回波、滤除受激回波。如果梯度 G 足够强,则可以忽略扩散编码演化阶段中 T_1 和 T_2 弛豫引起的信号衰减。此外,如果 t_{E2} 足够短,则可以忽略探测阶段 CPMG 回波串中的扩散作用,单个孔隙的核磁共振信号按下式衰减:

$$s(t)/s(0) = \exp\left[-(\gamma G t_{E1}/2)^2 D(\Delta + 1/3t_{E1})\right]\exp(-n t_{E2}/T_{2\text{eff}})$$

$$(3.2.13)$$

对于多孔介质,将所有孔隙用各自的有效扩散系数 D 和弛豫时间 $T_{2\text{eff}}$ 代入上式再叠加。

另一个有趣的二维扩散实验是 D-D 交换实验 [图 3.2.7(b)]。该实验把初始时间和经过观测时间 t_m 后的扩散系数分布关联在一起。T_2-T_2 交换实验 [图 3.2.4(c)] 利用混合时间 t_m 中的平移扩散将两个弛豫时间分布关联在一起。D-D 交换实验与 T_2-T_2 交换实验相似,不同的是扩散编码要快于扩散,因此二维拉普拉斯图谱可以更好地评估具有初始扩散系数 D_i 的分子在经过一定时间 t_m 后变为扩散系数 D_f 的概率。联合概率分布必须根据 T_2-T_2 交换图谱利用计算机模拟得到,因为弛豫的编码和探测时间与混合时间的大小在同一个数量级上。另外,D-D 交换实验的两个维度都是点对点非直接测得的,而 T_2-T_2 交换实验的弛豫维度是用 CPMG 序列直接测得的,所以 D-D 交换实验的测量时间大大长于 T_2-T_2 交换实验。

图 3.2.7（b）的脉冲序列使用间隔混合时间 t_m 的受激回波。回波间隔 t_{E1} 和 t_{E2} 单独变化进行扩散编码，使用 CPMG 序列采集每对回波间隔作用下的信号，可叠加回波改善信噪比。这个脉冲序列的相位循环有 128 步。如图 3.2.7（b）中相位表所示，对于序列中的每 8 个射频脉冲，相位的重复次数不依赖于其他相位，目的是选择纵向到横向磁化矢量的正确变换。

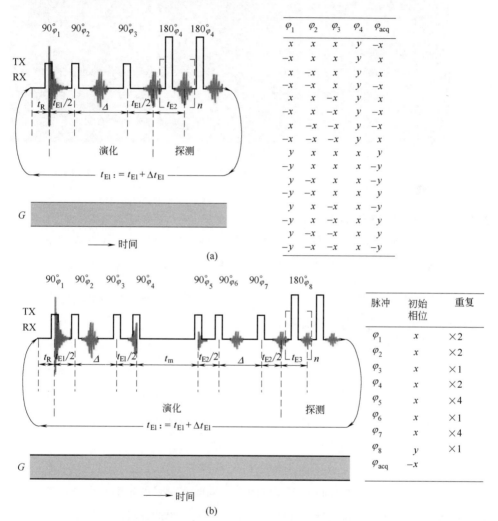

图 3.2.7 利用固定均匀梯度 G 的杂散场核磁共振设备开展二维扩散系数拉普拉斯核磁共振实验所用的脉冲序列（左）和相位循环（右）。采用受激回波序列进行扩散编码。（a）扩散系数和横向弛豫时间的关联分布。（b）扩散-扩散交换实验

对于饱和正己烷的沸石（直径 $2\mu m$、孔隙大小 $0.8 nm$）堆积样品，可观测到两类孔隙尺寸：颗粒内的纳米孔和颗粒间的微米孔。每种孔隙中的正己烷分子的扩

散均受到限制，小孔中的有效扩散系数较小，大孔中的有效扩散系数较大。利用 D-D 交换实验探测了孔隙尺寸和孔隙连通性（图 3.2.8），不同扩散系数处的谱峰表明，在混合时间 t_m 中，分子从一种孔隙类型运动到另一种孔隙中。随着混合时间的增大，交叉峰的积分增大，增大速率约等于分子在两类孔隙中运移的交换率。

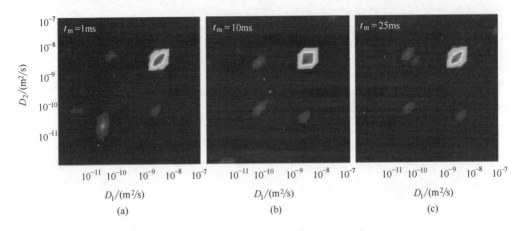

图 3.2.8　不同交换时间情况下，纳米多孔沸石颗粒堆积中正己烷的 D-D 交换图谱。(a) $t_m =$ 1ms；(b) $t_m = 10$ms；(c) $t_m = 25$ms。实验参数：Profile NMR-MOUSE，$v_{rf} = 11.7$MHz，$G = 11.5$T/m，$5.5\mu s \leqslant t_E/2 \leqslant 1.6$ms，$\Delta = 1.6$ms，$1ms\leqslant t_m \leqslant 90$ms

具体的分析需要考虑扩散和弛豫的影响。混合时间很短时可以忽略弛豫，因此 D-D 交换图谱中的交叉峰可近似写为

$$s(t_{E1}/2, t_m, t_{E2}/2)/s(0, t_m, 0) = a_{ij}(t_m) \exp\{-b_i(t_{E1}/2)D\} \exp\{-b_i(t_{E2}/2)D\}$$

$$(3.2.14)$$

式中，$b = (\gamma G t_E/2)^2 (\Delta + t_E/3)$，按图 3.2.7（b）扩散时间 $\Delta = t_m$。如果 $i = j$，因子 a_{ij} 为对角线上特定孔隙尺寸中自旋密度的谱峰积分；如果 $i \neq j$，a_{ij} 为随交换时间 t_m 增长的交叉峰幅度。

D-T_2 图谱和 D-D 交换图谱是深入研究孔隙介质的重要工具。这两种二维图谱将扩散系数分布和弛豫时间分布或将两个不同时间测量的扩散系数分布关联在一起。这类研究不要求达到化学位移的分辨率，可在简单的便携式磁体上实验。

(5) 数据处理

采用二维逆拉普拉斯变换处理实验数据得到包含弛豫时间和扩散系数分布的二维图谱。在二维逆拉普拉斯变换处理过程中，根据 D-T_2 或 D-D 图谱选择恰当的反演核。这些反演核分别是式（3.2.13）或式（3.2.14），由拉普拉斯反演软件提供。D-D 交换图谱比 T_2-T_2 能更好地估算分子（$t_m = 0$ 时位于初始位置，$t_m > 0$

时位于最终位置）的联合概率密度，因为扩散编码时间可以设定得短于混合时间，而弛豫编码时间则不行。然而，*D-D* 交换图谱的定量分析需要计算机的帮助。

3.2.9 参考文献

[1] Hahn EL. Spin echoes. Physical Review. 1980；80：580-594.

[2] Carr HY，Purcell EM. Effects of diffusion on free precession in nuclear magnetic resonance experiments. Phys Rev. 1954；94：630-638.

[3] Meiboom S，Gill D. Modified spin-echo method for measuring nuclear relaxation times. Rev Sci Instrum. 1958；29：688-691.

[4] Balibanu F，Hailu K，Eymael R，Demco DE，Blümich B. Nuclear magnetic resonance in inhomogeneous magnetic fields. J Magn Reson. 2000；145：246-258.

[5] Hürlimann MD，Griffin DD. Spin dynamics of Carr-Purcell-Meiboom-Gill-like sequences in grossly inhomogeneous B0 and B1 fields and application to NMR well logging. J Magn Reson. 2000；143：120-135.

[6] Hürlimann MD. Optimization of timing in the Carr-Purcell-Meiboom-Gill sequence. Magn Reson Imaging. 2001；19：375-378.

[7] Song YQ，Venkataramanan L，Hürlimann MD，Flaum M，Frulla P，Straley C. T 1-T 2 correlation spectra obtained using a fast two-dimensional Laplace inversion. J Magn Reson. 2002；154：261-268.

[8] Hürlimann MD，Venkataramanan L. Quantiative measurement of two-dimensional distribution functions of diffusion and relaxation in grossly inhomogeneous fields. J Magn Reson. 2002；157：31-42.

[9] Anferova S，Anferov V，Arnold J，Talnishnikh E，Voda MA，Kupferschläger K，et al. Improved Halbach sensor for NMR scanning of drill cores. Magn Reson Imag. 2007；25：474-480.

[10] van Landegham M，Haber A，d'Espinose de Lacaillerie JB，Blümich B. Analysis of multisite relaxation exchange NMR. Conc Magn Reson. 2010；36A：153-169.

[11] Neudert O，Stapf S，Mattea C. Diffusion exchange NMR spectroscopy in inhomogeneous magnetic fields. J Magn Reson. 2011；208：256-261.

3.3 成像

3.3.1 简介

核磁共振成像（MRI）也叫核磁共振层析成像（MRT），是一种完善的医疗诊断技术。不同于 X 射线层析成像和 CT，MRI 对于软物质具有多种对比度和敏感度。MRI 在材料科学、生物学和化学工程中都有应用，例如用于研究弹性体产品、植物和流体运移。随着桌面仪器的技术进步，MRI 已经可以在实验室以外使用，例如利用无创监测来研究温室和田地里的植物生长，优化生产过程。

在小型核磁共振范畴中，MRI 一般指基于封闭式磁体的桌面仪器。然而，在磁体的非均匀杂散场中也能获得图像。实际上，Profile NMR-MOUSE 测量高空间分辨率的 1D 剖面。广义范畴上，MRI 表示测量物体的 1D、2D 和 3D 空间定位核磁共振信号。这里，1D 代表穿过物体的线性轨迹或物体的 1D 投影，2D 代表物体的特定切片或 3D 物体在 2D 平面上的投影。注意，投影表示沿空间坐标信号的积分，在图像中没有定位解析。

MRI 利用核磁共振频率将空间信息编码到核磁共振信号中。让磁场强度随位置而变化，核磁共振频率就具备了空间依赖性。恒定的磁场梯度能让核磁共振频率与位置成线性关系，对测量数据做傅里叶变换得到图像。让敏感切片在物体中运动也可以逐点扫描图像，Profile NMR-MOUSE 就用这种方式扫描 1D 深度维剖面。这种深度维剖面的幅度与所选对比数有关，例如自旋密度、弛豫、扩散系数或 w 参数 [式 (3.1.5)]。下文中，仅介绍基于采集傅里叶空间成像信息的成像方法，未考虑真实空间逐点扫描法。

3.3.2 目标

MRI 产生核磁共振性质或其函数的图像。重要的核磁共振参数有自旋密度、空间定位的弛豫时间、扩散系数和速度分量。此外，MRI 还能对一个或多个参数的函数成像，例如弛豫加权的自旋密度图像。为了测量核磁共振参数图像，利用磁场梯度、射频脉冲和适当的数据采集方法对来自样品的核磁共振信号的频率和相位进行调制。特定成像序列和参数设置的选择取决于物体和想要可视化的特征。一般来说，要设置参数让图像对比度最大化，以便区分图像中的不同结构。对比度是像素强度的相对差异 [式 (3.1.2)]。不同于交联密度模量用绝对数值描述物体性质，像素强度采用的是与其他像素对比的相对方式。

3.3.3 延伸阅读

[1] Casanova F，Perlo J，Blümich B，editors. Single-Sided NMR. Berlin：Springer；2011.

[2] Stapf S，Han SI. editors. NMR Imaging in Chemical Engineering. Weinheim：Wiley-VCH；2006.

[3] KoseK. Compact MRI for Chemical Engineering. In：Stapf S，Han SI，editors. NMR Ima-

ging in Chemical Engineering. Weinheim：Wiley-VCH；2006.

［4］ Blümich B. Essential NMR. Berlin：Springer；2005.

［5］ Blümich B. NMR Imaging of Materials. Oxford：Clarendon Press；2000.

［6］ Kimmich R. NMR Tomography. Diffusometry，Relaxometry. Berlin：Springer；1997.

［7］ Callaghan PT. Principles of Nuclear Magnetic Resonance Microscopy. Oxford：Clarendon Press，1991.

3.3.4 理论

（1）梯度磁场和磁场梯度

核磁共振成像利用的是磁场的空间依赖性。磁场的空间变化可按泰勒级数的方式展开。对于成像来说，展开式的第一项对应固定磁场梯度的线性场项。除了杂散场磁体，MRI 磁体通常具有相对均匀的磁场 $\boldsymbol{B}_0$，通过磁体内部的三个梯度线圈将梯度磁场叠加到原有磁场上。梯度线圈生成的磁场与磁体磁场方向相同，但幅度在空间中线性变化（图 3.3.1）。

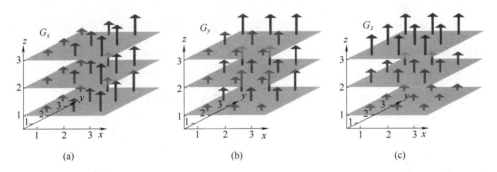

图 3.3.1 梯度磁场示意图。平面中的箭头表示磁场的强度和方向。每幅图中的磁场在单一方向上线性变化，表示具有恒定 x 梯度 G_x(a)、恒定 y 梯度 G_y(b) 和恒定 z 梯度 G_z(c)

根据磁场幅度变化方向的不同，梯度在由三个梯度线圈定义的坐标系统中沿 x、y 和 z 方向。在脉冲序列中，通常根据需求来打开或关闭梯度场。虽然梯度线圈产生磁场，但在 MRI 描述中用到的是这些磁场的梯度，所以通常称脉冲场梯度核磁共振。按惯例，三个磁场梯度 $G_i = \mathrm{d}B_z/\mathrm{d}x_i (i=x,y,z)$ 写成梯度矢量 $\boldsymbol{G}=(G_x,G_y,G_z)^\mathrm{t}$ 的形式，MRI 的矢量描述在大多数实际情况下（梯度场最大值远小于磁场 $\boldsymbol{B}_0$ 的强度）都成立。值得注意的是，磁场梯度矢量和梯度磁场矢量的方向并不相同。根据加载能量线圈的不同，不同的梯度场叠加到磁体的恒定磁场上形成总有效场：

$$B_z = B_0 + \boldsymbol{Gr} \tag{3.3.1}$$

式中，$\boldsymbol{r}=(x,y,z)^\mathrm{t}$ 为位置矢量；$\boldsymbol{Gr}$ 为梯度场。

（2）傅里叶空间

NMR-MOUSE 测量深度维剖面可看成是一维成像的形式。此时，按不同的深度位置对一个个像素进行采样。核磁共振成像则通常理解为生成二维或三维图像。

核磁共振的图像信息通常不是像 NMR-MOUSE 测量深度维剖面那样在真实空间中采集，而是在傅里叶空间或 k 空间中采集，其中 k 为波矢量。对按不同 k 值采集的信号做傅里叶变换得到图像。波矢量中的每个元素是对应于物体中磁化量周期倒数的波数 [图 3.3.2(c)]。这里的波由在具有固定梯度 G 的磁场中旋转的横向磁化量产生。梯度矢量 G 的分量 G_x、G_y、G_z 表示磁场 B 在 x、y、z 方向上的变化。通常将静磁场 B 的方向约定为参考坐标系的 z 方向。如果沿 z 方向施加磁场梯度 [图 3.3.2(b)]，则 $G_x = G_y = 0$ 且 $G_z = \partial B_z / \partial z$，所以核磁共振频率与 z 成线性关系。

$$\omega(z) = \gamma B_z(z) = \gamma(B_0 + G_z z) \tag{3.3.2}$$

核磁共振中的磁化矢量是在横向平面上测量的，所以核磁共振信号的进动角或相位 φ 被记录下来 [图 3.3.2(a)]。在实验过程中，通过调制物体周围梯度线圈中的电流来控制梯度 G 的幅度和方向，测得信号的实部和虚部通常用磁化矢量幅度和相位来描述。对于时变梯度，相位由核磁共振频率 ω 的时间积分给出：

$$\omega(z,t) = \int_o^t \omega(z,t') \mathrm{d}t' = \gamma \int_0^t B_z(z,t') \mathrm{d}t' = \gamma B_0 t + \gamma \int_0^t G_z(t') \mathrm{d}(t'z) = \omega t + k_z z$$

$$\tag{3.3.3}$$

式中，k_z 是位置 z 处横向磁化量的波数。通常，波矢量由梯度矢量的时间积分给出：

$$k(t) = \gamma \int_0^t G(t') \mathrm{d}t' \tag{3.3.4}$$

为了采集成像数据，此梯度积分需要根据所需空间分辨率和图像维度或视场来调整。

（3）空间定位和视场

调制 k 矢量中的分量时，例如 $k_z = \gamma \int_0^t G_z(t') \mathrm{d}t'$，可按增量 ΔG_z 逐步增加梯度 G_z，或保持不变 G_z、按增量 Δt 逐步增加时间 t。第一种核磁共振信号空间信息编码方式叫作相位编码；第二种编码方式叫作频率编码，Δt 是其数据采集过程中的采样间隔。对于相位编码，选择 n_p 个梯度幅度值，对于常用的持续时间为 t 的矩形梯度脉冲来说，空间分辨率 $1/\Delta z$ 和视场 z_{max} 为：

相位编码，分辨率： $$1/\Delta z = \gamma n_{\mathrm{p,max}} \Delta G_z t/(2\pi) = k_{z,\mathrm{max}}/(2\pi) \qquad (3.3.5\mathrm{a})$$

$$z_{\mathrm{max}} = 2\pi/(\gamma \Delta G_z t) \qquad (3.3.5\mathrm{b})$$

对于频率编码，空间分辨率受线宽 $\Delta \omega_{1/2} = 2/T^*$ 的限制，而不是相位编码中的最大梯度强度 $G_{x,\mathrm{max}} = n_{\mathrm{f,max}} \Delta G_x$。

频率编码，分辨率： $$1/\Delta x = \gamma \Delta G_x T_2^*/2 \qquad (3.3.5\mathrm{c})$$

$$x_{\mathrm{max}} = 2\pi/(\gamma G_x \Delta t) \qquad (3.3.5\mathrm{d})$$

由于频率编码用于信号探测的过程中，所以频率编码梯度也叫读出梯度。

（4）图像重建

按照二维或三维 k 空间一定范围内的点位来采集的核磁共振信号含有成像信息，用于图像重建。成像方法之间的主要差别在于磁化矢量在 k 空间内的采集轨迹。如果采集轨迹为矩形网格，叫作傅里叶成像［图 3.3.2(d)］；如果采集轨迹为极坐标，则叫作背投影成像［图 3.3.2 (e)］。其他轨迹也是可能的。无论哪种情况，图像 $M_z(\boldsymbol{r})$ 本质上都是根据下式中的核磁共振复数信号做逆傅里叶变换重建得到的：

$$s(\boldsymbol{k}) = M_x(\boldsymbol{k}) + \mathrm{i} M_y(\boldsymbol{k}) = \int M_z(\boldsymbol{r}) \mathrm{e}^{\mathrm{i} k r} \mathrm{d} \boldsymbol{r} \qquad (3.3.6)$$

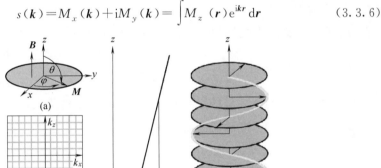
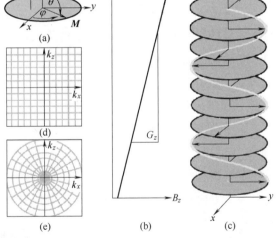

图 3.3.2　磁共振成像的概念。(a) 横向磁化量的相位是角度 φ，磁化矢量 M 的分量位于实验室坐标系中的 x 轴；（b）磁场 B_z 沿图像空间坐标的 z 轴线性变化，磁场具有固定梯度 G_z；(c) 磁场 B 沿 z 方向上的梯度 G_z 是恒定的，不同位置 z 处像素的横向磁化量形成螺旋波形，因为在给定时间内，高场中的磁化量进动快于低场；（d）傅里叶成像在 k 空间中按矩形网格进行核磁共振数据采样；（e）背投影成像在 k 空间中按圆柱或球形网格进行核磁共振数据采样

上式假定用 90°脉冲将纵向磁化量 $M_z(\boldsymbol{r})$ 扳转到横向平面上，且横向弛豫和化学位移可忽略。

(5) 图像对比度

虽然式（3.3.6）中忽略了弛豫和化学位移的影响，但这些量是 MRI 非常重要的信息，它们可用于产生图像对比度来区分用其他方法不能识别出的物体特性。最简单的对比度为弛豫对比度，但弛豫时间是像素位置 $\boldsymbol{r}$ 的函数时，利用不同像素的弛豫时间 $T_1(\boldsymbol{r})$ 和 $T_2(\boldsymbol{r})$ 的差异，对自旋密度 $M_z(\boldsymbol{r})$ 引入弛豫权重。

T_1 对比由缩短测量间的循环延迟 t_R 来引入，所以长 T_1 的磁化分量不能完全恢复。T_2 对比由在成像脉冲序列中调整自旋回波间隔 t_E 来引入，所以短 T_2 的磁化量分量丢失，而长 T_2 分量继续形成图像。考虑到弛豫权重，式（3.3.6）的核磁共振信号的回波最大值变为：

$$s(\boldsymbol{k}) = M_x(\boldsymbol{k}) + \mathrm{i}M_y(\boldsymbol{k})$$

$$= \int \{1 - \exp[-t_R/T_1(\boldsymbol{r})]\} \exp\{1 - t_E/T_2(\boldsymbol{r})\} M_z(\boldsymbol{r}) \exp\{\mathrm{i}\,\boldsymbol{kr}\}\,\mathrm{d}\boldsymbol{r}$$

$$(3.3.7)$$

使用不同的循环延迟 t_R 和回波间隔 t_E 采集多个图像，就能提取每个位置上的弛豫时间 T_1 和 T_2 来获得弛豫参数图像 $T_1(\boldsymbol{r})$ 和 $T_2(\boldsymbol{r})$。

3.3.5 硬件

核磁共振成像的硬件与核磁共振弛豫和波谱基本相同，但额外具备快速开关线性磁场梯度的能力。梯度磁场由通过梯度线圈的电流产生，并叠加在永磁体产生的均匀磁场 $\boldsymbol{B}_0$ 上。电流的强度和时序由成像脉冲序列控制，在脉冲序列图中用磁场强度 G 说明。核磁共振成像的磁场 $\boldsymbol{B}_0$ 并不要求像波谱那么均匀，所以可以使用更简单的磁体，除非想要用波谱成像方法获得每个像素上的核磁共振波谱。图 3.3.3（a）为一台 0.5T 桌面 Halbach 磁体，可用于最大直径为 4cm 的小动物和软物质物体成像，其磁场均匀性足以区分 1cm³ 大小酒精样品的 ¹H 波谱中的谱线分离。三个梯度线圈（分别负责一个方向）位于磁体内部。梯度调制器和梯度功放驱动梯度线圈中的电流产生脉冲梯度磁场。

虽然杂散场传感器实现了装配梯度线圈产生脉冲梯度进行成像［图 1.3.3（b）］，但由于磁体表面上方的静磁场梯度很强，NMR-MOUSE 的 2D 成像信噪比无法满足实际应用要求。因此，实际中 NMR-MOUSE 只利用固定梯度进行 1D 深度维剖面。小型核磁共振成像实用仪器包括桌面成像仪［图 3.3.3（a）］和 Profile NMR-MOUSE［图 3.3.3（b）］。

(a)   (b)

图 3.3.3　^{1}H 核磁共振成像的小型磁体。(a) 直径 4cm 样品区的 0.5T 磁体；(b) 安装在升降机上的 Profile NMR-MOUSE PM5 测量放置在顶板上样品的深度维剖面

3.3.6　脉冲序列和参数

要对 3D 物体成像，必须在空间中三个方向上都施加磁场梯度，在一定范围内逐步改变梯度值。虽然成像方法有很多，但基本都利用了回波原理，且提供物体的 2D 切片（图 3.3.4）。所有切片选择的 2D 傅里叶成像方法都采用下面连续三个步骤：

——切片选择；

——单空间坐标轴的相位编码；

——其他空间坐标轴的频率编码。

(1) 切片选择

当对平行于 xy 平面的切片进行成像时，在施加持续时间为 t_p 的射频激发脉冲的过程中，在 z 方向上施加一个切片选择梯度 G_z。由于梯度场引起共振频率的展布，仅射频脉冲的频率带宽 $\Delta\omega \approx 2\pi/t_p$ 内的磁化分量被激发，例如旋转离开 z 轴。脉冲的中心频率对应于物体中一个特定的位置 z_0，带宽 $\Delta\omega = \gamma G_z \Delta z$ 对应一个宽度为 Δz 的特定切片。对于给定的 G_z 值，可改变射频脉冲宽度来调整切片宽度。切片质量不仅取决于脉冲宽度，还取决于脉冲形状。矩形脉冲具有 sinc 形状的频率分布，由于存在许多旁瓣，激发的切片剖面并不明确。反之亦然，sinc 形状的脉冲具有矩形频率分布，激发出矩形切片。

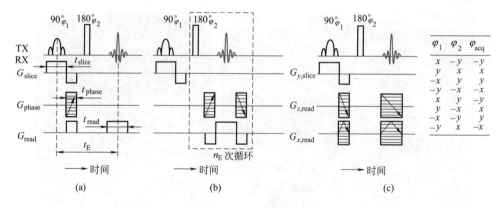

图 3.3.4　基于 Hahn 回波成像方法的脉冲序列和相位循环。（a）Hahn 回波或自旋回波成像，在回波间隔 t_{slice} 的前半部施加相位编码梯度。（b）RARE（T_1 增强快速成像）。相位编码梯度于回波间隔 t_E 的后半部且回波形成前，并在回波形成后重绕（rewound），因此该梯度值可在下一个回波间隔内重新设置。这是 RARE 的最小回波间隔要长于 Hahn 回波的原因。（c）背投影成像。在每次测量中以角度增量 $\Delta\varphi$ 改变读出梯度（$G_{z,read} = G_{z,max}\cos\varphi$，$G_{x,read} = G_{x,max}\sin\varphi$）

（2）自旋回波成像

基于 Hahn 回波的成像方法称为 Hahn 回波成像或自旋回波成像〔图 3.3.4 (a)〕。测量一个完整的图像需要产生大量回波。在切片选择脉冲之间的间隔内，横向磁化量自由进动，给每个回波施加梯度脉冲 G_{phase}（G_{phase} 在一定范围内由正到负以增量 ΔG_{phase} 变化）进行 k 空间数据矩阵的间接探测，来探测维度上的空间信息的相位编码。随着梯度脉冲的施加，横向磁化量分量发生散相，形成信号幅度衰减。磁场的非均匀性以及物体内的磁化率差异产生更多的信号损失。但这类损失可通过使用 180°脉冲形成 Hahn 回波来恢复。在这个脉冲后面，在存在有频率编码梯度（用于直接探测第二 k 空间维度中的图像信息）的情况下产生一个回波。Hahn 回波与读出梯度回波同时产生，获得了最大回波幅度。这个梯度回波由两个具有相同时间积分的梯度脉冲形成，二者符号相反，除非二者被 180°射频脉冲隔开。梯度回波出现在整个脉冲调制函数的时间积分消失之时。当成像实验完成后，通过傅里叶变换将 2D 数据矩阵从 k 空间转换成真实空间的图像。

（3）多回波成像

RARE 成像脉冲序列〔图 3.3.4(b)〕在一个回波串中使用不同相位编码梯度来采集多个回波，缩短了采集整个图像所需的时间。利用这种方法，一次测量就能采集 k 空间中的多条轨迹。相对于自旋回波成像，RARE 成像需要稍大的回波间隔，这是因为横向磁化量的空间编码相位需要在每个回波间隔内用梯度回波来重置，下个回波才能对应 k 空间中一条新的轨迹。天然橡胶的自旋回波成像和 RARE 成像所用默认采集参数如表 3.3.1 所示。这些参数对应 64×64 像素的采集，一幅图像需要 11 个 RARE 轨迹的数据。如果序列中的初始形状选择射频脉冲改为短非选择脉冲，切片的厚度将在跨敏感区方向延展，得到的是 2D 投影而非图像。注意自旋回波成像和 RARE 成像按笛卡尔坐标系扫描 k 空间 [图 3.3.2(c)]。直接对数据做 2D 傅里叶变换就能重建出图像。因此，这两种方法均属于傅里叶成像方法。

表 3.3.1　橡胶 ^{1}H 核磁共振成像采集参数

参数	自旋回波成像	RARE 成像
发射频率	9.045MHz	9.045MHz
90°脉冲幅度	−12dB(100W)	−12dB(100W)
选择性 90°脉冲宽度 t_p	50μs	50μs
选择性脉冲形状	高斯	高斯
切片厚度	5mm	5mm
90°脉冲幅度	−6dB(100W)	−6dB(100W)
相位编码视场	35mm	35mm
相位编码步数 n_p	64	6
回波个数 n_E	1	6
频率编码视场	35mm	35mm
读出方向数据点数 n_{data}	64	64
采集间隔 Δt	10μs	10μs
回波间隔 t_E	1000μs	1000μs
扫描次数 n_s	32	32
循环延迟 t_R	70ms	70ms

(4) 背投影成像

背投影成像是最简单的成像方法。在时不变梯度场中测量自由感应衰减或自旋回波，其信号的傅里叶变换即是一个投影。它是垂直于梯度的空间方向上的自旋密度的信号积分。在不同方向上施加梯度测量多个投影就能重建出一幅图像。每次采集时，可以用旋转样品来代替旋转梯度方向。二维背投影成像 [图 3.3.4(c)]需要使用切片选择脉冲，后面的读出梯度回波与自旋回波同时形成。背投影成像不是用相位编码梯度，通过频率编码按圆柱坐标系放射状扫描 k 空间 [图 3.3.2(d)]。先将测得的数据从圆柱坐标系外推到笛卡尔坐标系中，再运用 2D 傅里叶变换得到图像。

3.3.7 初级测量

如果物体的形状类似橡胶垫圈配件（只在两个维度上存在性质变化），则第三个维度不需要进行空间定位，所有成像序列中的射频脉冲可以是短、非选择脉冲。图 3.3.4 所示的橡胶剖面是根据表 3.3.1 中的参数利用自旋回波成像方法采集的。我们从视觉上仅能识别样品的外表面，在不接触和不破坏剖面的情况下，无法识别其内表面以及充填炭黑的橡胶材料的硫化程度和结构。简单的核磁共振成像不仅能识别内部表面，还能根据信号幅度和弛豫时间的差异来识别不同体素内的材料密度和硫化程度。自旋回波成像的图像对比度受到自旋密度（或质子密度）和弛豫权重［式（3.3.7）］的混合作用，需要用不同的重复时间和回波间隔测量多幅图像，并对图像中每个像素幅度拟合横向和纵向弛豫曲线求解这些参数。

但简单的、一两分钟就能测得的低分辨率弛豫加权自旋密度图像就足以根据像素的幅度来解释内表面的位置和材料性质的变化。例如，图 3.3.5（a）中配件的底部和图 3.3.5（b）中配件的顶部的内部信号更高，表明由于使用了不同的高分子材料或不同的硫化过程，这些部位具有更高的质子密度或更高的网络链移动性。令人惊奇的是，虽然图 3.3.5（b）中的配件中含有铝芯，在 0.2T 下仍然获得了较好的图像，只是信噪比有一定降低。

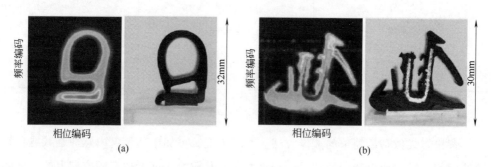

图 3.3.5　橡胶配件的自旋回波[1]H 核磁共振图像（左）和照片（右）。图像在 0.2T 磁场下获得，样品为 5mm 厚的切片。（a）简单橡胶配件，32×32 像素，$t_E = 0.69ms$，扫描 32 次，采集时间 1min11s；（b）内部含有铝芯的橡胶配件；64×64 像素，$t_E = 1.011ms$，扫描 32 次，采集时间 2min43s

除非仪器制造厂商的软件包提供非常好的采集和处理环境，否则进行成像实验是需要培训和经验的。Hahn 回波成像常见的问题如表 3.3.2 所示。

表 3.3.2　弹性体自旋回波成像常见问题

——循环延迟设置过短,物体被射频能量加热或不能建立纵向磁化
——循环延迟设置过长,整个图像的采集时间太长
——射频脉冲扳转角设置不正确,信号幅度太低
——最大梯度强度设置不正确,不适合样品的线宽和期望分辨率
——由梯度增量决定的视场与物体尺寸不匹配
——物体未处于磁场中心

3.3.8　高级测量

核磁共振成像的方法非常多。无论是二维还是三维 k 空间成像，其不同之处都在于：①核磁共振信号在 k 空间中的采集轨迹；②区分不同结构的对比度。2D 傅里叶成像和背投影成像（图 3.3.4）是目前最流行的成像方法。快速成像方法使用小射频脉冲扳转角或采集回波串来避免使用长循环时间，RARE 成像属于后者。

图像对比度经常以磁化量过滤加权的形式在空间编码脉冲序列之前加入（图 3.3.6）。利用该过滤加权机制，对初始磁化量施加扩散加权或速度加权，探测该初始磁化量形成核磁共振图像。使用不同的对比权重采集一系列具有不同对比度的图像，能够得到对比参数（弛豫时间、扩散系数、速度分量）及其空间分布，即参数图像。采用不同的数据处理方法，弛豫时间、扩散系数、速度分量和频率等参数的分布还可以分配到每个像素上。频率分布的图像也称波谱成像。目前首选的实验方法与上述方法有所不同，由于采用纯相位编码的成像方式，波谱信息则后续通过均匀场中的回波或自由感应衰减信号得到。

很多高级成像方法甚至将对比度滤波器与成像序列中的空间编码部分相结合，这种快速成像方法可在更短的时间内完成成像，以便区分有时间依赖性的过程。过程控制中的成像也需要高时间分辨率，例如监测橡胶剖面的挤出过程。

3.3.9　数据处理

核磁共振成像和核磁共振波谱实验的数据处理方法类似。二者都需要傅里叶变

图 3.3.6　参数成像。始于热平衡状态的纵向磁化量，一部分磁化量被挡在滤波器中产生图像对比度，另一部分细化量通过滤波器得到其空间分布的图像。利用不同滤波器采集一组图像可以得到参数图像

换作为基本处理操作。但在这之前，数据的操作方式有不同的步骤。第一步，如果横向磁化量 $s(\boldsymbol{k})=M_x(\boldsymbol{k})+\mathrm{i}M_y(\boldsymbol{k})$ 的复数衰减到了噪声的水平，就需要做截断处理。延长到 $\boldsymbol{k}$ 空间信号之外的任何噪声都只会降低图像信噪比。第二步，利用复数相位因子 $\exp(-\varPhi)$ 对数据做相位校正，让信号仅出现在数据的实部，虚部只含有噪声：

$$s'(\boldsymbol{k})=s(\boldsymbol{k})\exp(-\mathrm{i}\varPhi) \qquad (3.3.8)$$

在测量信号时填入零值数据，可以提高图像的视分辨率，使其优于利用式（3.3.5）采集参数获得的真实图像分辨率。通过填零操作，采集到的每个 FID 数据的长度相比原始值增加了至少 4 倍，因此图像视分辨率也随之增加 4 倍。$\boldsymbol{k}$ 空间所有方向上都进行这个处理。为了进一步压制噪声，将 FID 信号乘以自己的指数衰减包络，这一方法称为"切趾"。目前切趾窗函数有很多种。上述方法称为匹配滤波，因为傅里叶变换后从系统分析的角度来看，从噪声中很好地滤出了信号。最后一个数据处理基本步骤为 2D 或 3D 傅里叶变换，把经过上述处理的 $\boldsymbol{k}$ 空间数据转换成图像。

　　想要得到优质图像，需要经过上述所有步骤。这取决于应用类型，后续还可能经过其他图像处理步骤。对于橡胶配件的过程控制来说，例如需要跟踪图像等势线来定位内部表面，这是其他方法无法实现的（图 3.3.7）。经过填零处理后，可以清晰地确定这些表面的位置，精度比测量时设置的像素分辨率要高。精度最终受图像信噪比和填零后的视分辨率所限制。

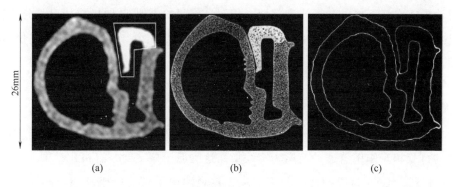

(a)   (b)   (c)

图 3.3.7　弹性体发泡挤压成型配件的图像处理。(a) 利用两个长 100μs 的切片选择脉冲采集的自旋回波图像，切片厚度为 10mm，较亮区域对应高发泡密度，真实分辨率 64×64 像素共对应 $(0.4mm)^2$，回波间隔 $t_E = 0.7ms$，循环时间 $t_R = 70ms$，总图像采集时间 18ms；(b) 像素尺寸为 29.7μm 的 CT 扫描图像，采集时间 40min；(c) 在图像背景上，根据整个图像的响度幅度半高值跟踪到的等势线，在做傅里叶变换之前，对实验数据做了填零处理，每个维度上的数据点从 64 个扩展为 4092 个，等势线位置的准确度比真实图像分辨率提高了 10 倍

3.3.10　参考文献

[1]　Danieli E，Berdel K，Perlo J，Michaeli W，Masberg U，Blümich B，et al. Determining object boundaries from MR images with sub-pixel resolution：Towards in-line inspection with a mobile tomograph. J Magn Reson. 2010；207：53-58.

3.4　波谱

3.4.1　简介

波谱的英文"spectrum"是拉丁语，意为图像。在科学术语中，波谱表示特征量（一般为能量或频率）的分布。例如，光谱是光强度随颜色变化的函数。核磁共振波谱学中的波谱是频率的分布。这个分布可能是单峰或多峰的。如果谱峰很宽，可称为连续分布；如果谱峰很窄，可称为离散分布。除非使用了特殊的窄线技术，固态核磁共振波谱通常为特殊线性的连续分布；液态波谱通常为离散分布，这是将它称为高分辨率波谱的原因。在高分辨率波谱中，自旋的相互作用依赖于分子在磁场中的朝向，该作用可被溶剂中分子的快速各向同性热运动以及样品绕特定角度的快速旋转平均掉。例如，高分辨率 ^{13}C 固态核磁共振波谱采用 54.7°魔角。下文中的讨论限定在液态核磁共振波谱领域，相邻自旋间的磁偶极-偶极作用已均化为零，而且具有方向依赖性的化学位移和间接耦合也因溶质分子的快速翻转均化为平均值。

3.4.2 目标

核磁共振波谱测量溶液分子中质子的核磁共振频率离散分布，此时具有方向依赖性的自旋相互作用消失，波谱为窄线形。这类原子核主要是有机化学中遇到的氢（^{1}H）和碳（^{13}C）。这类谱线的频率取决于被观测原子核的电子环境，例如分子的化学性质。高磁场（0.5T 或更高）核磁共振的美妙之处在于核磁共振频率谱能方便地分配给特定的化学基团，因此根据一定经验，便可根据核磁共振谱得出化学结构。就这点而言，核磁共振谱比红外光谱更易解释，红外光谱通常需要简正坐标分析来将谱特征分配给分子的构型和构象。高分辨率核磁共振波谱的首要目标正是确定分子结构，不同的核磁共振谱采集技术为的是提炼化学分析所需信息。

3.4.3 延伸阅读

[1] Friebolin H. Basic One-and Two-Dimensional NMR Spectroscopy，5th edition. Weinheim：Wiley-VCH；2011.

[2] Keeler J. Understanding NMR Spectroscopy，2nd edition，Chichester：Wiley & Sons；2010.

[3] Levitt M. Spin Dynamics. Hoboken：Wiley；2007.

[4] Blümich B. Essential NMR. Berlin：Springer；2005.

[5] Berger S，Braun S. 200 and More NMR Experiments. Weinheim：Wiley-VCH；2004.

3.4.4 理论

化学是改变和理解化学键的科学。这些化学键取决于跟随着原子的电子的轨道，这些原子构成了分子或分子的一部分。由于电子具有电荷，电荷运动形成电流，电流又产生磁场，该磁场叠加在所施加的磁场上，影响被观测原子核的共振频率 v_0。这在 0.1T 中等磁场或更高磁场中引起一个可观测的共振频率偏移，即所谓的"化学位移"。核磁共振波谱测量观测频率 v_0 相对于参考化学物（例如^{1}H 和^{13}C 波谱所用的四甲基硅烷）共振频率 v_r 的相对差异 δ。

$$\delta = (v_0 - v_r)/v_r \qquad (3.4.1)$$

轻核的化学位移通常很小，对于^{1}H 为 $0\sim12$，对于^{13}C 为 $0\sim250$。虽然绝对频率差 $v = v_0 - v_r$ 正比于磁场强度 [图 3.4.1(a)]，但相对数值与所施加磁场的强度无关。分子中不同化学基团具有不同的化学位移［图 3.4.1(b)］，可根据分子结构预测化学位移，并制成表［图 3.4.2(a)］以帮助利用核磁共振波谱来重构化学结构。

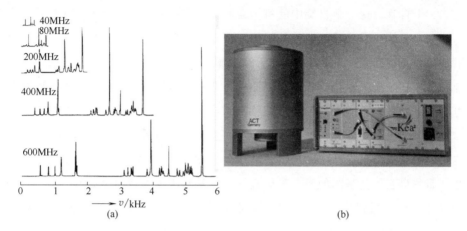

图 3.4.1　核磁共振波谱。(a) 不同拉莫尔频率（$v_0 = \gamma B_0$ 对应不同的磁场强度 B_0）下测得的 ^{1}H 波谱，这些画在相同的频率尺度上的波谱表明，增加磁场强度可增加化学位移的分离度，纵轴为热平衡状态磁化量的信号幅度，与拉莫尔频率一样正比于 B_0；(b) 42MHz 的小型 ^{1}H 核磁共振波谱磁体

　　除了化学位移，另一个量中也包含有化学信息。这个量就是原子核之间的"间接耦合"。原子核之间是由一个或多个化学键连接起来的，一个自旋的磁矩方向会影响原子核化学键中电子轨道产生的磁场，这一变化可被化学键另一侧原子核的磁矩感受到。这种核耦合的能量以化学键中的电子为媒介，用符号"J"表示。因此，原子核间接耦合也叫作"J-耦合"。

　　注意，磁矩间还存在一种"直接耦合"，这种耦合通过空间作用，配对原子核并不需要电子作为媒介。直接耦合是偶极-偶极相互作用（图 5.1.1）。因为它受分子在所有方向上快速翻滚的平均效应而消失（例如液态溶剂中的溶质分子），所以在简单液态核磁共振波谱中观测不到。但是直接耦合可以通过将溶质分子限制在拉伸胶体的各向异性孔隙中来引入。在此条件下，仅有部分偶极-偶极相互作用被均化掉，剩余偶极-偶极相互作用的谱变化用于帮助进行构象分析。在肌腱（见 6.2节）和弹性体（见 5.1 节）等软固体材料中，剩余偶极-偶极相互作用通过具有方向依赖性的弛豫时间［图 5.1.3 (e) 和图 6.2.3］和多量子极化曲线（图 5.1.6）来提供关于材料性质的信息。偶极-偶极相互作用和间接耦合的绝对数值都与磁场强度无关。

　　在液态核磁共振波谱中，间接和直接耦合将共振谱线从特定化学基团中分离出来。分离形态取决于自旋的核角动量量子数 I 和等效磁化位置上与被观测共振耦合的自旋的个数。例如，甲基基团（—CH$_3$）中自旋量子数 $I=1/2$ 的三个质子总共产生 3/2 个自旋。这三个自旋中的每个自旋都假定在磁场中具有 ↑ 和 ↓ 中的一种状态，则来自全体相同分子的甲基基团的三个自旋产生四个不同磁场，而两个磁化等价甲基基团总共产生 3 个自旋和 7 个不同磁场（图 3.4.2），通过与这个甲基基团耦合的化学基团来感知和检测。反之亦然，亚甲基基团（≡CH）的总自旋为 1/2，产生两个不同磁场，通过其邻近自旋感知和检测。溶液中，溶质分子的数量一般在 10^{20} 数量级或更多，因此每个自旋组合都将会出现。例如，异丙醇 ［图 3.4.2(a)］的波谱中，受两个甲基基团磁场组合的影响 ［图 3.4.2(c)］，亚甲基基团出现 7 个谱峰；而源自亚甲基基团的两个不同磁场，甲基基团观测到两个谱峰。此外，还能进一步分离和观测到来自 OH 基团的间接耦合，但该效应已通过催化剂被抑制掉了。

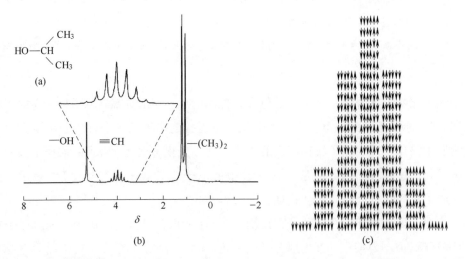

图 3.4.2 异丙醇的 42MHz ^{1}H 核磁共振波谱。 （a）化学式显示三个不同的磁性化学基团：—OH、≡CH 和—CH$_3$；（b）未稀释化合物的核磁共振谱，≡CH 和—CH$_3$ 共振线被互相 J-耦合分离，在催化剂的作用下，—OH 基团上的 J-耦合被—OH 基团的快速交换所压制；（c）6 个甲基质子可能的取向引起 7 个不同的磁场，通过间接耦合被≡CH 基团感知和探测，该相位敏感谱由 1 次扫描得到，数据点 8k，采样间隔 0.2ms。数据经过了填零（数据点扩展到 64k）、傅里叶变换和相位校正处理

复杂的分子（例如蛋白质）和分子混合物的核磁共振谱具有更多的谱峰。为了帮助分析这类谱峰，可采集多维核磁共振波谱。这项技术将一维波谱上聚集的谱峰在另一个或多个维度上产生分离，或者通过不同谱线的关联交叉峰（将耦合谱线的

不同化学位移连接起来）来揭示 1D 谱线的关联性。

3.4.5 硬件

在 50 年前，1T 的磁场强度对于核磁共振波谱测量就足够好了；而在今天，10T 或 20T 是首选磁场强度，因为信号幅度和频率延展（谱分散度）正比于磁场强度［图 3.4.1(a)］。如此高的磁场只能在高成本和高维护的超导线圈电磁体上获得。用于波谱测量的低磁场强度（例如 1T）磁体可用有阻电磁体或永久磁体制成。相比于高场核磁共振波谱，低场化学位移的信号幅度和频率范围需要做出让步。正因如此，低场核磁共振波谱有时也称为中分辨率核磁共振波谱。永磁体具有免维护的优势且随时可用，现在的永磁体体积很小［图 3.4.1(b)］，可以在化学实验室和通风橱中直接控制反应物和实时监测化学反应过程。被研究分子通常溶解在溶剂中。溶剂应不含可产生观测信号的原子核，以便在溶质的波谱中抑制溶剂的信号。在 ^1H 核磁共振波谱中，常使用氘化溶剂。

在低场条件下，采用大体积样品、高浓度溶质和信号叠加平均可以获得高信噪比。信号叠加需要磁场具有高度时间稳定性，而实验室温度变化以及磁体附近金属物体的运动都会影响磁场。为了克服这些影响、保持磁场稳定，通常再进行一次核磁共振实验，监测溶剂中的氘信号或外部参考化合物的氟信号，通过调整磁体内部的线圈中的电流（使 B_0 上下变化）将信号锁在标准参考频率上。利用这种"锁场频率"技术，在长达几个小时内都不会出现频率或谱线的偏移。

3.4.6 脉冲序列和参数

核磁共振波谱的标准脉冲序列由单个射频脉冲激发产生一个自由感应衰减（FID）［图 3.1.1（a）和图 3.4.3（a）］。将这个衰减记录下来，经处理得到核磁共振频谱。^1H 核磁共振波谱的典型采集参数如表 2.7.1 所示。一般来说，激发脉冲的幅度 B_1 和持续时间 t_p 根据最大信号幅度原则进行选取，此时激发扳转角为 $\alpha = 90°$。脉冲宽度同时决定激发带宽 v_{max}。根据经验，$v_{max} = 1/t_p$。假设 ^1H 化学位移的范围 $\delta = 12$，则 40MHz 下的激发带宽为 $v_{max} = 480Hz$，因此当激发频率位于谱的中心时，应选择 $t_p \leqslant 4ms$。

采集 FID 直到信号消失在噪声中。当噪声水平为 1% 时，采集时间 $t_{acq} = 5T_2^*$，此时信号衰减到小于初始幅度的 1%。这里 T_2^* 是含有磁场非均匀性信号衰减的横向弛豫时间。假设 $T_2^* = 800ms$，则 $t_{acq} = 4s$。FID 采集的最小速率 $1/\Delta t$ 由谱宽决定。如果射频发射器的参考频率位于频谱中心，并且横向弛豫采集为复数数据，则 $1/\Delta t = v_{\max}/2$，故 $\Delta t = 4\mathrm{ms}$，因而在 $4\mathrm{s}$ 内要采集 1000 个数据点，波谱分辨率 $\Delta v = 0.25\mathrm{Hz}$。这个分辨率可通过填零处理来人为增强，例如在做傅里叶变换前填零来扩展数据记录的范围。采集时间 t_{acq} 之后是循环延迟 t_{R}。$t_{\mathrm{acq}} + t_{\mathrm{R}}$ 之和应该设置为 $5T_1$ 来让 99% 的热平衡磁化量得以恢复。将液体的 T_1 估计为 $2\mathrm{s}$ 较为合理，故 $t_{\mathrm{acq}} = 4\mathrm{s}$，循环延迟 $t_{\mathrm{R}} = 6\mathrm{s}$。注意要考虑到核磁共振谱仪模拟滤波器会限制信号带宽和滤除噪声。当前的大多数核磁共振谱仪采用数字滤波器以非常高的速度实时处理采样数据。自动采集 ${}^1\mathrm{H}$ 波谱的典型参数见表 3.4.1。

表 3.4.1　采用数字滤波技术测量液体 ${}^1\mathrm{H}$ 波谱的参数

参数	
发射频率 v_0	$42\mathrm{MHz}$
射频放大器功率	$10\mathrm{W}$
选择性 $90°$ 脉冲长度 t_{p}	$10\mu\mathrm{s}$
采集间隔 Δt	$200\mu\mathrm{s}$
循环延迟 t_{R}	$10\mathrm{s}$
扫描次数 n_{s}	4 的倍数
采集时间 t_{acq}	$3\sim6\mathrm{s}$
数据点数 n_{data}	$16\sim32\mathrm{k}$

最简单的二维核磁共振实验可以通过施加两个或三个激发脉冲获得，在数据采集之前改变两个脉冲之间的延迟［图 3.4.3（b）和(c)］。这样一来，经过循环延迟 t_{R} 建立的热平衡磁化量在进行数据采集（$t_{\mathrm{acq}} = t_2$）之前受到脉冲和时间延迟的调制，例如在非平衡磁化量状态时开始采集数据。每次测量通过调整演化时间 t_1 来改变上述非平衡磁化量。对于每个 t_1 值来说，采集到的磁化量保存在矩阵不同的行中。用演化时间 t_1 和探测时间 t_2 标记矩阵最终的行和列。利用 2D 傅里叶变换将矩阵的行和列从时间域变换到频率域，得到 2D 波谱图。

两个脉冲的实验称为关联谱（correlation spectroscopy，COSY）实验［图 3.4.3(b)］。对于三个脉冲的实验，如果改变前两个脉冲间的延迟，称为交换谱（exchange spectroscopy，EXSY）实验；如果改变后两个脉冲间的延迟，则称为多量子（multi-quantum，MQ）实验［图 3.4.3(c)］。两种实验的 2D 谱图都能得到常规 1D 谱中无法获得的新信息。COSY 谱能够识别来自相同相互自旋耦合的多重谱线。EXSY 谱能够揭示构造变化引起的慢动态进动对化学位移的调制作用。相同的激发方法还用于识别不同化学位移处、以协调方式弛豫的质子共振谱线。虽然它

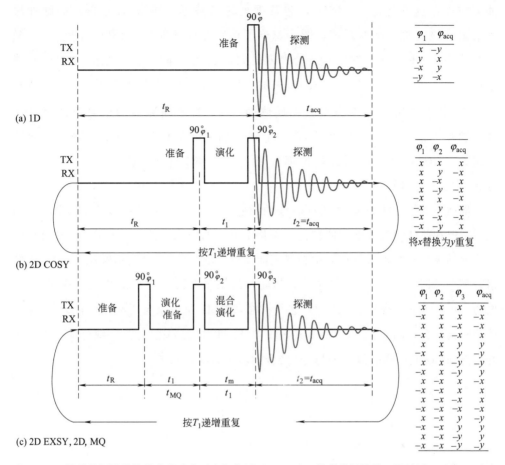

图 3.4.3　核磁共振波谱的基本脉冲序列和相位循环。(a) 1D 核磁共振波谱，经过循环延迟 t_R 建立热平衡磁化量后，在采集时间 t_{acq} 中采集自由感应衰减。注意，该时序图忽略了接收器死时间，因为它相对采集时间来说非常短。(b) 2D 关联谱（COSY），采集时间 t_2 中，数据采集前的初始磁化量是由射频脉冲和演化时间 t_1 控制的非平衡磁化量，并在每次扫描时系统变化。t_1 和 t_2 阶段记录下的磁化量数据经傅里叶变换得到 2D 谱。(c) 双脉冲方案可以扩展包含更多脉冲，三脉冲方案取决于哪个脉冲间隔发生变化，得到 2D 交换谱（EXSY：固定 t_m）或 2D 多量子谱（MQ：固定 t_{MQ}）

们并不存在化学键耦合，但它们在物理位置上相邻。人们称其为核奥佛豪瑟效应谱（nuclear overhauser effect spectroscopy，NOESY）。这类波谱是研究溶液中蛋白质构造的基本方法。最后，MQ 谱通过识别耦合自旋提供与 COSY 谱类似的信息，但 MQ 谱一次同时操纵两个耦合自旋，而不是操纵一个。

3.4.7　初级测量

测量核磁共振波谱的实验最简单也最常用。它施加一个射频脉冲，测量脉冲响应或自由感应衰减（FID），将数据处理成波谱。图 3.4.3（a）的脉冲序列给出了该实验的基本原理，图中忽略了接收器的死时间［图 3.1.1(a)］。激发脉冲为 90°射频脉冲时，FID 的幅度最大。磁化矢量经循环延迟 t_R 弛豫到热平衡状态，脉冲于循环延迟 t_R 后施加。FID 采样时间为观测时间 t_{acq}，估算 $t_{acq}=5T_2^*$ 让 FID 信号衰减至其初始值的 1%。对不同测量的信号叠加直到达到足够高的信噪比，例如达到 100∶1 来识别 100 倍信号幅度的差异。每次测量时，射频脉冲和接收器的相位都按照 CYCLOPS 相位循环方案以 90°为增量变化（见 2.7 节）。

虽然 40MHz 的 [1]H 核磁共振波谱的敏感度和分辨率低于高场实验［图 3.4.1 (a)］，但在此低频条件下仍能获得用于化学分析的波谱。例如，标准 5mm 直径样品管中的无水乙酰乙酸仅用 8 次扫描就能获得 32000∶1 以上的信噪比和 0.04 的波谱分辨率［图 3.4.4(a)］。事实上，如此高的敏感度甚至能在谱基线上看到 [1]H 共振的 [13]C 卫星峰［图 3.4.4(b)］。这些小峰来自 [1]H 原子核与 1% 天然丰度 [13]C 原子核的间接耦合，因此有 1% 的 [1]H 共振线被 [1]H 和 [13]C 之间的异核 J-耦合分离成二重峰，例如 [13]C 卫星峰的幅度为与 [12]C 结合的质子谱线的 0.5%。

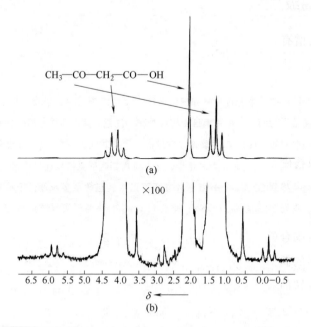

图 3.4.4　40MHz 下扫描 8 次测得的乙酰乙酸核磁共振波谱。(a) 多重峰结构很容易分配给化合物的不同化学基团；(b) 将波谱基线放大 100 倍的结果，受益于高达 32000∶1 以上的信噪比，[13]C 卫星峰得以识别

虽然单脉冲实验较为简单，某些参数还是可能错误设置（表3.4.2）。多重峰的相对积分能够提供各个化学基团中质子的比例，但仅在循环延迟设置得足够大、所有磁化组分都能恢复到热平衡状态时成立。如果发射频率没有设置在核磁共振谱的中心，谱峰将脱离由采样间隔 Δt 确定的谱宽，还可能被谱仪的内部滤波器衰减，导致其出现在谱线错误的位置上。如果采集时间选择不正确，谱线可能显示为过宽或噪声水平过高。不正确的相位循环通常在相位累加过程中导致信号互相抵消。

表 3.4.2 质子核磁共振波谱常见问题

——循环延迟太短,信号积分不能代表化学基团中的质子数量

——发射频率没有位于采集频率窗口的中心,波谱中的谱线出现在错误的频率位置

——采集时间太短,频率中的谱线被增宽

——采集时间太长,噪声被采集下来参与处理,降低了谱线的信噪比

——相位循环设置不合理,叠加平均时部分信号被抵消

——扫描次数选择不正确,未能获得足够信噪比

3.4.8 高级测量

核磁共振波谱有着丰富的测量方法，能提供单个脉冲波谱不具备的信息，帮助解决多重峰信息重叠等问题。这些方法经常用于研究蛋白质等大分子。由于敏感度的原因，原本不太可能在小型磁体 $1\sim2T$ 的场强下研究大分子。然而，复杂多重峰导致一维波谱无法准确提取化学位移时，先进的核磁共振方法在低场条件中仍然能起作用。

大多数高级核磁共振方法的基本理念都是激发和利用自旋之间的相互作用。这些相互作用包括间接耦合（ J -耦合）和直接耦合（偶极-偶极耦合）。耦合可作用在同类自旋（例如质子和质子）或异类自旋（例如 ^1H 和 ^{13}C ）之间。在液体中能够很好观察到间接耦合的较小谱线分裂，而在固体中 J -耦合的谱线分裂通常淹没在被几个数量级强的偶极-偶极作用增宽的谱线中。在液体中，偶极-偶极作用在分子快速各向同性旋转的作用下衰减为零，除非分子嵌入在液体晶格或应变凝胶的各向异性孔隙中而部分保持方向一致。各向异性旋转运动产生剩余偶极-偶极作用，出现同时来自间接和直接自旋耦合谱线分裂。

最著名的高级核磁共振方法是二维或多维核磁共振技术。图 3.4.3（b）和（c）给出了两个脉冲序列方案。它们用两个或多个脉冲代替单脉冲激发核自旋。这

些脉冲可施加在相同或不同类型原子核上。基本的二维同核 ^1H 核磁共振实验是两个 $90°$ 激发脉冲的 COSY 实验［图 3.4.3(b)］、三个 $90°$ 激发脉冲的交换谱（EX-SY）实验和多量子（MQ）实验［图 3.4.3(c)］。COSY 的异核版本称为 HetCor（hetero-nuclear correlation）。HetCor 谱通过 ^{13}C 谱帮助确定 ^1H 核磁共振谱线，^{13}C 的位移范围是 250，相比仅有 12 的 ^1H 化学位移能提供更多化学细节。通过调制 ^{13}C 的信号间接测量 ^1H 的核磁共振信号，^{13}C 的信号在 ^1H 磁化量的不同演化阶段下在观测时间 t_{acq} 中采集得到。将采集到的随演化时间 t_1 和采集时间 $t_2 = t_{acq}$ 变化的磁化量作二维傅里叶变换，得到 2D 核磁共振波谱。

乙醇（CH_3—CH_2—OH）的 ^1H 核磁共振谱显示三个化学位移信号，分别对应甲基（低 δ）、亚甲基（中 δ）和 OH 基团（大 δ）。无水乙醛中的所有基团之间都存在间接耦合，而被水稀释的乙醇中 OH 基团的 J-耦合被快速化学交换抑制了。在 COSY 谱中［图 3.4.5(a)］，两个频率轴指示相同的化学位移，所以 1D 谱出现在对角线上。COSY 谱以交叉峰或多重谱线的形式揭示不同化学位移基团之间的耦合作用。在低场条件下，未能分辨出无水乙醛中 OH 基团和 CH_3 基团之间的 J-耦合，因此在交叉坐标上两个关联化学位移处没有观察到交叉峰。

COSY 的异核版本是 HetCor［图 3.4.5(b)］。在 2D HetCor 谱中，只能观察到化学基团中两个不同原子核间（通常为 ^1H 和 ^{13}C）的交叉峰。两种原子核均用射频脉冲激发。最初，^1H 磁化量在演化阶段 t_1 内进动，同时在演化阶段中途对 ^{13}C 磁化量施加 $180°$ 回波脉冲压制 ^1H 与 ^{13}C 的间接耦合。此后，^1H 的磁化量在混合阶段通过异核 J-耦合传递给 ^{13}C。为了让最终谱图中的峰正确取向，混合阶段中除了施加给 ^1H 和 ^{13}C 的 $90°$ 脉冲之外，还包括散相和聚相阶段 1（$2J$）和 2（$3J$）。由于异核耦合需要 ^1H 和 ^{13}C 存在于相同的化学基团中，所以 HetCor 仅能探测到 1% 的质子，而 COSY 能探测到 100%。在探测阶段 t_2 采集所有 t_1 值下的信号，采用适当的谱分辨率覆盖 ^1H 的化学位移范围。

产生交叉峰（简单 1D 谱中观察不到的）的二维核磁共振方法属于"2D 关联波谱"。不产生额外信号、只简单将 1D 谱扩展到第二维度的其他方法属于"2D 分离波谱"。这些技术在分析重叠谱时非常有用，因为低场的化学位移的频率范围要低于高场，所以在低场中经常遇到重叠谱。这种实验的经典代表是 2D J-分辨波谱。其脉冲序列包含一个简单的 Hahn 回波［图 3.4.6(a)］。Hahn 回波使磁场非均匀性和化学位移在回波最大值处被消除，而耦合信息被保存下来。在自由演化阶段，化学位移和耦合都对信号产生调制。当在 2D 实验中用回波间隔作为演化阶段 t_1，在采集时间 t_2 对回波信号采样，则间接探测维度的信号仅受自旋耦合调制，

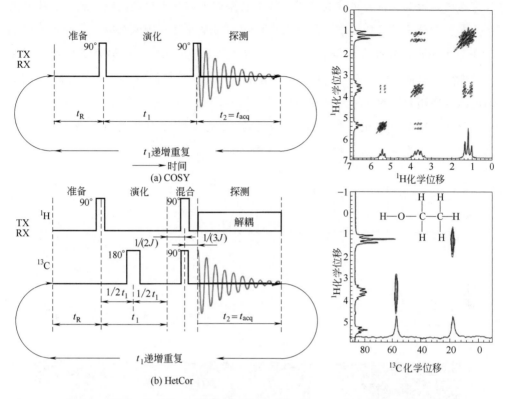

图 3.4.5　无水乙醇的 2D 关联核磁共振波谱的基本脉冲序列（左）和谱图（右）。(a)^{1}H COSY 谱，射频脉冲序列包含两个 90°脉冲 ［图 3.4.3(b)］。2D 谱在两个坐标轴上给出^{1}H 化学位移。1D 谱出现在对角线上。非对角线上的峰连接了属于具有相同核 J-耦合常数的多重谱线。(b) HetCor 实验是 COSY 探测^{13}C 的异核版本。射频脉冲施加给^{1}H 和^{13}C 原子核。仅探测束缚于^{13}C 的^{1}H 信号。2D 谱的坐标轴用^{1}H 和^{13}C 化学位移标注。2D HetCor 谱峰识别来自相同化学基团的^{1}H 和^{13}C 共振谱线

而直接探测信号同时受自旋耦合和化学位移调制。因此，在 1D 谱中出现在特定化学位移位置上的多重谱线，在 2D J-分辨谱中旋转了 45°。通过剪切变换，这样的 2D 谱可以变换为一个维度仅显示多重峰、另一个维度仅显示化学位移的 2D 谱。

2D J-分辨谱可以追溯到 2D 核磁共振波谱早期，那时观测不到溶解在液体中的分子的直接耦合。然而，通过将溶质分子限制在各向异性环境中能够观测到剩余偶极-偶极耦合。有一种将溶液融入填充在橡胶管的凝胶中的独特方法，通过改变橡胶管原始长度 L_0［拉伸率 $\varepsilon = (L - L_0)/L_0$］，凝胶原来的各向同性孔隙被拉长，溶剂中的分子不再各向同性翻转。结果是，溶剂中的分子受到剩余偶极-偶极耦合作用，这种作用叠加在间接耦合上并由 2D J-分辨谱来探测。

这种剩余偶极耦合可在高分辨率核磁共振谱中进一步分离谱线。这种谱线分离在推导复杂分子（例如溶液中的蛋白质）构型时是非常有用的参数。它们还可用于区分手性分子，例如 D-丙氨酸和 L-丙氨酸［图 3.4.6(b)］。这类分子在各向同性溶液中具有相同的谱线分布［图 3.4.6(c)］。利用凝胶拉伸技术，可引入剩余偶极-偶极耦合作用，这种作用对两种镜像分子是不同的。2D J-分辨谱在低场条件下也清晰分辨出纯 L-丙氨酸［图 3.4.6(d)］、D-丙氨酸和 L-丙氨酸混合物［图 3.4.6(e)］的差异，改善了纯 J-耦合的间接探测维度的谱分辨率。

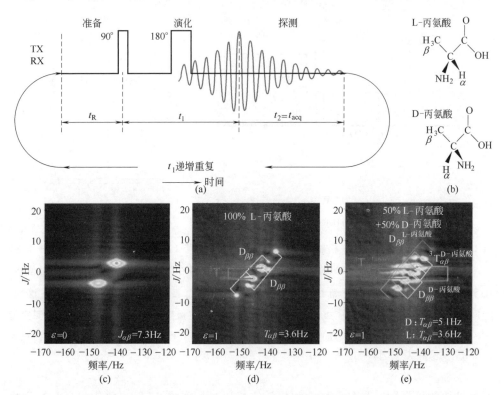

图 3.4.6 2D J-分辨波谱。(a) 脉冲序列，Hahn 回波脉冲序列中，记录后半个回波，在一定范围内系统地改变回波间隔 t_1，以覆盖被观测原子核的同核耦合频率范围。(b) 手性分子 D-丙氨酸和 L-丙氨酸的分子结构。各向同性环境中（$\varepsilon=0$），两种结构的 α 和 β 质子之间的间接耦合相同。(c) 43MHz 下 L-丙氨酸和 D-丙氨酸的甲基质子（β）的 2D J-分辨谱。两个维度上都能观测到耦合，而化学位移只出现在直接探测（水平）维度。甲基的共振线被 α-质子的耦合所分裂。(d) 各向异性环境中（$\varepsilon=1$），L-丙氨酸的 2D J-分辨谱。间接耦合之外还观测到直接耦合。α 和 β 质子之间的剩余耦合用 $T_{\alpha\beta}$ 表示。甲基的共振线又被同核直接耦合 $D_{\beta\beta}$ 进一步分裂。(e) 各向异性环境下（$\varepsilon=1$），50%L-丙氨酸和 50%D-丙氨酸混合物的 2D J-分辨谱。两种化合物的直接耦合都不同，所以可在各向异性环境中，在剩余偶极-偶极作用的帮助下区分手性分子

低场中还可以实现许多波谱实验。在本书成文之际，低场液态核磁共振波谱技术还很年轻，实例也较少，但许多有用的波谱实验在低场仪器上将成为可能。一个特别有趣的 2D 实验是扩散排序谱（diffusion-ordered spectroscopy，DOSY，图 4.1.5），它可将混合分子溶液的 1D 谱根据扩散系数分布将每个化学位移上的信号进一步分离。DOSY 测量需要脉冲场梯度，在没有极片的 Halbach 磁体等永久磁体中很好产生。

3.4.9 数据处理

(1) 相位校正

在谱仪内部，谱仪接收线圈中感应到的频率 ω_0 的脉冲响应 [图 3.1.1(a)] 与频率为发射器频率 ω_{rf} 的正弦和余弦信号混频和滤波后，产生一个差频（$\Omega = \omega_0 - \omega_{rf}$）信号，该信号经数字化后存储在计算机中供后续处理。对于单脉冲激发，该信号为横向弛豫方程与以频率 Ω 旋转波的乘积。

$$s(t) = s(0)\exp(-t/T_2)\exp(i\Omega t + \varphi) \tag{3.4.2}$$

对于完全弛豫的自旋系统，$s(0)$ 是热平衡磁化量 M_0。相位 φ 产生来自谱仪硬件的特定设置和无法采集信号的接收器死时间（图 3.1.1），因此式（3.4.2）中 $t = 0$ 时刻代表信号采集的开始。通过调整接收器相位（见 2.7 节）可将谱仪硬件的相位贡献微调至零，死时间的贡献与波谱频率呈线性变化。

对信号 $s(t)$ 做傅里叶变换（FT）得到波谱 $S(\Omega)$：

$$S(\Omega) = \mathrm{FT}[s(t)] = U(\Omega) + iV(\Omega) = [A(\Omega) + iD(\Omega)]\exp(i\varphi) \tag{3.4.3}$$

$S(\Omega)$ 是一个复数，实部为 $U(\Omega)$，虚部为 $V(\Omega)$[图 3.4.7(a)]。实部、虚部可同时在谱仪屏幕上显示，它们通过相位因子 $\exp\{i\varphi\}$ 与吸收谱 $A(\Omega)$ 和色散谱 $D(\Omega)$ 关联。吸收谱 $A(\Omega)$ 为分析对象。如果将 $S(\Omega)$ 乘以 $\exp(-i\varphi)$，$A(\Omega)$ 可以从采样数据的傅里叶变换 $S(\Omega)$ 得到，因此：

$$S(\Omega)\exp(-i\varphi) = A(\Omega) + D(\Omega) \tag{3.4.4}$$

其中：

$$\varphi = \varphi_0 + \varphi_1\Omega \tag{3.4.5}$$

这个处理过程叫作"相位校正"。φ_0 和 φ_1 为常数和线性相位校正参数。现代软件会自动进行相位校正，但精细的手动调整也是必需的，因而 $A(\Omega)$ 中的共振线的脚部在放大后呈对称状。此外，还可以通过计算幅度谱 $|S(\Omega)| = [U^2(\Omega) + V^2(\Omega)]^{1/2}$ 来消除谱波上的相位误差，但幅度谱的谱线要宽于吸收谱，因此要尽量避免幅度谱。

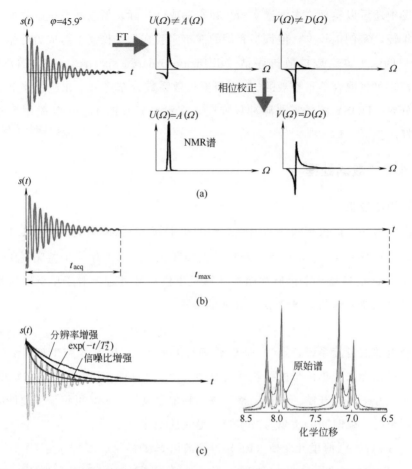

图 3.4.7　**高分辨率核磁共振波谱中的数据处理。**(a) 相位校正。如果未做相位校正，则 FID 的傅里叶变换的实部 $U(\Omega)$ 和虚部 $V(\Omega)$ 是吸收谱信号 $A(\Omega)$ 和色散谱 $D(\Omega)$ 的混合体。(b) 填零。在傅里叶变换前，将零值填入采集的信号中提高波谱的数字分辨率。(c) 切趾。左：将采集信号乘以指数方程，牺牲分辨率来改善信噪比或牺牲信噪比来改善分辨率。右：500mmoL/L 溶解在丙酮-d_6 中的 4′-羟基苯丙酮的 42MHz ^{1}H 核磁共振谱的芳香区域，扫描 8 次。在傅里叶变换前，将 FID 乘以 $\exp(t/T_0)$ 来改善分辨率，随着 T_0 的增加分辨率逐渐改善，而信噪比逐渐变差

（2）填零

　　计算机中存储的离散谱的频率间隔 $\Delta\Omega = 2\pi\Delta v$ 由记录的数据长度 t_{max} 决定，所记录的时间域数据经过傅里叶变换至频率域，$\Delta v = 1/t_{max}$。为了避免波谱中出现一条谱线只有一个代表数据的情况，将 t_{max} 设置成一个大数值有很多好处。另外，采集时间 t_{acq} 的长度应仅以 $s(t)$ 中的信号大于噪声为条件，以避免记录噪声数据并经傅里叶变换被代入到波谱中。为了同时适应这两种需求，在傅里叶变换之前经

常用零将持续时间 t_{acq} 内记录的信号增补到四或八倍采集时间［图 3.4.7(b)］。这个处理过程叫作"填零"，能够增加频谱的数字分辨率。

（3）切趾

如果记录的信号没有全部结束但采用了填零扩展，则高分辨率波谱中的谱线会快速振荡或左右摇摆。为了避免这种情况，可将 FID 乘以指数方程 $\exp(-t/T_0)$，并适当选择 T_0 使信号衰减，例如 $5T_0 = t_{acq}$。这个乘法运算叫作"切趾"［图 3.4.7(c)］。指数方程在高分辨率核磁共振波谱中最为常用，也可选择指数方程之外的其他函数。

如果信号的记录时间比 $5T_2^*$ 大得多，则信号尾部几乎全是噪声而没有信号，也可以应用指数相乘的方法。为了压制噪声，此时最佳的切趾参数为 $T_0 = T_2^*$，称为利用匹配滤波器对频谱进行了平滑。然而，这种方法会令频谱中的线宽加倍。因而信号比的增加与谱线变宽之间本质上是相关的。

另外，如果信噪比很好，将 FID 乘以 $\exp(t/T_0)$ 可以缩小线宽并提高谱分辨率。这个操作放大了 FID 的尾部信号并增大了噪声，但能够更好地分离紧贴在一起的谱线。通过这种方法，可以利用数据处理改善样品体积范围内磁场非均匀性对仪器分辨率的限制。

（4）二维核磁共振

相位校正、填零和切趾的数据处理步骤同样可用于二维和多维核磁共振。然而，当傅里叶变换计算不准确时，多维傅里叶变换将产生相位扭转。如果使用了专业核磁共振数据处理软件，通常会自动处理这个问题。

第4章

溶液、乳状液和悬浮液

本章将小分子构成的软物质划分为：溶液、乳状液和悬浮液。溶液是同质相混合物，且可能是简单的溶质和溶剂。这类溶液在高分辨率核磁共振波谱（见 3.4 节）化学分析中经常会遇到。利用移动核磁共振小型仪器，溶液化学分析已经延伸到通风橱中实时跟踪化学反演过程。溶液也可以非常复杂，例如原油和生物流体。它们不但具有多种组分，而且具有不同相态，主要分析目的是识别其成分。为此使用了多种分离方法，例如凝胶渗透色谱法（GPC）和扩散排序核磁共振波谱法（DOSY）。高场核磁共振谱仪可以作为 GPC 的优良探测器，由于需要很长的供料管线，洗出液谱峰会因长距离的层流而变宽。使用小型低场核磁共振谱仪可以避免这一问题，但要以低敏感度和低谱线分离度为代价 [图 3.4.1(a)]。低场核磁共振探测的前景和便携性是开发低场核磁共振谱仪实时识别 GPC 组分的根本动力。除了分离时间，通过自扩散系数差异也可以区分组分。这是 DOSY 核磁共振及其变体的基本思想，高分辨率核磁共振谱的谱峰根据扩散系数分布可以在第二维度上分辨出来。

乳状液是透明流体的混合物，这些流体在微米尺度上存在相态差异。例如牛奶和护肤霜。次相的微滴悬浮在连续的主相介质中。滴径分布对于乳状液的性质非常关键，通过在生产过程中施加的剪切力来确定。核磁共振扩散测量是确定乳状液滴径分布的标准技术。

悬浮液是固态颗粒分散在液相中的混合物。如果不进行机械搅拌，这种两相混合物可能会出现沉淀。两相物质的弛豫时间差别很大，用核磁共振弛豫测量可方便地确定固态含量。脂肪是低场核磁共振中具有实践意义的一种悬浮物。取决于温度不同，脂肪含有不同的固体脂肪、液态脂肪或油。固体脂肪含量（SFC）是固体脂肪在总脂肪中的相对含量，用于评估脂肪的营养价值。另外，酱也是固-液混合物，但液态相的含量较低，通过毛管力将固态颗粒保持在一起。

所有这三种软物质通常取样后放入封闭式磁体（例如 Halbach 磁体）中进行分析（图 1.2.1）。它们对磁场均匀度的要求不同。核磁共振波谱测量需要均匀磁场，研究悬浮液和乳状液的弛豫和扩散测量可在部分匀场永磁体的中度非均匀场进行，甚至在 NMR-MOUSE 的强非均匀杂散场中进行。相对于封闭式磁体，NMR-MOUSE 的优势在于可以无损检测封闭包装，由于敏感区非常明确，对核磁共振信号进行组分分析很容易得到浓度信息；其劣势在于敏感区很小，敏感度较低。

4.1 溶液

4.1.1 简介

化学溶液是两种以上组分的同质混合物。核磁共振最常遇到的是液态溶液。在自由化学反应中，随着反应物浓度的下降、产物浓度的升高，溶液的成分也发生变化。在反应过程中，可能出现初始反应物和最终产物中都没有的中间物。利用实时核磁共振波谱在化学反应容器管线中可观察到这种物质。溶液的成分可利用许多不同的 2D 核磁共振方法进行分析：①COSY 的变形，显示不出连接属于不同类型分子的共振谱线的交叉峰；②物理化学方法，例如 GPC 实时探测洗出液谱用于化学鉴别；③DOSY，根据不同溶质-溶液的相互作用（例如分子大小和形状产生不同平移扩散系数）来区分 1D 谱中的核磁共振谱线的二维核磁共振方法。

4.1.2 目标

研究溶液的目的是识别其成分。如果溶液的成分随时间变化，尺寸排阻色谱法（SEC）和反应监测就需要进行实时测量实验。测量的时间必须相对于浓度变化时间来说很短。如果溶液浓度处于平衡状态，则有更多时间应用 2D 核磁共振方法分离其化学组分，这种区分不仅是物理上的，还包括其二维核磁共振谱图信号。

4.1.3 延伸阅读

［1］ Guthausen G. Produkt-und Prozesscharakterisierung mittels NMR-Methoden. Berlin：Logos-Verlag；2012.

［2］ Dalitz F，Cudaj M，Maiwald M，Guthausen G. Process and reaction monitoring by low-field

NMR spectroscopy. Prog Nucl Magn Reson Spectr. 2012；60：52-70.

［3］ Callaghan PT. Translational Dynamics & Magnetic Resonance：Oxford：Oxford University Press；2011.

［4］ Cudaj M；Guthausen G，Hofe T，Wilhelm M，SEC-MR-NMR：Online coupling of size exclusion chromatography and medium resolution NMR spectroscopy. Macromol Rapid Comm. 2011；32：665-670.

［5］ Berger S，Brown S. 200 and More NMR Experiments. Weinheim：Wiley-VCH；2004.

［6］ Nordon A，McGill CA，Littlejohn D. Evaluation of low-field nuclear magnetic resonance spectrometry for at-line process analysis. Appl Spectr. 2002；56：75-82.

［7］ Johnson Jr CS. Diffusion ordered nuclear magnetic resonance spectroscopy：principles and applications. Prog Nucl Magn Reson Spectrosc. 1999；34：203-256.

［8］ Maciel G. NMR in industrial process control and quality control. In：Maciel GE, Nuclear Magnetic Resonance in Modern Technology. Dordrecht：Kluwer Academic；1994，pp. 295-275.

4.1.4 理论

溶液成分的识别方法有：物理分离（例如尺寸排阻色谱）、化学分异和测量不同分子的信号。这取决于混合物的复杂性，任何方法都不可能实现成分分子的完全分离和识别，因此将不同方法组合有助于改善分辨率并分离相似分子。谱分析技术对化学结构敏感，特别是核磁共振波谱对化学结构细节有突出的敏感度，但其对质量的敏感度较低。虽然永久磁体的低场核磁共振远不及高场核磁共振敏感，但它能通过液体核磁共振波谱的化学位移、多重谱线分裂和多重谱线积分为确定混合物中的不同分子提供信息。

上述这些信息是纯化学成因的，此外还能与物理成因的核磁共振参数相结合。这些参数首先是横、纵向弛豫时间和平移自扩散因子。对于不随时间改变的样品来说，可在第二个维度上分离出弛豫时间和扩散因子的分布，通过核磁共振谱第二个维度上的相似弛豫速率和扩散因子来识别相同分子的共振线。扩散排序谱（DOSY）是一种很流行的方法，而弛豫排序谱（ROSY）使用并不广泛。由于低场 2D 核磁共振方法需要更长的测量时间，不能实时监测组分变化的溶液，所以经典 1D 单脉冲核磁共振波谱是默认选择的方法（见 3.4.7 节）。

4.1.5 硬件

绝大多数流体可以装入样品管或输送穿过封闭型磁体（例如 Halbach 磁体）的管线。因此，流体分析首选敏感区大于 NMR-MOUSE 的高敏感度封闭型磁体，但有时需要用 NMR-MOUSE 在不打开包装的情况下检测密封容器内的物质。这时需要考虑其杂散场 20T/m 梯度下的扩散形成的信号衰减。溶液研究用的封闭型磁体包括具有适合核磁共振波谱和弛豫测量的高均匀度磁场的磁体 [图 4.1.1(a)] 和具有仅适合弛豫测量的轻度弱非均匀磁场的磁体 [图 4.1.1(b)]。DOSY 核磁共振实验需要梯度脉冲。这种脉冲容易在磁体内靠近梯度线圈的金属部件中产生涡流。因此没有铁极轭的磁体在使用脉冲梯度场的研究中效果更好。

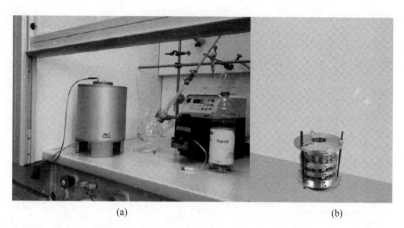

图 4.1.1　溶液研究所用桌面核磁共振仪器。(a) 具有匀场单元的 40MHz Halbach 磁体在线测量流经磁体中心的溶液波谱和 DOSY 实验；(b) 研究扩散和弛豫的简单 Halbach 磁体

4.1.6　脉冲序列和参数

常规[1]H 核磁共振测量使用第 3.4.6 节图 3.4.3(a) 中的单脉冲激发序列。在实时核磁共振测量中，取决于浓度变化速度，需要将叠加次数控制为最小。在高浓度时，一次测量就可能获得足够高的信噪比。1D 波谱的默认采集参数值分别如表 3.4.1（有数字滤波）和表 2.7.1（无数字滤波）所示。对于实时测量，如果信噪比够高，扫描次数 n_s 应该设置为 1。

4.1.7　初级测量

小型核磁共振波谱可直接实时监测化学反应过程，测量时让反应器流体流过穿过磁体的管路。在此应用中，小型核磁共振谱仪更有吸引力的原因有两个。其一，可将设备放置在通风橱中靠近反应器的地方，这样能用核磁共振更简便地监测危险反应 [图 4.1.1(a)]。其二，磁体更小，需要的进料管线相比高场磁体要短。除非确定是活塞流，否则短进料管对高时间分辨率来说至关重要。因为在层流条件下，管线中心的分子要比靠近管壁的分子流动更快。管线越长，则在到达核磁共振探头中心进行测量时，就有更多从反应器泵入到管线中的流体沿着管线散布。

下面介绍 ^{1}H 核磁共振波谱在通风橱中观察植物油转换为脂肪酸甲酯（生物柴油）的酯基转移作用 [图 4.1.2(a)]。该反应可用单次扫描谱进行跟踪，每个波谱耗时 10s [图 4.1.2(b)]。利用观察化学位移和谱线强度随时间的变化来跟踪反应过程。链长、饱和度、脂肪酸甲酯浓度、不同原料得到的酯基结构都会影响生物柴油的氧化和保存等性能。利用低场 ^{1}H 核磁共振波谱可以区分不同的生物柴油结构 [图 4.1.2(c)]。在谱分析数据挖掘技术的帮助下，可定量确定主要成分；在化学计量方法的帮助下，利用低场核磁共振谱可确定转换反应的发生。

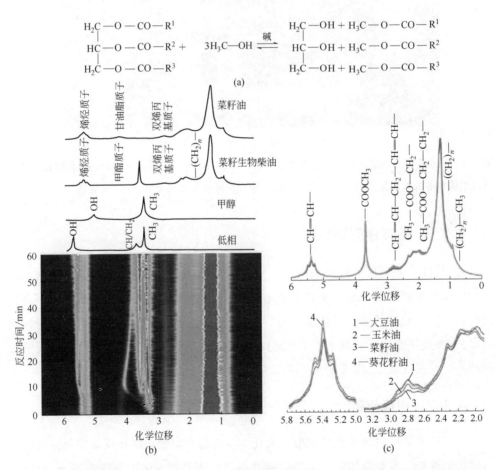

图 4.1.2　生物柴油的 ^{1}H 核磁共振波谱。(a) 含由脂肪酸链 R^1、R^2 和 R^3 的脂肪的酯基转移作用。使用甲醇的碱催化反应产生甘油三酸酯（下相）和生物柴油（上相）。(b) 采用单次扫描谱 (10s/次) 实时观测到的菜籽油的酯基转移反应过程中 ^{1}H 核磁共振谱演化（底部），以及析出物和产物谱（顶部）。(c) 大豆油、玉米油、菜籽油和葵花籽油产生的生物柴油谱

除了 1D 波谱的常见问题，化学反应监测面临的挑战见表 4.1.1。化学反应监测需要反应流体穿过磁体，采用连续流动或停流操作。在测量流动样品时，谱线变宽程度正比于流速。反应混合物浓度的变化时间应该长于一个波谱的测量时间（含信号累加平均）。两次测量之间的循环延迟可以缩短为测量区域流体更换时间。但是每个谱的扫描次数必须足够高，以便能够探测有疑问的反应物（educt）、反应中间物和产物。

表 4.1.1　实时核磁共振波谱的常见问题

——反应进行太快，用流动核磁共振波谱无法测量
——反应物、反应中间物和产物的浓度太低，少量扫描探测不到
——反应混合物穿过磁体的速度太快，导致谱线变宽、磁化量低于热平衡状态
——两次测量间的循环延迟长于样品区流体更换时间，可缩短为 $t_R < T_1$

4.1.8　高级测量

(1)　尺寸排阻色谱与 ^{1}H 核磁共振波谱组合技术

尺寸排阻色谱与高分辨率 ^{1}H 核磁共振波谱的组合能识别色谱图上的不同组分。然而，高成本和高维护阻碍了这对强大组合的广泛应用。基于永久磁体的桌面 ^{1}H 核磁共振谱仪成本仅为高场仪器的几分之一，而且基本不需要维护，所以被开发成为凝胶渗透色谱法中的探测器。

在这个方案中，分离柱的流出物穿过核磁共振谱仪的磁体，在洗出液流过核磁共振线圈的过程中采集 ^{1}H 核磁共振谱。如果不让流动停止来进行信号累加，则面临的挑战是将溶剂信号压制到足够水平，以便在馏分经过线圈的时间内探测 ^{1}H 核磁共振谱。溶剂信号可能比溶质信号强 1000 倍。但如果将流速、脉冲序列和后续数据处理方法最优化，就能探测到溶质信号。对于模型聚合物溶液，利用色谱法分离分子量、利用低场 ^{1}H 核磁共振波谱识别化合物的方法已在 20MHz 下证明可行。

来自 20mm×300mm 制备尺寸排阻柱的洗出液以 1mL/min 的流速流过 PTFE 管，进入核磁共振探头中 13mm 长、3mm 宽的敏感区。流体暴露在磁场中有 62mm 长，能够得到纵向磁化。由于溶质的纵向弛豫时间 T_1 短于溶液的，溶质的磁化量接近最大值时，溶液的磁化量受到部分压制。利用氩气消除溶液中溶解的氧，能够增强溶液的 T_1 弛豫时间。CHCl$_3$ 中浓度为 10g/L 的聚甲基丙烯酸甲酯（PMMA）的总测量时间约为 60min。

SEC-NMR 波谱法（图 4.1.3）的脉冲序列采用测量 T_1 弛豫时间的饱和恢复

序列［图 3.2.2(a)］。首先用一系列 90°脉冲破坏掉纵向磁化量，再接一个固定的循环延迟 t_0。选择一个较小的 t_0（例如 300ms），只让溶质信号得到恢复，溶液信号仅恢复一点。然后用一个 90°检测脉冲将形成的纵向磁化量转换为横向磁化量供 FID 采集。每个饱和步骤采集和叠加 32 个 FID 信号。如果知道溶质的弛豫时间 T_1，可将监测脉冲的扳转角设置成恩斯特（Ernst）角［式(2.7.1)］。溶液的信号进一步采用短循环延迟（t_R＝100ms）来抑制。

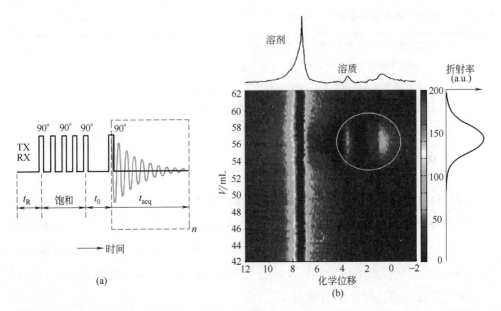

(a)

(b)

图 4.1.3　尺寸排阻色谱和 ^{1}H 核磁共振波谱（20MHz）组合技术。(a) 利用饱和恢复脉冲序列激发，其中恢复延迟为 t_0、循环延迟为 t_R，单个饱和恢复循环采集 n_s＝32 个 FID 用于信号叠加。(b) CHCl$_3$ 溶液中 10g/L 的 PMMA 溶质的波谱。PMMA 的数均分子量为 M_n＝2.19kg/mol，多分散性指数为 1.12。PMMA 信号出现在洗出液体积 54～58mL 处，此处对应的洗出液折射率达到了最大值

正确优化后的低场核磁共振谱［图 4.1.3(b)］确实能在体积范围 54～58mL 识别出析出液，PMMA 的脂肪质和甲氧基质子在幅度坐标上清晰可见，其信号占剩余溶液峰值幅度的 25%。对采集的数据进行数字滤波，还能进一步压制溶液信号。这显示出在良好的条件下，低场核磁共振波谱足够敏感，能够用于低浓度条件下实时探测物质种类。

（2）扩散排序谱：DOSY

在均匀场中常用脉冲场梯度测量扩散。测量扩散至少需要两个梯度脉冲，一个标记分子的初始位置，另一个在时间 Δ 之后标记分子的最终位置。两个梯度脉冲分别位于 Hahn 回波或受激回波间隔的前、后部分，提供有效磁场梯度 G 和 $-G$，

这时回波幅度不仅受弛豫衰减，还受时间 Δ 内沿梯度方向的分子扩散而衰减［图 3.2.5(f)］。回波间隔内的弛豫对信号的衰减常常可以忽略，因此只存在扩散对信号的衰减：

$$s(G) = s(0) \exp[-(\gamma G \delta)^2 D(\Delta - \delta/3)] \qquad (4.1.1)$$

通过不同梯度幅度 G 下的多次测量数据，利用式(4.1.1) 可以根据回波幅度的衰减得到扩散系数。还可以对衰减曲线做逆拉普拉斯变换得到扩散系数的分布。利用 DOSY，可对波谱中的每条谱线测量这样的衰减。2D 数据体的 1D 拉普拉斯变换并不复杂，文献中已公开发表了不同的解决方案。

DOSY 实验基于的是单脉冲波谱实验［图 3.4.3(a)］，通过扩散过滤机制准备要记录的磁化量，采用信号叠加平均和相位循环重复不同扩散编码梯度下的脉冲序列。DOSY 脉冲序列有许多变形。一种常用的脉冲序列基于的是受激回波［图 3.2.5(f)］，其回波间隔为 t_E，脉冲场梯度持续时间为 δ。分子经历时间 Δ 的扩散，其最初和最终位置分别由场梯度脉冲编码，延迟 t_z 后在采集时间 t_{acq} 内记录信号。在延迟 t_z 中，回波暂时保存为纵向磁化量，以便让梯度振铃衰减完毕。

DOSY 的采集参数见表 4.1.2。最少相位循环 16 步［图 4.1.4(b)］，每个梯度值需要至少 $n_s = 16$ 次扫描。通常测量大约 16～32 个梯度值。最大梯度值 G_{max} 取决于扩散时间 Δ。Δ 越大，G_{max} 越小，将采集信号衰减到没有扩散编码情况下的百分之几。

表 4.1.2　测量流体 ^{1}H NMR DOSY 谱图的参数

参　　数		参　　数	
发射频率 v_0	42MHz	采集时间 t_{acq}	4s
90°脉冲幅度	−6dB(10W)	数据点数 n_{acq}	2000
90°脉冲长度 t_p	10μs	扩散时间 Δ	20ms
采样间隔 Δt	2ms	梯度脉冲宽度 δ	2ms
循环延迟 t_R	6s	梯度步数 n_G	32
扫描次数 n_s	16	最大梯度 G_{max}	1T/m
回波间隔 t_E	5ms		

水和丙酮的混合物的信号衰减量随着梯度脉冲强度增加的变化如图 4.1.5(a) 中谱线所示。每个谱峰的信号幅度积分按式(4.1.1) 衰减，因此归一化信号幅度的对数与扩散系数 D 呈线性变化关系，根据曲线的斜率就能确定扩散系数 D。利用 DOSY 核磁共振方法可通用化处理，将按观测时间 t_{acq} 和梯度强度 G 采集到的原始数据变换成以化学位移 δ 与扩散系数 D 为坐标的二维图谱［图 4.1.5(c)］，实现分离化学位移重叠而扩散系数不同的组分。

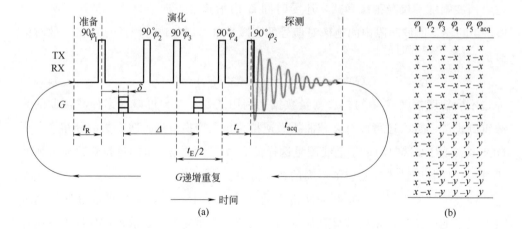

图 4.1.4　DOSY NMR。（a）脉冲序列。利用一个受激回波和两个面积相等的脉冲场梯度进行扩散编码，两个脉冲场梯度用于标记扩散分子的初始和最终位置。引入延迟 t_z 让梯度振铃衰减完毕。采用不同的脉冲场梯度幅度 G 重复实验来探测磁化量在扩散作用影响下的演化过程。注意在均匀磁场中可以使用恒定幅度的射频脉冲，这时 180°脉冲的长度是 90°脉冲的两倍。（b）最少相位循环

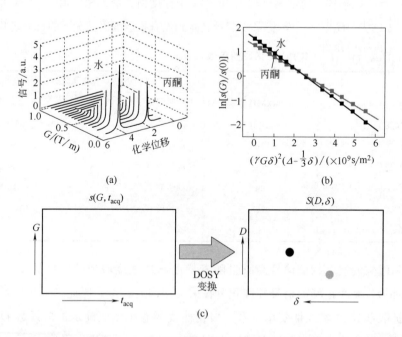

图 4.1.5　DOSY NMR 的原理。（a）水和丙酮的扩散过滤加权核磁共振波谱，采用受激回波脉冲序列和脉冲场梯度［图 4.1.4(a)］采集（$t_z = 0$）；（b）核磁共振谱峰积分的对数与梯度强度 G 的平方的关系，其斜率为扩散系数 D；（c）将实验数据转换为 DOSY 谱的 DOSY 变换示意图

4.1.9　数据处理

核磁共振实时应用和 DOSY 实验数据的处理方法与常规自由感应衰减一样，都处理为波谱（第3.4.9节），主要步骤为傅里叶变换和相位校正。根据波谱图中的谱峰化学位移、多重谱分裂和多重谱积分等信息可以得到溶质分子的化学结构。低场条件下的较小化学位移差异，信号采集期间的自旋流动造成的谱线变宽让分析变复杂。核磁共振检测应用中，在不同时间采集得到了许多相似的数据，信息就蕴藏在它们之间的异同点之中。为了对比数据，要应用统计学数据分析技术。在化学分析领域中，这些方法称为化学计量。

与不同的样品具有相似的波谱相反，原始 DOSY 数据来自同一个样品，不同的数据记录通过扩散过程关联在一起。原始 DOSY 数据要用 DOSY 变换转换成 DOSY 谱图。这个变换将横向磁化量 s（检测脉冲后的时间 t_{acq} 和脉冲梯度幅度 G 的函数）转换成 DOSY 谱图 S（频率或化学位移 δ 以及扩散系数 D 的函数）［图 4.1.5(c)］。

$$s(G, t_{acq}) \rightarrow S(D, \delta) \tag{4.1.2}$$

DOSY 谱图由一组一维核磁共振谱线组成，每条谱线对应不同的扩散系数。虽然这个沿时间轴 t_{acq} 的傅里叶变换和沿梯度轴 G 的逆拉普拉斯变换看起来比较直接，但存在实验噪声条件下逆拉普拉斯变换的不稳定性以及分子结构和扩散引起的数据的二维关联性，共同发展出了高级 DOSY 变换算法。

4.1.10　参考文献

［1］ Guthausen G，Garnier A，Reimert R. Investigation of hydrogenation of toluene to methylcyclohexane in a trickle bed reactor by low-field Nuclear Magnetic Resonance Spectroscopy. Appl Spectr. 2009；63：1121-1127.

［2］ Bayer E，Albert K，Nieder M，Grom E，Wolff G，Rindlisbacher M. On-line coupling of liquid chromatography and high-field nuclear magnetic resonance spectrometry. Anal Chem. 1982；54：1747-1750.

［3］ Küster SK，Casanova F，Danieli E，Blümich B. High-resolution NMR spectroscopy under the fume hood. Phys Chem Chem Phys. 2011；13：13172-13176.

［4］ McGill CA，Nordon A，Littlejohn D. Comparison of in-line NIR，Raman and UV-visible spectrometries，and at-line NMR spectrometry for the monitoring of an esterification reaction. Analyst. 2002；127：287-292.

［5］ Nordon A，Meunier C，Carr RH，Gemperline PJ，Littlejohn D. Determination of ethylene oxide content of polyether polyols by low-field 1H nuclear magnetic resonance spectrome-try. Anal Chim Act. 2002；472：133-140.

［6］ Vargas MA，Cudaj M，Hailu K，Sachsenheimer K，Guthausen G. Online low-field 1H NMR spectroscopy：Monitoring of emulsion polymerization of butyl acrylate. Macromolecules. 2010；43：5561-5568.

［7］ Garro Linck Y，Killner M，Danieli E，Blümich B. Mobile low-field NMR spectroscopy for biodiesel analysis. Applied Magn Reson. 2013；44：41-53.

［8］ Cudaj M，Guthausen G，Hofe T，Wilhelm M. SEC-MR-NMR：Online coupling of size exclu-sion chromatography and medium resolution NMR spectroscopy. Macromol Rapid Com-mun. 2011；32：665-670.

［9］ Cudaj M，Guthausen G，Hofe T，Wilhelm M. Online coupling of size exclusion chromatogra-phy and low-field 1H-NMR spectroscopy. Macromol Chem Phys. 2012；18：1933-1942.

［10］ Alam TM，Alam MK. Chemometric analysis of NMR spectroscopy data：A review. Ann Rep NMR Spectr. 2005；54：41-80.

［11］ Morris KF，Johnson CS. Diffusion-ordered two-dimensional nuclear magnetic resonance spectroscopy. J Am Chem Soc. 1992；114：3139-3141.

［12］ Nielson M，Morris GA. Speedy component resolution：An improved tool for processing dif-fusion-ordered spectroscopy data. Anal Chem. 2008；80：3777-3782.

［13］ Stilbs P. Diffusion studied using NMR spectroscopy. In：Encyclopedia of Spectroscopy and Spectrometry. Lindon JC，Tranter GE，Holmes JL，editors. London：Academic Press；1999. pp. 369-375.

4.2 乳状液

4.2.1 简介

乳状液是不混溶流体的分散相混合物。乳状液在食品、化妆品、化学工业处理、药学和石油采收中经常遇到。流动性质、结构和保质期是乳状液的重要性质，这些性质与分散在连续相中的不连续相滴径分布存在固有联系。微乳状液的液滴直径在 100nm 以下，粗乳状液的液滴直径在 100nm～100μm 之间。微乳状液的热力学性质比粗乳化液更稳定，因为粗乳状液中的液滴易于结合。这一过程称为奥斯特瓦尔德成熟（Ostwald ripening），最终形成两种分散相流体。乳化剂或表面活性剂可稳定两相之间的界面，减慢成熟过程。在工业中，粗乳状液相比微乳状液更常见，水包油（o/w）和油包水（w/o）乳状液是最常遇到的两种类型。如果一种纯净的液滴相分散在另一相中，称为单分散乳状液。在多重乳状液中，液滴自身就是两相或多相复杂系统。

4.2.2　目标

利用核磁共振研究乳状液的主要目的是估算滴径分布。透明乳状液可用激光衍射和光子关联光谱技术进行研究，但绝大多数乳状液是不透明的，需要用超声技术、显微镜或核磁共振进行研究。脉冲场梯度（PFG）核磁共振是研究单分散乳状液并获得滴径分布方程的标准手段。

4.2.3　延伸阅读

[1]　Guthausen G. Produkt- und Prozesscharakterisierung mittels NMR-Methoden. Berlin：Logos-Verlag；2012.

[2]　Hardy EH. NMR Methods for the Investigation of Structure and Transport. Berlin：Springer；2012.

[3]　Bernewitz R，Guthausen G，Schuchmann PH. NMR on emulsions：Characterisation of liquid dispersed systems. Magn Reson Chem. 2011；49：93-104.

[4]　van Dynhoven J，Voda A，Vitek M，Van As H. Time-domain NMR applied to food products. In：Webb GA，editor. Ann Reports NMR Spectroscopy 69. Burlington：Academic Press；2010. pp. 145-97.

[5]　Voda A，van Duynhoven J. Characterization of food emulsions by PFG NMR. Trends in Food Science & Techn. 2009；20：533-543.

[6]　Johns M，Hollingsworth KG. Characterization of emulsions systems using NMR and MRI. Progr Nucl Magn Reson Spectr. 2007；50：51-70.

[7]　Pena AA，Hirasaki GJ. Enhanced characterrization of oilfield emulsions via NMR diffusion and transverse relaxation experiments. Adv Coll Interf Sci. 2003；105：103-150.

4.2.4　理论

绝大多数技术乳状液的滴径分布 $P(r)$ 可用对数高斯分布模型表示

$$P(r)=1/[r\sigma(2\pi)^{1/2}]\exp\{-[\ln(r/\langle r \rangle)]^2/(2\sigma)^2\} \qquad (4.2.1)$$

式中，r 为液滴半径；$\langle r \rangle$ 为液滴半径平均值；σ 为标准偏差。此外也有其他分布方程可以考虑。滴径分布由实验观测到的信号衰减与模型分布的对比来确定。

假设直径为 $d=2r$ 的单孔中的受限扩散信号衰减用式(4.1.1) 表示,其中扩散系数 D 的取值与孔隙大小有关,则分布 $P(r)$ 对应的归一化信号衰减为:

$$s_d(\delta,G,\Delta,D,\langle r \rangle,\sigma)/s_d(\delta,0,\Delta,D,\langle r \rangle,\sigma)$$

$$=\int_0^\infty P(r)s_d(\delta,G,\Delta,D,\langle r \rangle,\sigma)r^3\mathrm{d}r / \int_0^\infty P(r)s_d(\delta,0,\Delta,D,\langle r \rangle,\sigma)r^3\mathrm{d}r \quad (4.2.2)$$

式中,脉冲序列参数包括梯度脉冲宽度 δ、梯度幅度 G、扩散时间 Δ。通过扩散实验,按式(4.2.2) 拟合观测到的归一化信号,就能得到模型分布中的参数 $\langle r \rangle$ 和 σ,进而确定整个分布。该方法假设扩散发生在球形孔中,孔隙壁不可渗透,也不引起磁化量弛豫,而且磁化量相位为高斯分布。对于较窄的分布来说,可在信号衰减中观察到衍射作用。

4.2.5 硬件

乳状液常通过观测带有分子自扩散编码的弛豫衰减来研究,这种测量不需要高度均匀磁场。常用的仪器配备中度均匀磁场的磁体和脉冲场梯度 [图 4.2.1(a)]。此外,还有利用恒定磁场梯度来探测扩散的条形磁体 NMR-MOUSE 等简单杂散场传感器 [图 4.2.1(b)],以及配备高度均匀磁场的磁体来获得[1]H 谱化学位移的谱仪 [图 4.2.1(c)]。后者通过测量一系列扩散加权的核磁共振谱确定滴径分布,是最方便的方法。

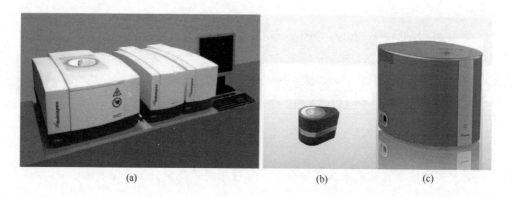

(a)　　　　　　　　　　(b)　　　　(c)

图 4.2.1　测量滴径分布的仪器。(a) Bruker 公司的 Minispec,配备中度均匀场的温控磁体、梯度单元和射频单元;(b) 用于检测包装产品的 NMR-MOUSE;(c) Magritek 公司的小型谱仪,配备高度均匀场的温控磁体,测量[1]H 核磁共振波谱化学位移

4.2.6　脉冲序列和参数

确定滴径分布的最佳脉冲序列是 DOSY 序列（图 4.1.4），^{1}H 核磁共振波谱中的每条谱线都得到一条扩散曲线，通过 ^{1}H 核磁共振波谱的化学位移识别乳状液中不同相态的化合物。许多低场核磁共振仪器的磁体并不适合区分化学位移，因此需要在进行扩散测量之前，利用弛豫或扩散过滤加权来压制连续相的核磁共振信号。

T_1 弛豫加权对油包水乳状液的效果较好（图 4.2.2）。使用时，必须先确定连续油相的纵向弛豫时间 T_{1o}（第 3.2.6 节）。反转恢复序列中的恢复时间 t_o 设置为让油相的纵向磁化量与零基线交叉，例如 $t_o = T_{1o} \ln 2$。由于水液滴的纵向弛豫时间 T_{1w} 与 T_{1o} 不同，水的纵向磁化量保留了下来，然后用脉冲场梯度和受激回波探测相关分子的扩散。脉冲序列扩散部分的基础参数与 DOSY 测量一致（表 4.2.1）。常用中度非均匀磁场的磁体和短回波间隔 t_{E2} 的 CPMG 脉冲序列进行探测。测量水包油乳状液时需要压制水的信号。这时 T_1 弛豫加权的效果不好，可用扩散加权［图 4.2.2(b)］或 T_2 弛豫加权［图 4.3.1(b)］代替。对于食品乳状液，典型的测量时间约为 10min/样。

如果可以得到化学位移，就不一定要压制连续相的信号，因为两种不混溶相的信号将出现在不同的化学位移上。同样，可采集简单的 FID 或 DOSY 脉冲序列（图 4.1.4）代替 CPMG 回波串。DOSY 的数据可简单处理为不同梯度强度下的波谱［图 4.1.5(a)］，根据式（4.2.2）分析谱峰积分的衰减与梯度强度的关系。

4.2.7　初级测量

依据不具备波谱分辨能力的扩散曲线计算滴径分布时，必须用弛豫加权或扩散加权来压制连续相的信号，这利用的是两相流体分子的弛豫或扩散差异（图 4.2.2）。这些加权机制的参数很大程度上取决于样品，在开展确定滴径分布的弛豫测量之前，要预先考察特定样品的性质才能设置。

在核磁共振波谱中，两相流体的信号通常容易分离，因为性质差异较大的化合物信号出现在不同的化学位移上。对于水包油乳状液，油和水的信号在 ^{1}H 核磁共振谱上分离较好［图 4.2.3(a)］。因此，在具备波谱分辨能力的实验中，可分别对其谱峰积分，将得到的相对幅度按磁场梯度脉冲强度画出［图 4.2.3(b)］。许多食品乳状液中的油滴信号随梯度幅度 G 的增加而衰减的速度要慢于纯油信号（这时扩散长度不受孔隙大小限制）。

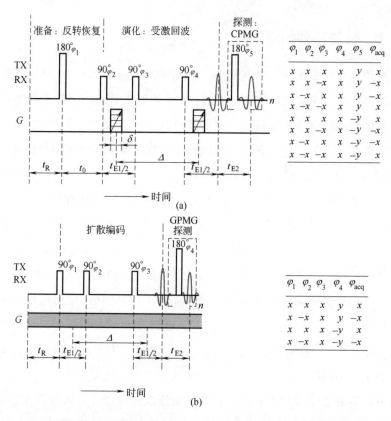

图 4.2.2 利用扩散编码和 CPMG 确定乳状液滴径分布的脉冲序列和最小相位循环。(a) 用于油包水乳状液的脉冲场梯度方法。在准备阶段，用反演恢复序列通过调节恢复时间 t_0 使连续相的纵向磁化量与零基线交叉，从而压制连续相信号。在演化时间中，探测施加不同脉冲场梯度幅度 G 时的 CPMG 衰减。(b) 用于水包油乳状液的固定场梯度方法。由于扩散不受限制，固定梯度下的连续相信号衰减很快。通过改变扩散时间 Δ 在 CPMG 信号中进行扩散编码

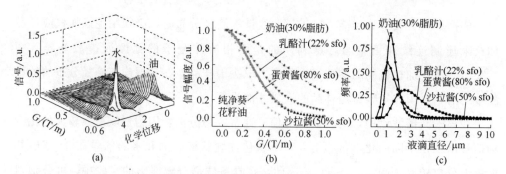

图 4.2.3 利用 42MHz 扩散加权 ^{1}H 核磁共振波谱确定水包油乳状液的滴径分布。(a) 色拉酱调料的扩散加权 ^{1}H 核磁共振波谱与脉冲场梯度幅度 G 的关系，这里使用了受激回波，扩散时间 $\Delta = 0.5$s，每个谱采集了两次；(b) 不同乳状液中的油的共振谱线积分幅度衰减与梯度 G 的关系；(c) 基于对数高斯分布模型，根据衰减曲线得到的油相滴径分布

利用核磁共振扩散加权谱确定滴径分布时，回波间隔要设置得足够大，以容纳梯度脉冲及其振铃（表 4.2.1）。此外，梯度脉冲需要较好的平衡，例如时间积分相同和符号相反。由于扩散系数对温度很敏感，测量期间要保持乳状液的温度恒定。

表 4.2.1　测量乳状液时的常见问题

——液滴浓度较低，需要较高的扫描次数
——扩散测量期间，样品温度发生变化
——梯度脉冲不平衡
——回波间隔 t_E 太短，在探测跨孔隙直径的扩散位移使用较高脉冲幅度时，不适应梯度脉冲的振铃时间
——循环延迟设置太短，分散相的纵向磁化量在两次测量之间未能恢复

4.2.8　高级测量

(1) 双重乳状液

乳状液的结构除了一种流体液滴嵌入另一种连续相流体中，还有更加复杂的结构。双重乳状液中的液滴自身就是微乳状液，而粗乳状液的连续相作为液滴嵌入到原来粗乳状液的分散相液滴中。这种方式还能发展成多重乳状液。如果仅有两种流体，连续相的分子可能与嵌入在其他相中的分子发生交换。当不存在交换时，由于非受限和受限扩散的不同，连续相和微滴信号的衰减也不同。在磁场梯度中，受限扩散产生的信号衰减更小。因此，在分析时可以丢弃测得信号的初始部分，通过分析其长尾部信号将连续相的信号排除在外。当存在两种环境中的分子交换时，将无法区分这两种环境。如果满足分子交换速度快于测量的条件，平均信号将按单指数方程衰减。

(2) NMR-MOUSE 研究乳状液

确定滴径分布是基于观测悬浮液中分散相的分子扩散。由于杂散场核磁共振便于测量扩散，可用 NMR-MOUSE 等单边核磁共振传感器研究乳状液。为此，必须利用已知扩散系数的流体（例如水）通过刻度实验得到传感器的恒定梯度。由于这类梯度很大（一般为 20T/m 量级），扩散（而非弛豫）在信号衰减中起支配作用。相对于低扩散系数组分，高扩散系数组分的自由感应信号或回波幅度衰减更快。因此，在强磁场梯度下，纯水信号的衰减快于纯油信号的衰减 [图 4.2.4(b)]，这与均匀场中的情况不同。在均匀场中，弛豫（而非扩散）在信号衰减中起支配作用，油的信号衰减快于水的信号的衰减 [图 4.2.4(a)]。

由扩散引起的信号衰减差异可用于区分水包油乳状液中的油、水信号，采取简

单地截掉扩散编码信号中的初始快衰减部分，分析剩余的慢衰减部分〔图 4.2.4 (c)〕。在 NMR-MOUSE 的恒定梯度场中，通过改变扩散时间 Δ 就能用简单的受激回波对扩散编码〔图 4.2.2(b)〕。随后用短回波间隔的 CPMG 序列探测带有扩散编码的受激回波。在 NMR-MOUSE 上用这种方法得到意大利色拉酱和酸奶色拉酱调料的滴径分布，与均匀场中用脉冲场梯度和 DOSY 波谱探测的结果〔图 4.2.4 (d)〕吻合得很好。

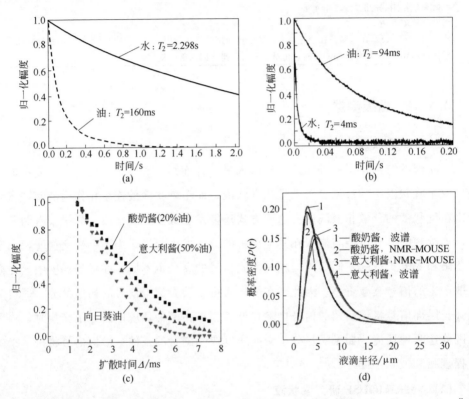

图 4.2.4 利用杂散场核磁共振测量滴径分布。油和水在 (a) 均匀场和 (b) NMR-MOUSE 非均匀场中的自由感应衰减。(c) 在 NMR-MOUSE 上利用改变扩散时间 Δ 的受激回波和 CPMG 探测得到的归一化信号。连续相的信号在曲线初始阶段衰减完毕 (Δ<1.3ms)。(d) 均匀场波谱探测与 NMR-MOUSE 探测得到的滴径分布的对比

4.2.9 数据处理

在核磁共振谱中，将不同梯度幅度 G 对应的分散相谱线信号积分并提取出来。把这些曲线按施加零梯度时的初始值进行归一化，并将这些曲线的对数值按照式 (4.2.2) 的对数高斯分布衰减进行模拟匹配。根据匹配的模型得到滴径分布〔式

(4.2.1)〕中的均值 $\langle r \rangle$ 和标准偏差 σ，进而重建每种乳状液的滴径分布〔图 4.2.3(c)〕。图 4.2.3(b) 和图 4.2.3(c) 的对比结果表明，较大液滴的乳状液要比较小液滴的乳状液的信号衰减更快。采用化学计量方法将大量数据中的相似信号分组，进而识别不同的乳状液产品和处理方法。

4.2.10 参考文献

[1] Wolf F，Hecht L，Schuchmann HP，Hardy EH，Guthausen G. Preparation of W1/O/W2 emulsions and droplet size distribution measurements by pulsed-field gradient nuclear magnetic resonance (PFG-NMR) technique. Eur J Lipid Sci Tech. 2009；111：723-729.

[2] Guan XZ，Hailu K，Guthausen G，Wolf F，Bernewitz R，Schuchmann HP. PFG-NMR on W1/O/W2-emulsions：Evidence for molecular exchange between water phases. Eur J Lipid Sci Tech. 2010；112：828-837.

[3] Pedersen HT，Ablett S，Martin DR，Mallett MJD，Engelsen SB. Application of the NMR-MOUSE to food emulsions. J Magn Reson. 2003；165：49-58.

4.3 悬浮液

4.3.1 简介

悬浮液是包含两种或更多相态的液体，其中至少有一种微小固相颗粒悬浮在连续的液相之中。由于液相和固相的弛豫时间差别很大，所以两种相态较容易区分。根据固相和液相不同弛豫时间的贡献，还能通过核磁共振信号确定其含量。利用其扩散系数、扩散系数-弛豫时间关联分布的差异还能确定更复杂的结构。

4.3.2 目标

悬浮液常常出现在加工食品和脂肪中。脂肪是甘油三酸酯，即丙三醇（甘油）的三酸酯和一些脂肪酸。取决于脂肪酸的类型，它们在室温下可呈液态或固态。食品工业中很关心固体脂肪含量（SFC），核磁共振是确定 SFC 的有效方法。事实上，核磁共振是美国石油化学家协会（AOCS）的官方方法（Cd 16b—93），也是 ISO 8292-1 和 ISO 8292-2 标准中规定的 SFC 测量方法。此外，人们还开发出首台用于确定相对氢核总量的固体脂肪含氢量（即 SFC）的桌面核磁共振仪器。其他固相混合物（例如糊状和黏稠状食品）和完整的植物也能用类似的方法来分析。

4.3.3 延伸阅读

[1] Guthausen G. Produkt-und Prozesscharakterisierung mittels NMR-Methoden. Berlin：Logos-Verlag；2012.

[2] Voda A, van Duynhoven J. Characterization of food emulsions by PFG NMR. Trends in Food Science & Techn. 2009；20：533-543.

[3] Song YQ. A 2D NMRmethod to characterize granular structure of dairy products. Prog Nucl Magn Reson Spectr. 2009；55：324-334.

[4] Trezza E, Haiduc AM, Goudappel GJW, van Duynhoven JPM. Rapid phase compositional assessment of lipid-based food products by time domain NMR. Magn Res Chem. 2006；44：1023-1030.

[5] Todt H, BurkW, Guthausen G, Guthausen A, Kamlowski A, Schmalbein D. Quality control with time-domain NMR. Eur J Lipid Technol. 2001；103：853-840.

[6] Maciel G. NMR in industrial process control and quality control. In：Maciel GE, editor. Nuclear Magnetic Resonance in Modern Technology. Dordrecht：Kluwer Academic；1994. pp. 295-275.

[7] Gribnau MCM. Determination of solid/liquid ratios of fats and oils by low-resolution pulsed NMR. Trends in Food Science & Technology. 1992；31：186-190.

4.3.4 理论

在流体相中，自旋之间的偶极-偶极作用被分子的快速各向同性运动均化为零。在固体相中，分子运动通常是各向异性的（例如弹性体中的交联密度链）或因为受到临近分子的限制而变慢。不受偶极-偶极作用的自旋在均匀磁场中的自由感应衰减较慢，使弛豫时间 T_2^* 较长。通过偶极-偶极作用与其他自旋相耦合的自旋，FID 衰减较快，T_2^* 较短。同时包含固相和液相组分的样品，其单脉冲响应（或 FID）是快衰减固相组分和慢衰减液相组分之和。快衰减的幅度 a_{fast} 正比于固态中的氢核数量，慢衰减的幅度 a_{slow} 正比于液相中的氢核数量。脂肪的相对幅度 $a_{fast}/(a_{fast}+a_{slow})$ 能够计算固体脂肪含量 SFC。

由于固相和液相的弛豫时间差异很大，通过分析激发脉冲的核磁共振响应时域信号可将二者较好地区分。相分离流体的混合物分析也可采用相同方法，例如可以通过弛豫分析方法得到沙拉酱中的含油量（第 4.2 节）。聚合物中的塑化剂、种子中的油、相分离共混聚合物中的组分以及半结晶聚合物的结晶度，都可以用弛豫分析来量化计算。

4.3.5 硬件

研究悬浮液需要的硬件与研究乳状液的相同，封闭式均匀场波谱分析磁体［图4.2.1(c)］、封闭式弱非均匀场弛豫分析磁体［图4.2.1(a)］和检测包装物品的NMR-MOUSE［图4.2.1(b)］，所有的这三类磁体均可使用。只要包装物品的内部空间始终覆盖敏感区，简单杂散场探头可不必对敏感区形状进行特别说明。测量熔化曲线时（例如测量固体脂肪含量随温度变化的情况时）需要温度控制。

4.3.6 脉冲序列和参数

绝大多数测量混合物组分含量的实验（例如固体脂肪含量以及水包油乳状液的含油量）将样品放在封闭式磁体中进行［图4.2.1(a) 和（c)］。依据磁场的均匀性，有两种测量方案。①均匀场方法。测量FID［图4.3.1(a)］，将FID信号分解成快、慢两个衰减，分别对应于固相和液相或油和水的信号贡献。此外，更简单的方法是分两次测量信号幅度。第一次直接在射频脉冲后采集样品中所有氢核的信号贡献；另一次在固相组分信号衰减完毕时，仅测量可动液相的氢核信号贡献。②弱非均匀场方法。测量回波信号幅度，调节回波间隔，利用回波时间 t_E 前半部分的弛豫来压制固态或黏稠组分的信号［图4.3.1(b)］。

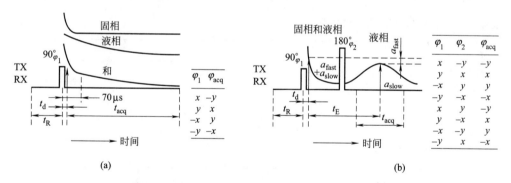

(a)   (b)

图4.3.1　基于弛豫时间差异的直接法做组分分析的脉冲序列。（a）单脉冲激发和FID，FID是快衰减和慢衰减组分信号之和；（b）在弱均匀磁场中测量所用的Hahn回波脉冲序列和全相位循环，回波间隔 t_E 可大幅调整，只有慢衰减信号组能够产生回波

这两种方法的共同问题在于，均不能精确测量所有氢原子（固相和液相氢原子之和）在零时刻的信号幅度。原因是固相信号在接收器死时间内经历了相当大的衰减。这个问题有几种不同的解决方式。第一种方法基于实验数据对信号做适当的外推，估算零时刻信号幅度（第3.1.9节）。第二种方法在脉冲之后固定的时间延迟

t_d 处测量全部信号，利用已知成分的样品建立刻度曲线，校正直接分析核磁共振实验数据时对快弛豫组分的低估。取决于实验仪器，测量水包油乳状液中的含油量 [图 4.3.1(b)] 时常选取 $t_d = 70\mu s$。在 $t_E = 3.5ms$ 时，油的信号衰减完毕，这时只存在水的信号。在悬浮液中，固相组分的信号衰减要比液相信号快很多，通常短于 $50\mu s$，所以 t_d 越短越好。为了捕获至少部分固相组分信号，取 $t_d = 11\mu s$。在弱非均匀场中，在 $70\mu s$ 处采集液相的信号幅度。

目前讨论的需要确定零时刻固相组分信号的方法叫作"直接法"。这种方法采集两个信号幅度：一个紧接首个脉冲之后（对应幅度之和 $a_{fast} + a_{slow}$）；另一个位于一段时间之后（对应幅度 a_{slow}）。经过接收器死时间衰减的校正后，根据这两个幅度值计算固体脂肪含量。"间接法"不需要将信号外推至零时刻，它通过升高温度（一般为 60℃）将样品完全熔化，在射频脉冲后 $70\mu s$ 处确定整个样品的信号幅度（对应 $a_{fast} + a_{slow}$）。

表 4.3.1 列出了适用于 FID 和回波技术（图 4.3.1）的脉冲序列参数。直接探测 FID 的回波技术只能应用于弱非均匀场中。按照图 4.2.2 中脉冲序列的概念，通过探测不止单个回波，而是探测整个 CPMG 回波串可以增强探测的敏感度。回波序列的相位循环与 Hahn 回波和 CPMG 回波串 [图 2.7.3(b)] 一致，对于单脉冲激发则对应 CYCLOPS 的相位循环 [图 2.7.3(a)]。

表 4.3.1 测量固体脂肪含量的参数

参　　数		参　　数	
核磁共振频率 v_{rf}	42MHz	循环延迟 t_R	10s
90°脉冲幅度	$-6dB(300W)$	扫描次数 n_s	8
90°脉冲长度 t_p	$5\mu s$	总信号幅度的采集延迟 t_d	$11\mu s$
采集间隔 Δt	$10\mu s$	液相 FID 的采集延迟 t_d	$70\mu s$
采集时间 t_{acq}	1ms		

4.3.7　初级测量

单脉冲激发是核磁共振中最简单的测量方法，因此用核磁共振确定悬浮液和糊状物的固态含量非常稳定准确。脂肪样品的自由感应衰减中，包含一个快速衰减组分，这个来自固相的信号在不到 $25\mu s$ 时消失了 [图 4.3.2(a)]，另一个慢衰减组分则来自液相。核磁共振信号幅度 a_{fast} 和 a_{slow} 分别在脉冲后和 $70\mu s$ 时（固相信号已基本衰减为零）测量得到。随着温度的升高，越来越多的固相组分熔化，液相组分的信号幅度随之升高。在不同温度下，根据一系列 FID 计算，并经过已知组分样品数据的刻度得到的固体脂肪含量形成"熔化曲线"［图 4.3.2(b) 和（c）］。不同脂肪的组分不同，具有不同的熔化曲线。不同核磁共振测量方法得到的熔化曲线重复性非常好。例如，样品在均匀场中的自由感应衰减［图 4.3.2(b)］和包装样品在 NMR-MOUSE 非均匀场中的 Hahn 回波［图 4.3.2(c)］。

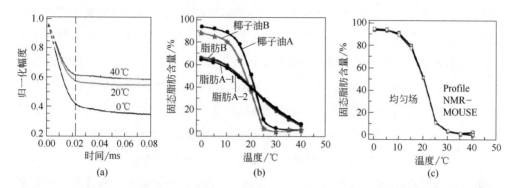

图 4.3.2　固体脂肪含量的测量。(a) 在均匀磁场中，用单脉冲激发测得的脂肪样品在不同温度下的自由感应衰减，固态组分信号在 25μs 左右衰减完毕；（b）用直接法测得的不同脂肪的固体脂肪含量随温度变化的关系，以及脂肪 A 的重复性测量结果；（c）均匀场中单脉冲激发和非均匀场（NMR-MOUSE）中的 Hahn 回波激发分别测得的熔化曲线

　　依据被研究的悬浮液和糊状物，可能有两种以上的组分信号，例如种子中的水、油和固态组分。这时需要谨慎检查表 4.3.1 中的默认测量参数。在确定固体脂肪含量时的一个关键问题是样品的热历史，在确定其绝对值时必须严格按照 ISO 8292-1 和 ISO 8292-2 控制。实验过程中需要注意的事项如表 4.3.2 所示。

表 4.3.2　测量固体脂肪含量时的常见问题

——样品温度未与周围环境达到平衡，或者样品的热历史未经标准流程处理

——需要调整 FID 测量中采集液相信号幅度的时间 t_{acq} 或者回波测量中的回波间隔 t_E，尤其是在测量多相混合物时，压制不需要的信号

——循环延迟太短，长 T_1 的液相信号部分受到压制

——扫描次数不足

——回波个数设置过多，探头中的射频电路发热使样品温度升高，导致射频功放失灵

——未能将来自固相和液相组分的初始信号正确地外推至零时刻，例如使用了错误的刻度样品

4.3.8　高级测量

利用图 4.3.1 中的标准时域核磁共振方法可以精确定量计算乳状液等材料中的

固态含量，其不确定性在 1‰ 以下。这种方法常在中度均匀磁体的桌面仪器上使用。测量需要在一批样品中取样。利用强非均匀场的 NMR-MOUSE 等杂散场传感器，对包装物品进行无损检测，也能获得相同的信息。由于 NMR-MOUSE 的敏感区域非常明确，可很容易地得到样品各成分的绝对含量。

利用弛豫时间和扩散系数的 1D 和 2D 拉普拉斯分布（图 3.2.4 和图 7.1.6），可以获得多组分乳状液和糊状物的指纹细节，在文献中已成功应用于奶制品研究。奶制品是乳脂在水相中的乳状液，还含有酪蛋白和乳糖。酪蛋白在奶中形成胶团，在乳酪中则形成连续多孔网络。它们的聚集性和一致性由处理条件决定，其还决定了产品的力学性质。乳脂包含在球形颗粒中，它在体温下是液体，在低于体温时开始凝固。

利用反转恢复序列测量得到的奶和乳酪的 T_1-T_2 分布如图 4.3.3 所示。测量采用了 1ms 和 10ms 之间对数分布的 30 个恢复延迟 t_0，用 298μs 的回波间隔采集 8000 个 CPMG 回波。利用受激回波序列测得了样品的 D-T_2 分布。测量采用的扩散时间为 40ms，其中 CPMG 探测与反转恢复序列中相同。在固定磁场梯度中，通过改变受激回波的回波间隔（64 步）进行扩散编码。由于聚集酪蛋白的信号在 CPMG 探测序列中的一个回波间隔内就衰减完毕而无法探测，所以仅能测到乳产品中液态组分的信号。

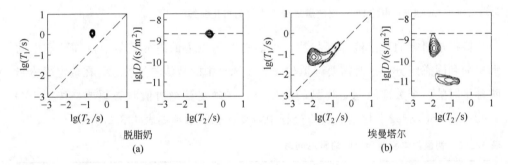

图 4.3.3 T_1-T_2（左）和 D-T_2（右）的关联分布图谱。虚线表示 $T_1 = T_2$（左）和自由水的扩散常数（右）。(a) 脱脂奶，信号只来自水；(b) 埃曼塔尔（Emmental）奶酪，信号来自水和脂肪

在奶制品的分布方程上，通常能观察到两种明显的组分（图 4.3.3），其中一个较窄分布对应于水相，一个较宽分布对应于液态脂肪。在 T_1-T_2 关联分布图谱上，水峰出现在 $T_1/T_2 = 4$ 附近，具体数值取决于样品的组分。其中，其水信号的弛豫时间要远低于自由水，这是因为水分子在自由水和蛋白质束缚水之间快速交换。另外，水的扩散与自由水接近，如虚线所示。脱脂奶仅有一个水峰信号 [图 4.3.3(a)]，而在奶酪的结果中能够看到另一个来自脂肪的强信号 [图 4.3.3(b)]。T_1、T_2 和 D 都表现出较宽的分布特征。液态脂肪信号的扩散系数要比水低很多，两个信号在 D-T_2 分布上能够清晰

地分开，但它们在 T_1-T_2 谱图、1D 弛豫时间和扩散系数分布上存在重叠。这两个信号的分离能够用于定量分析奶制品中的水和液态脂肪的含量。不同的奶制品具有不同的 2D 拉普拉斯典型图谱，可用于产品控制和质量控制。

4.3.9 数据处理

根据总信号来确定固体脂肪含量时，不一定要采集整个 FID 或 CPMG 衰减再用拟合方程将其分解为不同组分贡献（第 3.1 节）。研究表明，测量两个时间点处的信号幅度就足以得到固体脂肪含量信息。采用"直接法"时，在均匀磁场或弱非均匀场中，在第一个激发脉冲之后马上测量固态和液态组分的幅度和 $a_{fast} + a_{slow}$，再用数值或刻度因子（通过刻度实验确定）将其外推到零时刻。此外，在固态组分信号衰减至零后的一个时间处测量液态组分的幅度 a_{slow}。采用"间接法"时，需要进行两次测量。第一次在使用温度下进行，测量幅度为上述 a_{slow}；第二次在所有固体脂肪都熔化的温度下进行同样的测量。这样避免了将信号向零时刻的外推，根据下式可得真实的固体脂肪含量。

$$\text{SFC}_{indirect} = a_{fast}/(a_{fast} + a_{slow}) \tag{4.3.1}$$

式中，a_{fast} 是在两个样品温度下测得信号的幅度差。"直接法"测得结果将 a_{fast} 低估了 f，则"直接法"得到的视固体脂肪含量相对于"间接法"得到的真实固体脂肪含量具有以下关系：

$$\text{SFC}_{direct} = f a'_{fast}/(a'_{fast} + a_{slow}) \tag{4.3.2}$$

式中，a'_{fast} 为利用直接法在激发脉冲后 $11\mu s$ 和 $70\mu s$ 测得的信号幅度之差。刻度因子 f 可通过对比直接法和间接法对代表性样品的测量结果来确定。

4.3.10 参考文献

[1] Petrov OV，Hay J，Mastikhin IV，Balcom BJ. Fat and moisture content determination with unilateral NMR. Food Res Int. 2008；41：758-764.

[2] Veliyulin E，Mastikhin IV，Marble AE，Balcom BJ. Rapid determination of the fat content in packaged dairy products by unilateral NMR. J Sci Food Agri. 2008；8：2563-2567.

[3] Hürlimann MD，Burcaw L，Song YQ. Quantitative characterization of food products by two dimensional D-T2 and T1-T2 distribution functions in a static gradient. J Coll Interf Sci. 2006；297：303-311.

[4] Song YQ. A 2D NMR method to characterize granular structure of dairy products. Prog Nucl Magn Reson Spectr. 2009；55：324-334.

第 5 章

聚合物和弹性体

聚合物和弹性体富含质子且通常为软材料，因此 NMR 非常适合研究这两种材料。例如生物组织，MRI 能够提供出众的弛豫和扩散对比度。绝大多数聚合物和弹性体材料是由合成高分子材料为主成分制成的，还包含填料、颜料和加工处理剂等添加物。它们通常是斥水的。生物组织由天然高分子组成，它们的自然环境通常是水性兼容的。

高分子是指大分子，通常为链形结构，链段为具有特殊化学结构的重复性单元［图 5.0.1(a)］。在熔化物和溶剂中，绝大多数合成聚合物的分子链都假定具有互相渗入的无规卷曲形状，而许多天然聚合物（例如蛋白质）假定在水性环境中具有明确的形状，具体形状与其功能有关。弹性体是一种熔化物，其高分子通过交联结构互相连接［图 5.0.1(b)］。固态聚合物材料或者为玻璃态，例如熔化物在玻璃相变温度（高分子依靠该温度保持其无规卷曲构型）之下冻结；或者为半结晶态，不同大小的随机相和规则晶体同时存在，决定着聚合物的形态［图 5.0.1(c)，(d)］。

这些材料的化学和物理性质取决于三个因素：①化合物的化学结构，可利用液态 NMR 波谱在溶液中研究；②弹性体的交联密度，可利用弛豫测量研究；③固态下的聚合物堆积方式或形态，可利用弛豫和高级自旋扩散测量探测。对于半结晶聚合物，最多能观测到三个横向弛豫时间，分别对应于非晶相重复单元、非晶相和晶体相界面的重复单元以及晶体相重复单元。结晶度表示晶体相的相对含量，可利用不同弛豫时间组分的信号幅度来确定。这些相态的厚度可通过自旋扩散 NMR 实验和基于模型的实验数据分析来确定。

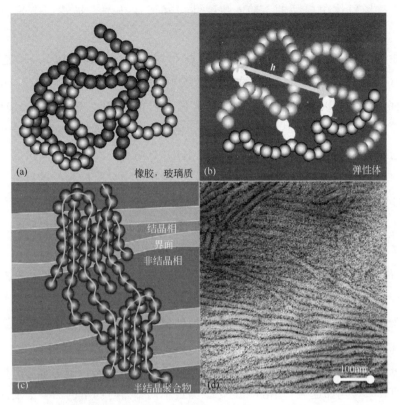

图 5.0.1　大多数合成聚合物和弹性体由细丝状高分子链构成。每个球代表重复单元的化学结构。(a) 在熔化物和玻璃质中，高分子链是无序的，且缠绕在一起；(b) 在弹性体中，高分子处于熔化状态，但通过交联点互相连接，在交联点之间，高分子链绕其首尾相连矢量 h 摇摆，图中给出了交联链的一个矢量；(c) 半结晶聚合物由非结晶相和结晶相构成，界面上的重复单元，比结晶相的有序度要差，比非结晶相的可动性较差；(d) 在透射电镜下，许多聚合物（例如聚乙烯）显示出结晶相和非结晶相的薄片状结构

　　合成聚合物的化学分析通常需要 ^{1}H 和 ^{13}C 的高分辨率 NMR 波谱。通过将化合物溶解在溶剂中的液态 NMR 波谱、魔角旋转（MAS）和大功率去耦的固态 NMR 波谱可以获得高分辨率。利用小型 NMR 设备还不能开展固态分析，由于敏感度和自旋速度的原因，固态 NMR 在不久的将来仍是传统高场 NMR 的范畴。另外，高分辨 ^{1}H 液态 NMR 波谱已经实现高分子溶液的通用实验方法与小分子溶液相同。对于不溶解的高分子，通常需要高温或特殊溶剂（例如芳香烃和氯化物溶剂），其波谱的分辨率一般要低于小分子波谱，因为分子运动较慢、较宽构象形成的化学位移分布致使谱线更宽。化学分析液态 NMR 波谱在第 3.4 节和第 4.1 节中介绍，下面的小型 NMR 应用主要涉及利用单边杂散场 NMR（NMR-MOUSE）、

相对均匀磁场磁体中样品的 NMR 弛豫性质和成像技术来描述固态聚合物材料性质。

弹性体常用来制造轮胎、传送带、管材和填料。在大多数情况下，它们可用 NMR-MOUSE 分析，因为它们的横向弛豫时间 T_2 较长（例如大于 1ms），在 CPMG 回波串中可以采集到许多回波。弛豫分析可无损地获得局部的交联密度、应力、固化、老化和溶剂侵入信息。用已知物体的数据刻度未知物体，能得到定量信息。绝大多数技术弹性体材料在 NMR-MOUSE 敏感区大小的空间尺度上呈现出非均质性。NMR 弛豫测量变得非常敏感，以至于在 NMR 信号中可以分辨 NMR-MOUSE 敏感区尺寸上的交联、链长和填料分布。这样测得的弛豫时间和信号幅度是在物体等效位置上多次测量的平均值。NMR 数据的标准偏差和差异系数可用于评估物体的均匀性（取决于处理条件）。

半结晶体物质也有相同的问题。结晶相尺寸是一个分布，当敏感区在物体上移动扫描时，敏感区内的材料的平均弛豫时间和幅度存在局部差异。半结晶聚合物和聚合物玻璃对测量的要求更苛刻，因为它们的横向弛豫时间比弹性体短得多。研究这类材料，要求 NMR 仪器的死时间要短，因此探测深度被限制为几毫米。然而，利用横向弛豫时间曲线的组分分析可以得到材料的相态构成，用于研究机械变形和热处理的效果，例如退火、结晶和老化。测量不同暴露时间下的深度维剖面可以监测互相扩散作用下的溶剂侵入。另外，弹性体和聚合物非结晶相中溶剂分子的布朗运动可用溶剂的自扩散系数定量描述，自扩散系数与溶剂和材料的性质有关，可用 NMR-MOUSE 准确确定。

5.1 弹性体

5.1.1 简介

利用 NMR 开展弹性体材料研究关心的是弛豫测量，它能够提供交联密度、应力、应力各向异性、老化和非均匀性等信息。在网络模型的帮助下，或与已知性质的样品数据对比，可以利用 NMR 测量数据获得定量信息。温度的稳定性对于实验非常关键，测量必须在严格温度控制的条件下进行。在室温和高温条件下的温度变化要小于 0.1℃，NMR 参数才能基本不随温度而变化。高级测量方法利用多量子作用，该作用在连续激发相互作用的两个自旋时产生。在固体和软材料中，自旋间主要是偶极-偶极作用，例如聚合物链的亚甲基团中两个质子的磁引力和磁斥力

（图 5.1.1）。

由于所施加的磁场要比自旋产生的磁场大得多，所以自旋将沿施加的磁场方向而取向。随着甲基基团旋转，自旋间的偶极-偶极作用在吸引和排斥之间转换。自由分子链的各向同性运动将偶极-偶极作用均化为零。而受限于两个交联之间的分子链的快速各向同性运动［图 5.0.1（b）］，形成剩余偶极-偶极作用，增强了横向弛豫速率 $1/T_2$。受限越强，运动越慢，剩余偶极-偶极作用越强，自旋弛豫越快。增加温度，使运动加快，T_2 增大，交联密度增加；增加应变，限制运动，剩余偶极-偶极作用更强，T_2 减小。

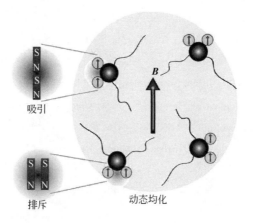

图 5.1.1　相邻磁偶极子之间的吸引和排斥。图中所示为一个高分子链的亚甲基基团（—CH_2）中的质子的情况。随着分子链的摆动，基团在施加的磁场 **B** 中旋转。施加场使自旋的取向保持一致，由于自旋的旋转，磁作用力在吸引和排斥之间转换。对于自由分子链的快速各向同性运动，偶极-偶极作用消失。对于受限于两个交联之间的分子链的快速各向异性运动，存在剩余偶极作用

5.1.2　目标

测量弹性体的目标是将未知样品的弛豫和幅度数据与已知样品相比较。如果二者是在相同温度下（或外推到相同温度）测量的，利用 NMR 数据就能得到交联密度差异、剂型配方的缺陷、应变、加工历史、样品均匀度和老化的信息。高级测量还能验证聚合物网络理论。

5.1.3　延伸阅读

［1］ Kimmich R. Principles of Soft-Matter Dynamics. Dordrecht：Springer；2012.

［2］ Saalwächter K. Microstructure and dynamics of elastomers as studied by advanced low-resolution NMR methods. Rubber Chem Tech. 2012；85：350-386.

[3] Callaghan PT. Translational Dynamics and Magnetic Resonance. Oxford：Oxford University Press；2011.

[4] Casanova F，Perlo J，Blümich B，editors. Single-Sided NMR. Berlin：Springer；2011.

[5] Cheng HN，Asakura T，English AD. NMR Spectroscopy of Polymers：Innovative Strategies for Complex Macromolecules. Washington：American Chemical Society；2011.

[6] BlümichB，Casanova F，Perlo J. Mobile single-sided NMR. Prog Nucl Magn Reson Spectrosc. 2008；52：197-269.

[7] Saalwächter K. Proton multiple-quantum NMR for the study of chain dynamics and structural constraints in polymeric soft materials. Progr NMR Spectr. 2007；51：1-35.

[8] Blümich B. Essential NMR. Berlin：Springer；2005.

[9] Blümich B，Anferova S，Kremer K，Sharma S，Herrmann V，Segre A. Unilateral nuclear magnetic resonance for quality control，Spectroscopy. 2002；18：18-32.

[10] Litvinov VM，De PP，editors. Spectroscopy of Rubbery Materials. Shawbury：Rapra；2002.

[11] Blümich B. NMR Imaging of Materials. Oxford：Clarendon Press；2000.

[12] Becker ED. High Resolution NMR. New York：Academic Press；2000.

[13] Callaghan PT. Principles of Nuclear Magnetic Resonance Microscopy. Oxford：Clarendon Press；1991.

[14] Bovey FA. Chain Structure and Conformation of Macromolecules. New York：Academic Press；1982.

5.1.4 理论

根据橡胶弹性理论，弹性体的剪切模量 G 正比于交联密度 n 和交联之间分子链的平均分子量 M_c：

$$G = nRT = RT\rho/M_c \tag{5.1.1}$$

式中，R 是气体常数；T 是热力学温度；ρ 是材料密度。注意交联有两类：化学交联和分子链纠缠引起的物理交联，二者均包含在式(5.1.1) 中。

剪切模量要在形变非常小的条件下测量，这时剪切应力和剪切应变是线性关系。当形变较大时，该关系不再线性。Mooney 和 Rivlin 发现拉伸应力 σ 和拉伸率 $\Lambda = L/L_0$ 之间的一个半经验关系：

$$\sigma/(\Lambda - \Lambda^{-2}) = 2C_1 + \frac{C_2}{\Lambda} \tag{5.1.2}$$

式中，C_1 和 C_2 是弹性材料常数，分别代表化学和物理交联密度。

弹性体由交联链质子部分 x_A、悬垂链末端部分 x_B、液体和溶胶分子部分 x_C 组成。在温度高于 120℃（大于玻璃相变温度）时，激发脉冲后面 t 时刻的归一化横向质

子磁化量 $M(t)/M_0$ 常近似为快速分子链运动，根据 Anderson-Weiss 模型有：

$$M(t)/M_0 = x_A \exp\{-t/T_{2A} - qM_2\tau_c^2[\exp(-t/\tau_c) + t/\tau_c - 1]\}$$
$$+ x_B \exp(-t/T_{2B})$$
$$+ x_C \exp(-t/T_{2C}) \tag{5.1.3}$$

其中每部分都按其各自的弛豫时间 T_{2A}、T_{2B} 和 T_{2C} 弛豫。交联链的快速各向异性运动产生剩余偶极-偶极作用，受限于交联之间的聚合物链与附近按关联时间 τ_c 慢速运动的分子链产生偶极-偶极作用，在式中用其二次矩 M_2 的小部分 q 表示。

二次矩是早期 NMR 中流行的物理量，因为对固体 ^{1}H 波谱中的宽谱线积分可以很容易获得。如果弛豫速率 $1/T_{2A}$、$1/T_{2B}$ 和 $1/T_{2C}$ 相对 qM_2 来说很小，横向磁化量将按 $\exp(-qM_2 t^2/2)$ 衰减，因此可定义有效横向弛豫速率为：

$$1/T_{2\text{eff}} = (qM_2)^{1/2} \tag{5.1.4}$$

因为 qM_2 与剩余偶极-偶极耦合的平方成正比关系，按模型方程拟合横向弛豫衰减实验数据得到的有效横向弛豫速率 $1/T_{2\text{eff}}$，可以计算出剩余偶极-偶极耦合。随着交联链受交联密度增加、应变增大或温度降低而运动更加受限，该耦合作用也随之增加。实验数据表明，横向弛豫速率和剩余偶极-偶极耦合均与交联密度成直接比例关系。显然，材料腐蚀引起的网状链化学成分变化（例如化学老化）、温度及应变也同样影响剩余偶极-偶极作用，从而影响 $1/T_{2\text{eff}}$，因此仅在单个参数发生变化时解析关系才成立。

5.1.5　硬件

弹性体通常采用弛豫分析技术，不需要波谱级的分辨率。弹性体的横向弛豫时间一般大于 1ms，因此可以接受 $50\mu s$ 的仪器死时间。大多数小型 NMR 仪器的死时间都比这短，所以 NMR-MOUSE［图 5.1.2(a) 和（b）］和磁场相对均匀的 Halbach 磁体［图 5.1.2(c)］可用于研究弹性体和高于玻璃相变温度下的非晶态聚合物。成像实验需要配备脉冲场梯度的磁体和频率编码用的优良均匀度［图 5.1.2(d)］。但这种封闭式磁体对样品尺寸有限制，只适用于能放入磁体内腔的垫圈和填料等样品。

探测交联链［式(5.1.3)］的非指数衰减需要短回波间隔，因此在 CPMG 回波串衰减到零之前可能要采集几千个回波。发射器频繁发射脉冲会加热射频线圈。为了避免热量传递到样品上，在扫描之间的循环延迟要足够长。对于弹性体来说，特别要避免样品温度的变化，因为室温附近的横向弛豫对温度有很强的依赖性，温度变化会影响测量得到的反映样品性质（例如交联密度和应变）的 T_2 值。

（a）　　　　　　　　（b）　　　　　　　　（c）　　　　　　　　（d）

图 5.1.2　测量软固体材料的 ^{1}H NMR 磁体。（a）安装在升降台上的 Profile NMR-MOUSE PM5 测量放在其顶板上样品的深度剖面；（b）条形磁体 NMR-MOUSE；（c）利用两个共轴的磁环组成的 0.7T Halbach 磁体，每个磁环由 12 个六边形磁条构成；（d）内腔直径 4cm 的小型 0.5T MRI 磁体

5.1.6　脉冲序列和参数

在均匀磁场中，可以采集单个激发脉冲响应的包络［图 3.1.1(a)］。接收器死时间可用单个 Hahn 回波克服。在非均匀磁场中，可利用不同回波间隔采集的一组 Hahn 回波或 CPMG 脉冲序列测得横向弛豫曲线［图 3.1.1(b)］。注意，当使用 CPMG 序列时，采集的回波中将引入由偏共振效应形成的受激回波贡献，某些磁化量的分量可能被锁定在射频场方向上，因此 CPMG 测量得到的 $T_{2\mathrm{eff}}$ 常常大于由一组 Hahn 回波得到的 T_2。CPMG 序列的回波个数越少越好，以便降低对射频线圈发射射频能量引起的线圈和样品变热。增加循环延迟也能帮助散热，代价是增加了测量时间。默认的激发方法是 CPMG 序列和长循环延迟。利用 NMR-MOUSE 研究弹性体材料的典型参数见表 5.1.1。

表 5.1.1　弹性体 ^{1}H NMR 弛豫的采集参数

参　　　数		参　　　数	
磁体探头	NMR-MOUSE PM5	采集时间 t_{acq}	$5\mu s$
发射频率 v_{rf}	18.1MHz	回波间隔 t_E	$40\mu s$
90°脉冲幅度	$-8\mathrm{dB}(80\mathrm{W})$	回波个数 n_E	1000
90°脉冲长度 t_{p}	$5\mu s$	循环延迟 t_R	1.5s
采集间隔 Δt	$1\mu s$	扫描次数 n_{s}	32

5.1.7　初级测量

横向弛豫测量能提供橡胶材料的大量信息。在测量技术弹性体的时候，常用单指数或双指数方程拟合实验衰减曲线。测量交联密度是最重要的一种应用。交联密度正比于横向弛豫速率 $1/T_{2\mathrm{eff}}$，其比例常数取决于特定的配方和处理条件。在实验误差范围内，用交联剂含量表示的交联密度与 $1/T_{2\text{eff}}$ 成线性关系 [图 5.1.3 (a)]，与剪切 [式(5.1.1)] 和应力-应变 [式(5.1.2)] 实验得到的交联密度略有差异。核磁共振信号幅度代表敏感区域内的质子总数。因此，NMR-MOUSE 测量交联密度的数据还能很方便地确定弹性泡沫的质量密度 [图 5.1.3(b)]。

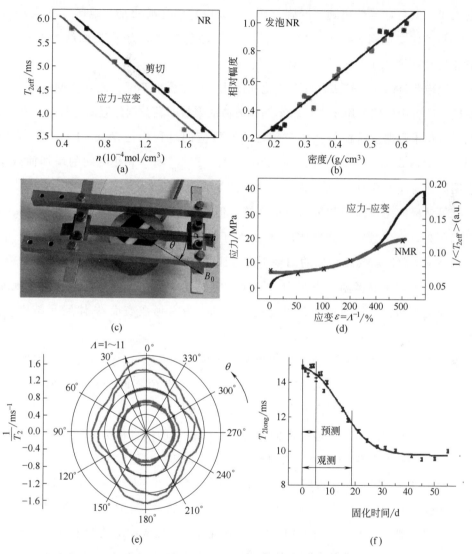

图 5.1.3　弛豫测量在橡胶材料中的应用。(a) 天然橡胶的横向弛豫时间 $T_{2\text{eff}}$ 与剪切和应力-应变得到的交联密度的关系；(b) NMR-MOUSE 测得的天然橡胶的弛豫曲线幅度与泡沫的质量密度之间的关系；(c) 适合 NMR-MOUSE 测量拉紧橡胶带的弛豫性质的简易工作架；(d) 天然橡胶的机械受力-应变曲线，以及平均弛豫时间倒数与施加应力的关系曲线；(e) 拉伸率从 1～11 时，利用 Hahn 回波得到的天然橡胶弛豫时间的非均匀性；(f) 用于修复轿车挡风玻璃的聚氨酯黏合剂的固化过程，固化时间大大超过了预期的固化时间

应变实验可在简单的装置上进行 [图 5.1.3(c)]。因为采用 U 形磁体的 NMR-MOUSE 产生的杂散磁场横跨磁体气隙，其方向基本平行于传感器表面。横向弛豫速率 $1/T_{2\text{eff}}$ 的角度依赖性可在不同角度 θ（应变方向与磁场方向的夹角）条件下测量 CPMG 得到。随着拉伸率（$\Lambda = L/L_0$）的增大，不但弛豫速率增大了，其各向异性也随之变强 [图 5.1.3(e)]。有趣的是，弛豫速率（$\theta = 90°$ 时）直到应变达到 $\varepsilon = (L - L_0)/L_0 = 400\%$ 之前都与应力-应变曲线的非线性趋势相符合 [图 5.1.3(d)]。

弛豫测量的速度较快，可在硫化和固化反应中实时测量。利用 NMR-MOUSE 在模拟装置中研究了用于密封轿车挡风玻璃的聚氨酯黏合剂的湿固化过程，在胶黏剂层（位于磁性金属板与挡风玻璃之间）反应的过程中记录其 CPMG 衰减。对 CPMG 衰减做双指数拟合得到的长弛豫时间 $T_{2\text{long}}$ 随着固化时间的增加而减小，表明固化时间大约为 20 天，而不是预测的 5 天。

虽然横向弛豫曲线的测量简单直接，但橡胶和弹性体材料仍然不好处理。在室温附近，大多数技术弹性体的 $T_{2\text{eff}}$ 对于温度有很强的依赖关系，因此不同样品的 NMR 数据需要在相同的温度下进行比较。这通过在相同的温度下测量或将拟合参数外推至参考温度来实现。同样，使用过一段时间的材料存在老化现象。取决于老化机制，材料的老化可能是均匀的，或者形成表面-基体层状结构 [图 5.1.4(a)]。

此外，弹性体材料表现出交联和填料颗粒的随机分布，还可能含有填料聚合和处理缺陷。在不同位置上测得的弛豫曲线的拟合值不断变化，表明在 NMR-MOUSE 的敏感区尺度上都能发现材料的这种统计特征。虽然在同一位置测得的 $T_{2\text{eff}}$ 的重复性优于 1%，但在不同位置测量时得到的拟合值分布更宽 [图 5.1.4 (b)]。在描述材料性质和材料均匀性时，要计算其平均值和其他标准偏差。

将标准偏差对平均值做归一化可得到变异系数。在不同点进行测量时，它是材料均匀性的另一个度量。利用 NMR-MOUSE 在轮胎工厂生产流程的不同阶段确定了该系数 [图 5.1.4(d)]。随着再磨、最终混合、压出成型、轮胎未硫化到硫化处理的逐步进行，该系数基本随着处理步骤的增加而减小 [图 5.1.4(c)]。橡胶加工分析仪（RPA）测得的流变转矩也给出相似结果，但这些样品尺寸大于 NMR-MOUSE 的敏感区，因此 RPA 得到的变异系数小于 NMR 的结果。此外，RPA 测量是在测试样本上进行的，而杂散场 NMR 测量可直接在待测物体进行。这也是 NMR 能够用于最终轮胎产品质量控制的原因。

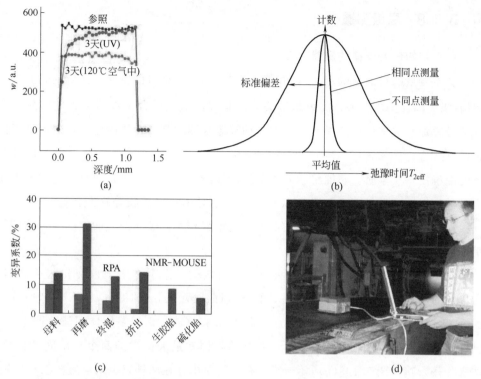

图 5.1.4 NMR-MOUSE 观测橡胶材料的非均匀性。(a) 经过不同方法老化的橡胶板（厚度 1mm）的横断面。热氧化老化 3 天降低了整块橡胶板的弛豫加权自旋密度 w 的均匀性，而 UV 老化仅作用在了表面。(b) 在测量不同位置时，T_{2eff} 的散布要比测量相同位置时大得多。这表明橡胶在 NMR-MOUSE 敏感区切片的尺度上是非均匀的。(c) 在轿车轮胎生产的不同阶段，橡胶加工分析仪（RPA）测得的流变转矩变异系数和 NMR-MOUSE 测得的 T_{2eff}。材料的均匀性随着处理步骤的增加而减小。(d) 在轮胎厂内利用 NMR-MOUSE 测量弛豫时间

所有这些测量均使用 CPMG 序列进行数据采集。虽然 CPMG 序列较为强健，但如果施加脉冲过快会导致样品升温，或选择的回波个数过多，而可能造成错误结果。常见的问题如表 5.1.2 所示。

表 5.1.2 利用 NMR-MOUSE 测量橡胶时的常见问题

——循环延迟太短，导致长弛豫时间 T_1 的信号被压制

——回波串持续时间超过信号持续时间，物体可能因射频功耗施加在线圈上产生热量而升温

——回波间隔太短，时间数据被接收振铃污染

——接收相位调节不正确，在完成数据采集后需要调整信号的相位

——在不同温度下测量不同样品，NMR 数据不能直接进行比较

——对于非均匀样品，单个样品也只进行单点实验

5.1.8 高级测量

(1) 初始信号衰减的测量

基本测量的目的是确定 T_2，并将 T_2 或 $1/T_2$ 与材料性质通过核自旋间的剩余偶极-偶极耦合关联起来。高级测量关心的是提高这些耦合参数的准确性。除了通过信号叠加平均来提高信噪比，还需要估算零探测时刻的初始磁化量，以提高用拟合模型方程 [例如式(5.1.3) 的 Anderson-Weiss 方程] 拟合实验数据进行信号分析的准确度。实验时，不能将脉冲发射后的探测时间设置到谱仪死时间（通常为几十微秒）以下（图 2.7.1 和图 3.1.1）。然而，对于炭黑橡胶等软聚合物，受偶极-偶极作用以及炭黑填料中顺磁杂质对弛豫的增强作用，填充剂表面处的结合胶信号很可能在死时间内衰减掉。

由于偶极-偶极作用在两个或两个以上自旋间，而不作用于自旋和磁场之间，所以它对信号衰减的影响不能用简单的自旋回波或 Hahn 回波（一个 90°脉冲后接一个 180°脉冲）来消除 [图 3.2.3(a) 和图 5.1.5(a)]。但是固体回波（两个 90°脉冲，射频载波信号相位相差 π/2）能够消除回波最大值中的两个自旋间的偶极-偶极作用影响 [图 5.1.5(b)]。当然，有机物质中存在两种以上来自氢核的磁偶极

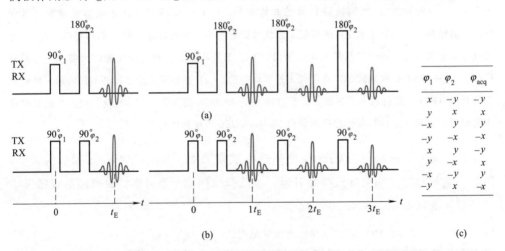

图 5.1.5 回波（左）和回波串（右）。(a) 自旋回波或 Hahn 回波。在回波最大值处，磁场非均匀性影响和共振频率差异（或不同化学基团中原子核的化学位移）被消除。脉冲扳转角为 90°和 180°时回波幅度最大。脉冲之间的射频相位差异是不相干的。Hahn 回波的多回波版本是 CPMG 回波串。当 90°脉冲和 180°脉冲的相位相差 π/2 时能够在很大程度上消除脉冲误差。(b) 固体回波。它能够在回波最大值处消除两个氢核自旋间的偶极-偶极作用。它的两个脉冲扳转角均为 90°，第一、第二脉冲间的相位差必须是 π/2。其多脉冲版本成为 OW4 脉冲序列。(c) 完整相位循环

子，并互相作用。因此，固体回波只有在短回波时间时的效果较好。所谓的 MSE 技术（magic sandwich echo）考虑了多中心偶极-偶极作用，混合 MSE 的效果更好，因为它能消除磁场非均匀性和偶极作用对磁化量衰减的综合效果。对于橡胶和许多聚合物材料而言，通过减小固体回波序列中的回波间隔，可外推得到零探测时刻的横向磁化量（图 3.1.4）。

（2）双量子 NMR

相比于横向弛豫测量，同时激发两个磁耦合氢核可更直接地探测剩余偶极-偶极耦合。这要求有两个能量量子，分别对应于两个自旋。但根据量子力学可知，不能直接观测到这一过程，除非利用高能激励产生非线性过程，类似在光学中产生绿色激光的过程。在现代 NMR 中，这种双量子（2Q）现象通过多维 NMR 原理来间接观测，重复进行多次测量，在每一次测量时系统地改变初始条件。

在双量子 NMR 脉冲序列 [图 5.1.6(b)] 开始时，自旋系统处于热平衡状态。然后在时间 t_{MQ} 内施加三个脉冲将磁耦合自旋对的相关运动激发，并经过时间 t_1 的演化。在这个时间的中点施加一个 180°脉冲用于补偿磁场非均匀性对运动的影响。双量子相干常常用另外三个脉冲转化成纵向磁化量，在时间 t_z 后用 Hahn 回波或 CPMG 回波串来观测。这个脉冲序列可在 NMR-MOUSE 的非均匀场中使用，此时脉冲扳转角不容易准确定义。理想情况下，这两个脉冲角为 90°和 180°脉冲，而不是 θ 和 2θ。2θ 脉冲仅在非均匀场中（例如 NMR-MOUSE）测量时需要，在磁场相对更均匀的 Halbach 磁体中测量时可以省去。此外，每组双量子极化曲线和衰减时间 t_{MQ} 对应的脉冲相位至少要按图 5.1.6(c) 给出的数值循环一遍。

按照不同的 t_{MQ} 进行多次实验得到的双量子极化和衰减曲线如图 5.1.6(a) 所示。初始信号极化主要受偶极-偶极作用的强度控制，信号衰减主要受弛豫控制。根据归一化双量子信号幅度：

$$s_{2Q}(t_{MQ})/s_{2Q}(0) \propto \left(1-\frac{3}{4}\varpi_D^2 t_{MQ}\right)\sin^4\theta \qquad (5.1.5)$$

将拟合短 t_{MQ} 实验数据的初始部分 [图 5.1.6(a)] 拟合为转换时间 t_{MQ} 的二次函数，可得到剩余偶极-偶极耦合 ϖ_D。这种方法还能扩展用于探测自旋模式，获得偶极-偶极耦合的分布，以及探测橡胶弹性和橡胶网络理论。

（3）NMR 成像

弹性体具有类似生物组织的一致性，MRI 能够提供极佳的敏感度和对比度。弹性体用于制作轮胎、传送带、配件、管道和 O 形圈。轮胎和传送带体积较大，且含有钢带，最好的方法是在其表面按不同位置移动 NMR-MOUSE 或沿深度方向

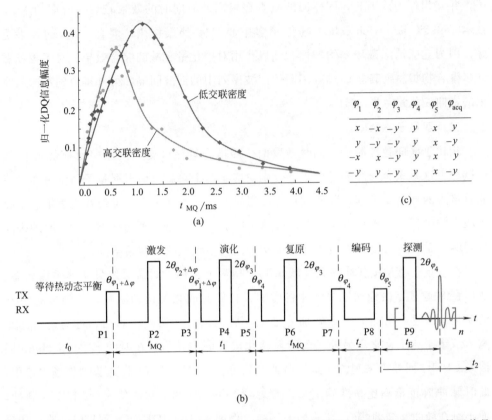

图 5.1.6　NMR-MOUSE 用于弹性体的双量子 NMR 测量。(a) 强交联和弱交联天然橡胶双量子信号的建立与衰减曲线。(b) 脉冲序列。典型的参数：脉冲宽度 $t_p = 2.5\mu s$，循环延迟 $t_R = 0.5s$，多量子转换时间 t_{MQ} 在 $0 \sim 5ms$ 范围内变化，多量子演化时间 $t_1 = 60\mu s$，滤波时间 $t_z = 500\mu s$，回波间隔 $t_E = 200\mu s$。注意要按照 $\Delta\varphi = 90°$、$\Delta\varphi = 180°$ 和 $\Delta\varphi = 270°$重复进行三次实验。(c) 用于选择双量子信号的相位循环。将该相位循环重复三次，每次将所有相位变化 90°以实现所有的 $\Delta\varphi$ 值

扫描获取像素信息。许多配件、密封件、管件和 O 形圈的体积小，能够放入磁体孔径中进行成像。挤出机生产的线性配件还可以穿过 MRI 磁体进行质量控制。

　　绝大多数橡胶产品是非均匀的，因为不仅交联和填料颗粒随机分布，将不同组分的混合、粉碎、压延和挤出成型的处理步骤只有在需要时才会非常精准。MRI是比光学检测更好的方法，因为绝大多数橡胶产品都添加炭黑，在视觉上的对比度很弱。在技术产品中经常能发现加工助剂和填料发生聚集。利用核磁共振成像研究可以提高生产工艺。此外，用不同配方的橡胶生产出的配件和轮胎还可能具有多层结构。用 NMR-MOUSE 做深度剖面可以检测出它们的位置和固化效率。NMR 深度剖面或成像可用来研究光学和热氧化老化形成的表面层，以及研究橡胶垫圈和配

件的内层位置，用于在生产线上进行质量控制（图3.3.5和图3.3.7）。

5.1.9 数据处理

利用模型方程拟合实验得到的横向弛豫曲线，可得到该方程的参数。根据 Anderson-Weiss 方程［式(5.1.3)］分析含有噪声的实验数据，需要确定太多的拟合参数。因此常用其他拟合参数较少的方程来近似。信噪比越低，则接收器死时间越长，近似也越简单。

① 长关联时间 τ_c，$T_{2A}=T_{2B}=T_2$ 和长弛豫时间 T_{2C}：

$$M(t)/M_0 = \chi_A \exp(-t/T_2 - qM_2t^2/2) + \chi_B \exp(-t/T_2) + \chi_C \quad (5.1.6)$$

② 在长 T_2 条件下，该方程进一步简化为简单高斯方程：

$$M(t)/M_0 = \chi_A \exp(-qM_2t^2/2) + \chi_{B,C} \quad (5.1.7)$$

③ 如果无法获取初始高斯贡献，则可用双指数方程或其他方程拟合实验数据：

$$M(t)/M_0 = \chi_A \exp(-t/T_{2A}) + \chi_B \exp(-t/T_{2B}) \quad (5.1.8)$$

其中，快速弛豫组分为化学物理交联链，慢弛豫组分为悬挂链的可动部分和溶剂分子。

④ 当在低信噪比条件下比较相同类型的不同技术弹性体时，常用单指数方程近似拟合横向弛豫曲线：

$$M(t)/M_0 = \exp(-t/T_2) \quad (5.1.9)$$

由于聚合物和橡胶材料等固态物体的弛豫曲线不能用简单的指数方程描述，所以用类似于逆拉普拉斯变换的变换方程获得弛豫时间分布和其他参数。

将根据横向信号衰减得到的弛豫时间或弛豫速率与采集参数及样品参数，例如 NMR 设备类型、回波间隔和样品温度（用作与其他样品对比），一起存入数据库。利用分析模型将 NMR 数据转换为材料性质。特别地，横向弛豫速率和剩余偶极-偶极耦合正比于剪切模量和交联密度。

例如，对于图 5.1.3(e) 所示的拉紧橡胶带，利用角度依赖的弛豫速率 $1/T_{2\text{eff}}$ 就是将角度依赖性表示为角度独立的、各向同性的弛豫速率 $1/T_{2\text{eff,iso}}$ 和角度依赖的、各向异性的弛豫速率 $1/T_{2\text{eff,aniso}}$：

$$1/T_{2\text{eff}}(\theta) = 1/T_{2\text{eff,iso}} + 1/T_{2\text{eff,aniso}} \int_0^{-\pi} P(\theta - \theta')[3(\cos^2\theta' - 1)/2]^2 d\theta'$$

$$(5.1.10)$$

式中，$P(\theta)$ 为高斯分布方程，代表连接交联链两端［图 5.0.1(b)］与拉力方向的矢量定向角的扩展。当拉伸率 Λ 约为 2.3 时，天然橡胶形成了晶体。根据式(5.1.10) 得到的弛豫速率 $1/T_{2\text{eff},\text{iso}}$ 和 $1/T_{2\text{eff},\text{aniso}}$ 随拉伸率 Λ 的变化关系图揭示了结晶现象。在此拉伸率下的 $1/T_{2\text{eff},\text{aniso}}$ 的变化表现为一阶相变 [图 5.1.7 (b)]，$1/T_{2\text{eff},\text{iso}}$ 的变化表现为二阶相变 [图 5.1.7(a)]。

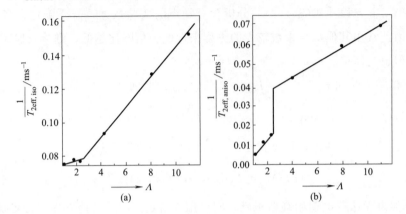

图 5.1.7　根据拉紧的天然橡胶的弛豫各向异性得到的弛豫速率与拉伸率的关系。在拉伸率 $\Lambda \approx$ 2.3 时，拉力引起了交联链的结晶化。这一现象通过呈二阶相变的 $1/T_{2\text{eff},\text{iso}}$ 的变化（a）和呈一阶相变的 $1/T_{2\text{eff},\text{aniso}}$ 的变化（b）观测到

5.1.10　参考文献

[1]　Blümich B，Casanova F，Perlo J. Mobile single-sided NMR. Prog Nucl Magn Reson Spectrosc. 2008；52：197-269.

[2]　Blümich B，Anferova S，Kremer K，Sharma S，Herrmann V，Segre A. Unilateral nuclear magnetic resonance for quality control. Spectroscopy. 2002；18：18-32.

[3]　Hailu K，Fechete R，Demco DE，Blümich B. Segmental anisotropy in strained elastomers detected with a portable NMR scanner. Solid State Nucl Magn Res. 2002；22：，327-343.

[4]　Kolz J，Martins J，Kremer K，Mang T，Blümich B. Investigation of the elastomer-foam production with single-sided NMR. Kautschuk Gummi Kunststoffe. 2007；60：179-183.

[5]　Blümich B，Buda A，Kremer K. Non-destructive testing with mobile NMR. RFP. 2006；1：34-37.

[6]　Goga N，Demco DE，Kolz J，Ferencz R，Haber A，Casanova F，et al. Surface UV aging of elastomers investigated with microscopic resolution by single-sided NMR. J Magn Reson. 2008；192：1-7.

[7]　Fechete R，Demco DE，Blümich B. Chain orientation and slow dynamics in elastomers by mixed magic Hahn echo decays. J Chem Phys. 2003；118：2411-2422.

[8] Wiesmath A，Filip C，Demco DE，Blümich B. NMR of multipolar spin states excited in strongly inhomogeneous magnetic fields. J Magn Reson. 2002；154：60-72.

[9] Danieli E，Berdel K，Perlo J，Michaeli W，Masberg U，Blümich B，Casanova F. Determining object boundaries from MR images with sub-pixel resolution：Towards in-line inspection with a mobile tomograph. J Magn Reson. 2010；207：53-58.

[10] Blümler P，Blümich B. NMR imaging of elastomers：A review. Rubber Chem Tech. 1997；70：468-518.

[11] Chalcea RI，Fechete R，Culea E，Demco DE，Blümich B. Distributions of transverse relaxation times for soft solids measured in strongly inhomogeneous magnetic fields. J Magn Reson. 2009；196：179-190.

5.2 非晶态聚合物

5.2.1 简介

非晶态聚合物的性质广泛，它们由缺少晶相的无序大分子材料构成，其重复单元按晶格点排列［图 5.0.1(a)］。在玻璃相变温度以上，这类材料像橡胶一样柔软，或者像聚酯树脂一样高度交联。在玻璃相变温度以下，这些材料像玻璃一样脆。由于晶体可对光形成散射，因此聚合物玻璃是透明的（例如树脂玻璃和聚碳酸酯），还有加入了滑石和其他配料的聚氯乙烯（PVC）材料，或加入了玻璃和碳纤维的聚酯树脂。

5.2.2 目标

像许多其他材料一样，非晶态聚合物接触化合物后可能会腐蚀和膨胀。许多聚合物材料（特别是 PVC）是经过增塑的，在黏合接头处或经受过多的热辐射都会使塑化剂减少。机械应力会加强大分子链的局部应变，产生微裂纹或龟裂而形成应力致白。这些材料的变化都影响大分子的分段可动性和 NMR 弛豫时间。因此，非晶态聚合物的弛豫测量可用于识别局部应力、老化、溶剂侵入和塑化剂流失。利用 NMR-MOUSE 的杂散场 NMR 弛豫测量，可探测暴露在临界负载中的非晶态聚合物部件在不同处理步骤和使用寿命期间的材料变化。需要注意，添加碳纤维的材料中的碳纤维是导电的。如果添加的纤维很长，并且在敏感区内超多个方向展布，则线圈产生的射频场可能会被屏蔽而无法进入敏感区，导致无法进行 NMR 测量。

5.2.3 延伸阅读

[1] Blümich B，Casanova F，Perlo J. Mobile single-sided NMR. Prog Nucl Magn Reson Spectrosc. 2008；52：197-269.

5.2.4 理论

利用移动 NMR 分析非晶态聚合物的基本原理是测量其横向和纵向弛豫（第3.2节）。横向弛豫曲线需要积分以获得弛豫权重，或用模型函数拟合来获得拟合参数，例如信号幅度和弛豫速率（第3.1.9节）。常用指数方程拟合非晶态化合物CPMG 回波串衰减，而高斯方程更适用于刚性非晶态聚合物。

5.2.5 硬件

在小型 NMR 中，NMR-MOUSE 非常适合于研究非晶态聚合物产品。由于绝大多刚性非晶态聚合物材料的弛豫很短，需要使用短死时间的 NMR-MOUSE，例如探测深度范围 3mm 或 5mm 的 Profile NMR-MOUSE ［图 5.1.2(a)］或条形磁体 NMR-MOUSE ［图 5.1.2(b)］。因为横向弛豫时间很短，在玻璃相变温度以下很难进行聚合物的成像实验。当能获得可放入磁体的样本时，Halbach 磁体 ［图5.1.2(c)］更适合聚合物研究。

5.2.6 脉冲序列和参数

NMR-MOUSE 的标准脉冲序列是短回波间隔的多回波序列。对于非晶态聚合物采用 CPMG 序列 ［图 5.1.5(a)］，采集参数与测量橡胶所用相似（表 5.1.1）；对于刚性非静态聚合物采用多固体回波序列 ［图 5.1.5(b)］，采集参数与测量半结晶聚合物相似（表 5.2.1）。

表 5.2.1 测量刚性聚合物[1]H 弛豫的采集参数

参　　数		参　　数	
磁体探头	条形磁体 NMR-MOUSE	采集时间 t_{acq}	$3\mu s$
发射频率 v_{rf}	19.1MHz	回波间隔 t_E	$25\mu s$
90°脉冲幅度	$-8dB(80W)$	回波个数 n_E	500
90°脉冲宽度	$3\mu s$	循环延迟 t_R	0.5s
采样间隔 Δt	$0.5\mu s$	采集次数 n_s	2048

5.2.7 初级测量

在 NMR-MOUSE 上用简单的 Hahn 回波和 CPMG 测量可以评估塑化剂流失和机械应力的影响，并且可以测试产品关键部位的制造缺陷。即使 NMR 信号采集能在几十秒完成，但与拉曼、红外和其他光学谱方法相比，NMR 测量速度仍然较慢。这也是大型部件一般不用单边 NMR 进行完全扫描的原因，NMR 分析一般用于已知局部区域，例如高强度机械冲击部位以及生产、使用中怀疑存在瑕疵的部位。局部分析的好处是可对比分析问题点和周围参考区材料的 NMR 参数。

例如，PVC 管上裂纹附近的横向弛豫时间就小于其周围材料 [图 5.2.1(a)]。这是因为聚合物链在发生应变时会降低可动性，增加运动的各向异性。运动的降速和受限，增加了聚合物链质子间的剩余偶极-偶极作用并增强了横向弛豫速率。所示数据为用双指数拟合 CPMG 衰减得到的慢弛豫组分的横向弛豫时间 $T_{2\text{eff,long}}$。研究发现，慢弛豫组分比快弛豫组分对材料变化更敏感。

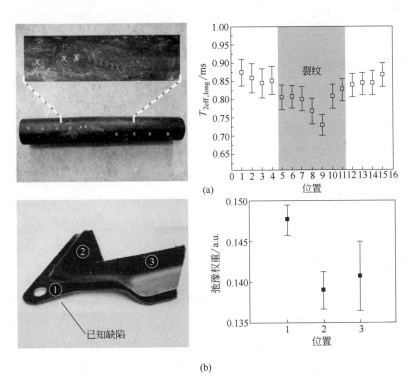

图 5.2.1　利用 NMR-MOUSE 弛豫测量非静态聚合物物体缺陷。(a) 含有炭黑的 PVC 管，以及裂痕附近不同位置点的慢弛豫组分 $T_{2\text{eff,long}}$；(b) 玻璃纤维增强聚合物和所选位置上的弛豫加权参数。已知位置 1 有一个看不见的缺陷

对于单指数弛豫，使用 w 方程 [式(3.1.5)] 可以从回波串中消去自旋密度 M_0。这时，回波间隔为 t_{E1} 和 t_{E2} 时两次测量到的回波幅度之比是弛豫加权参数 $M_0\exp(-t_{E2}/T_2)/[M_0\exp(-t_{E1}/T_2)]=\exp[-(t_{E2}-t_{E1})/T_2]$。这种方法已经用于弛豫性质的快速检验，在汽车部门发现了玻璃纤维增强聚合物成分的潜在缺陷 [图 5.2.1(b)]。这个缺陷具有较高的弛豫权重，与 PVC 管的裂痕一样显示为相对较短的横向弛豫时间。权重参数 w [式(3.1.5)] 也得到了相同的信息，而且信噪比更高，因为它用的是 CPMG 回波串中的许多回波的叠加。利用 NMR-MOUSE 研究非晶态聚合物可能遇到的问题见表 5.2.2。

表 5.2.2 利用 NMR-MOUSE 研究非晶态聚合物的常见问题

——回波间隔太短,接收器振铃覆盖了 NMR 信号

——回波个数过大,回波串远远长于信号

——接收相位调节不正确,在完成数据采集后需要调整信号的相位

——NMR 信号依赖于样品温度

——被测物体的非均匀性是固有的,并非来自裂痕

5.2.8 高级测量

高级测量可分别采集双量子增长曲线（图 5.1.6），利用自旋扩散实验（图 5.3.5）得到偶极-偶极耦合强度，根据纳米尺度上的分子可动性差异获取非均质形态信息。硬非静态聚合物的链段运动比橡胶中慢，形成强偶极-偶极作用。多固体回波串 [图 5.1.5(b)] 能够采集更多的回波，由于固体回波将自旋间的部分偶极-偶极作用（图 5.1.1）平均掉了，所以回波包络的衰减也更慢，这样做提高了采集信号能量的敏感度，但可能会降低用于区分不同材料的对比度的敏感区。

5.2.9 数据处理

刚性聚合物 NMR 数据的噪声通常比软聚合物的大，因为在首个回波之前的仪器死时间内有大量信号衰减掉了。此外，回波个数也在 10 个左右或者更少，而弹性体则能采集到几百或几千个回波。因此，轻微的相位偏差都要引起重视，需要对回波或回波串测量得到的复数横向磁化量进行相位校正。将采集信号乘以固定相位因子 $\exp(-i\Phi)$，让信号只出现在数据的实部通道，而虚部通道只包含噪声。实部通道的信号优先进行积分来计算弛豫加权自旋密度 w [式(3.1.5)] 或进行模型方程拟合来获得弛豫速率和信号幅度。

5.3 半晶态聚合物

5.3.1 简介

半晶态聚合物比较特殊，它们同时具有有序聚合物链的晶态和无序聚合物链的非晶态结构［图 5.0.1(c) 和 (d)］。它们的最优工作温度高于玻璃相变温度，这时非晶态分子链是可动的，而晶态分子链是刚性的。通过分子 NMR 信号可根据分子链可动性确定结晶度，例如根据时域弛豫时间的差异或 NMR 谱线的形状宽度。晶畴大小并不统一，随边界而随机变化。晶畴尺寸的不同引起 NMR 信号产生一个较小但非常重要的差异，因为聚合物链段堆积密度的不同，晶态和非晶态结构的质子密度是不同的。

晶体结构常用 X 射线衍射研究，而非晶态结构用 NMR、IR 和拉曼散射方法研究。NMR 弛豫分析不仅能识别来自晶相和非晶相的信号，而且能识别来自二者界面的信号，该信号通常表现为中等可动性［图 5.0.1(c)］。根据短、中、长横向弛豫时间磁化组分的信号幅度，可以确定不同区域质子的相对含量。测量纵向磁化量从晶相向非晶相的扩散，可确定每个区域的最小直径，即所谓的晶畴尺寸。这类实验称为自旋扩散实验。

自旋扩散是指核磁化量的转移，必须将其同小分子的自扩散区分开来，自扩散是聚合物材料中液态或溶剂分子的布朗运动。自扩散可用 NMR 很好地测量（第3.2.8 节），在 NMR-MOUSE 上很容易实现。聚合物材料中的溶剂分子扩散绝大多数发生在非晶态区，其分子链堆积密度小于晶相区。当半晶态聚合物材料发生形变时，非晶态区也最先受到影响。当非晶态区中的聚合物链发生变形时，从无规则卷曲构象［图 5.0.1(a)］变为拉长或压缩状态，分子链的可动性减低且运动更加受限。这增加分子链中质子（图 5.1.1）的剩余偶极-偶极作用，并增强横向弛豫速率。

5.3.2 目标

利用 NMR 研究半晶态聚合物是无损的，被测样品还可进行其他分析，还能直接获取非晶态、晶态和界面的信息。给定了质子密度，可以利用所测回波串在拟合方程的帮助下根据质子信号幅度计算晶态、界面和非晶态材料含量。拟合参数反映材料状态，样品的材料状态是由热历史和机械历史决定的，对于估算材料剩余使用寿命非常重要。这类材料的平均晶畴尺寸由自旋扩散实验确定。溶剂-扩散研究能够帮助理解老化机制和聚合物容器的隔阻性能。绝大多数研究需要空间深度维分辨率，因为膨胀和老化过程从表面开始，即使最初为均匀状态的聚合物材料也可能产生层状结构。高质量包装材料和聚合物容器（例如汽油罐）由层状聚合物板制成，需要使用深度维剖面技术来研究不同层理的厚度和性质，以及对机械和化学影响的响应。

5.3.3 延伸阅读

[1] Kimmich R. Principles of Soft-Matter Dynamics. Dordrecht：Springer；2012.

[2] Callaghan PT. Translational Dynamics & Magnetic Resonance. Oxford：Oxford University；2011.

[3] BlümichB, Casanova F，Perlo J. Mobile single-sided NMR. Prog Nucl Magn Reson Spectrosc. 2008；52：197-269.

[4] Hedesiu C，Demco DE，Kleppinger R，Vanden Poel G，Remerie K，Litvinov VM et al. Aging effects on the phase composition and chain mobility of isotactic poly（propylene）. Macromol. Mat Eng. 2008；93：847-857.

[5] Hedesiu C，Demco DE，Kleppinger R，Adams-Buda A，Blümich B，Remerie K，Litvinov VM. The effect of temperature and annealing on the phase composition, molecular mobility and the thickness of domains in high-density polyethylene. Polymer. 2007；48：763-777.

[6] Strobl G. The Physics of Polymers，3rd edition. Berlin：Springer；2007.

[7] Blümich B. NMR Imaging of Materials. Oxford：Clarendon Press；2000.

[8] Callaghan PT. Principles of Nuclear Magnetic Resonance Microscopy. Oxford：Clarendon Press，1991.

5.3.4 理论

（1）杂散场中的弛豫

通常用双指数或三指数衰减来拟合 NMR-MOUSE 测得的许多材料（包括半晶态聚合物）的 CPMG 衰减：

$$s(t)/s(0)=x_r\exp(-t/T_{2\text{eff,short}})+x_i\exp(-t/T_{2\text{eff,inter}})+x_m\exp(-t/T_{2\text{eff,long}})$$

$$(5.3.1)$$

式中，下角标 r、i、m 分别表示刚性、界面和可动；相对信号幅度 x_r、x_i 和 x_m 为弛豫速率 $1/T_{2\text{eff,short}}$、$1/T_{2\text{eff,inter}}$ 和 $1/T_{2\text{eff,long}}$ 分别对应的相对质子自旋密度。第一项与 X 射线结晶率成正比，而界面组分的幅度除 NMR 之外没有其他测量方法。式(5.3.1) 中的所有三个自旋密度之和为 1。CPMG 衰减的指数拟合必须面对缺少死时间内的信号 ［图 3.1.1(b)］ 以及 CPMG 序列自旋-锁定作用和扳转角分布引起的质子间偶极-偶极作用的部分均化的事实。因为 NMR-MOUSE 的非均匀杂散场中（图 3.1.5）的大多数自旋都是非准确共振。

(2) 大型均匀场中的弛豫

在 Halbach 磁体足够均匀的磁场中，横向磁化量衰减的测量更为准确，因为可以用确定的扳转角激发整个样品。由于所激发的样品体积大于 NMR-MOUSE 的敏感区，信号敏感度也得到提升。为了避免多回波串常见的自旋-锁定效应，要用单回波实验使用不同的回波间隔 [图 3.1.4(a)] 分步测量横向磁化量衰减，增加了测量时间。磁化量衰减较长时，利用 Hahn 回波 [图 5.1.5(a)，左图] 消除非均匀磁场造成的信号损失，磁化量衰减很好地符合指数方程。磁化量衰减较短时（小于 $100\mu s$），信号主要来自刚性组分，利用固体回波 [图 5.1.5(b)，左图] 并外推至零时刻 [图 3.1.4(b)]。刚性组分的衰减符合 Abragam 方程。

在相对均匀的磁场中用这种方法得到的半晶态聚合物的整个横向磁化量衰减用一个 Abragam 方程和两个指数方程的模型来表示：

$$s(t)/s(0) = x_r \exp[-(1/2)/(t/T_{2,\text{short}})^2][\sin(at)]/(at)$$
$$+ x_i \exp(-t/T_{2,\text{inter}}) + x_m \exp(-t/T_{2,\text{long}}) \qquad (5.3.2)$$

利用该模型拟合实验曲线 [图 3.1.4(a)] 可得到三个相态的弛豫速率及其自旋密度的幅度。

5.3.5　脉冲序列和参数

利用 NMR-MOUSE 研究半晶态聚合物的标准脉冲序列是多固体回波序列 [图 5.1.5(b)]。由于晶态区是刚性的，偶极-偶极作用很强，初始信号衰减很快，要使用短回波间隔。采集参数与测量刚性非晶态聚合物时一致（表 5.2.1）。如果在相对均匀磁场的封闭式磁体中测量小样品，横向磁化衰减的测量将更准确，因为这时不存在强磁场梯度引起的偏共振影响。当回波间隔大于 $100\mu s$ 时，应该使用 Hahn 回波 [图 5.1.5(a)，左图] 或直接采集自由感应衰减来节省时间 [图 3.1.4(a)]。此外，还可以用一个"魔术回波（magic echo）"作为 CPMG 序列的起始，将多中心偶极-偶极作用反转，获得更准确的初始信号幅度。

5.3.6　硬件

半晶态聚合物的 NMR 测量硬件要求具有短回波间隔，尽可能地减小刚性晶畴的信号损失。根据经验，NMR-MOUSE 的探测深度越大，射频线圈的直径越大，NMR 频率越低。这两点都会产生较大的死时间，因此利用单边 NMR 仪器测量玻璃质和半晶态聚合物时，探测深度要设定较浅。适用的仪器有探测深度为 $3\sim5mm$ 的 Profile NMR-MOUSE [图 5.1.2(a)]、条形磁体 NMR-MOUSE [图 5.1.2(b)]

和装配小直径线圈的封闭型磁体，例如 Halbach 磁体 ［图 5.1.2(c)］。由于半晶态聚合物的横向弛豫时间很短，这类物体的成像研究相当少见。

5.3.7　初级测量

利用 NMR-MOUSE 和短回波间隔 CPMG，可通过杂散场弛豫测量研究半晶态聚合物的许多实用性质。根据横向弛豫信号快衰减组分 ［式(5.3.1) 和式(5.3.2)，图 5.3.1(a)］ 的相对信号幅度可估算结晶度 x_r。NMR-MOUSE 测量 PE 样品的信号做双指数拟合得到的结晶度与高场 NMR 结果能较好地吻合，分别为 70.3% 和 72.4%。注意，NMR 结晶度是根据分子可动性差异得到的，而 X 射线衍射结晶度是通过分子有序性得到的。不同方法得到的结晶度结果并不能完全相同。但 NMR-MOUSE 测量值和高场 NMR 结果能很好地吻合。

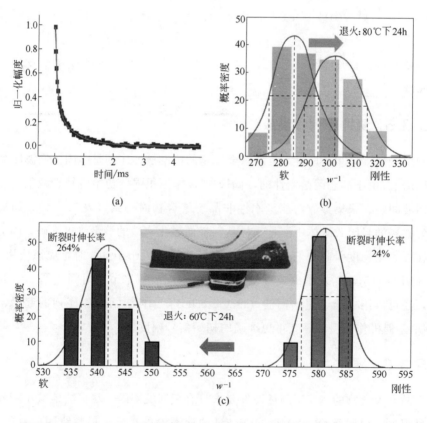

图 5.3.1　聚乙烯 (PE) 产品的弛豫测量。(a) 双指数方程拟合的 CPMG 衰减。根据快速衰减组分的相对幅度确定了 NMR 结晶度。(b) 在直径 10cm 的高密度聚乙烯 (HDPE) PE100 管内部测得的 w 参数分布。退火将分布向右移动，材料也变得更脆。(c) 低密度聚乙烯 (LDPE) 制成的复合钢管壳 (老化且较脆) 的 w 参数分布。退火将分布向左移动，材料也变得更软

由于敏感区内的平均结晶度不同，NMR-MOUSE 测得不同位置处的半晶态聚合物材料的 CPMG 衰减有变化，与橡胶材料类似［图 5.1.4(c)］。由于处理环境以及暴露在热和机械应力下会影响材料形态，所以结晶度的分布依赖于半晶态聚合物的热历史和机械历史。在 80℃ 退火前后，在直径 10cm 的聚乙烯（PE100）管壁内侧测量了 w 参数的分布。半晶态聚合物退火在聚合物物理中称为结晶。随着材料变得更脆［图 5.3.1(b)］，对比参数的分布向着高数值变化。低密度 PE 复合钢管壳经过 60℃ 退火后变得更有弹性，表现为对比参数随着材料变软从高值向低值变化［图 5.3.1(c)］。除此之外，断裂伸长率从 24％ 改善到 264％。这说明 NMR-MOUSE 简单弛豫测量可用于评估半晶态聚合物物体。退火的效果同样可在产品生产出来后，在室温下存储半晶态聚合物材料产品时观察到。

老化和退火影响链段的可动性，因此对弛豫时间的影响就像应力和应变的关系一样。不同老化的聚乙烯材料的相对抗拉强度影响单指数拟合实验数据得到的 $T_{2\text{eff}}$ 线性变化。PE 材料老化程度越高，相对抗拉强度越低，$T_{2\text{eff}}$ 越短［图 5.3.2(a)］。这一结论将现场无损 NMR 测量与实验室内样品的机械测量联系起来。从一大卷管路中截取一段弯曲的 PE 管，将其以中心顶销掰直或反向掰弯［图 5.3.2(b)］，非晶态相和界面相的 $T_{2\text{eff}}$ 增加［图 5.3.2(c)］，但晶态相的 $T_{2\text{eff}}$ 未受影响。这时，CPMG 衰减可用三指数衰减来拟合［式(5.3.1)］。另外，根据纵向磁化上升曲线只能用双指数拟合方程得到两个 T_1 弛豫时间，分别对应于晶态和非晶态。只有非晶态的弛豫时间 T_1 随着形变而变化［图 5.3.2(d)］。这些结果与老化和变形主要影响非晶态相和界面相而非结晶态的解释一致。

半晶态聚合物暴露于溶剂中时，非晶态也是受影响最大的。取决于溶剂的溶解性，某些溶剂（例如水）仅在极端环境下侵入聚乙烯，例如在 6℃ 和 180bar（1bar＝10^5Pa）压力的氮气氛下［图 5.3.3(a)］。对于中等密度聚乙烯，利用单指数方程拟合 CPMG 衰减得到有效横向弛豫时间 $T_{2\text{eff}}$，$T_{2\text{eff}}$ 以某一时间常数按指数规律逐步增大 19 天并达到饱和值。通过调节传感器表面上的标准测试样品位置，就可在 NMR-MOUSE 上实现这类测量。

除了单深度测量，还可以采集随时间变化的深度剖面。利用这种方法在常温常压下跟踪了浸水聚合物板汽车配件的水侵入过程［图 5.3.3(b)］。水从两侧开始侵入，测量了约 65 天，直到 3mm 厚的板子达到平衡浓度 4％。将 NMR 幅度与参考样品刻度得到定量浓度。根据一系列时间下的深度剖面得到互扩散系数。塑料汽油箱具有多层结构：提供稳定的外壁、外壁和阻挡层之间的黏合层、阻挡层和内壁之间的另一个黏合层、内壁。NMR 深度剖面上可以分辨上述所有层［图 5.3.3(c)］。

将油箱装满汽油，内层发生膨胀，但膨胀受到阻挡层的阻止。膨胀过程持续了几天，连续测量罐壁的深度剖面能够清晰地识别该过程。所有这些测量只需要短回波间隔的标准多固体回波序列。一些常见问题见表 5.3.1。

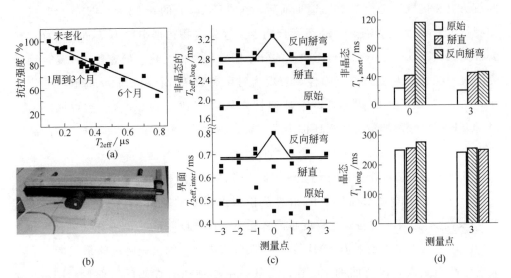

图 5.3.2　利用 NMR-MOUSE 测量聚乙烯物体的弛豫。（a）不同老化聚乙烯的相对抗拉强度与 T_{2eff}（单指数拟合 CPMG 衰减得到）的关系。（b）从大卷管路截取的弯曲 PE 管材的测量实验装置。分别在原始弯曲状态、木质支撑下用力掰直状态以及反向掰弯（在板和管材之间用销子支撑于管材中部）状态下测量。（c）沿管材不同位置处、管材内外的弛豫时间（用三指数方程拟合 CPMG 数据得到）。非晶相和界面相的弛豫时间随变形一直增加，而晶态相的弛豫时间不变（未给出）。（d）纵向弛豫含有两个组分（一个来自晶态相、一个来自非晶态相）。非晶态相组分的纵向弛豫时间随变形而增加，而晶态相组分依然不受影响

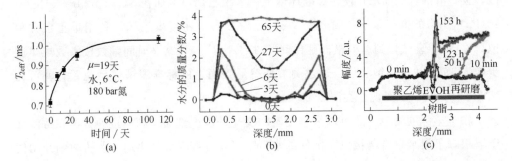

图 5.3.3　溶剂侵入聚合物。（a）在 6℃、180bar（1bar＝100kPa）压力的氮气氛下，根据有效横向弛豫时间跟踪水侵入中密度聚乙烯测试板的过程；（b）在常温常压下，根据不同时间的深度剖面监测水侵入聚合物板汽车配件的过程；（c）利用不同时间的深度剖面监测汽油从右侧侵入层状油箱壁的过程，油箱壁的两个聚合物层被阻挡层隔开，并用树脂将它们黏结

表 5.3.1 测量半晶态聚合物的常见问题

——回波间隔太短,接收器振铃覆盖了 NMR 信号

——由于使用了 CPMG 序列而非多固体回波序列,信号太小

——回波个数过大,回波串远远长于实际信号衰减

——接收相位调节不正确,在完成数据采集后需要调整信号的相位

——没有考虑到半晶态聚合物的统计特性,而将不同位置处的信号叠加平均

——被测物体的非均匀性是固有的,并非来自裂痕

5.3.8 高级测量

(1) 分子扩散

溶剂的膨胀吸收由互扩散决定,即分子从高浓度向低浓度沿浓度梯度的热激活平移运动。重复进行深度剖面测量可监测这一膨胀过程〔图 5.3.3(b) 和 (c)〕。平衡条件下液态分子和固态溶剂分子的布朗运动称为自扩散(第 3.2.8 节)。

在杂散场 NMR 仪器的固定梯度场中,利用受激回波将扩散信息记录在 CPMG 衰减之中〔图 3.2.5(b)〕。施加 180°脉冲或两个连续 90°脉冲可对固定梯度进行调制。这个时间调制可用有效梯度 G_{eff} 表示。根据式(3.3.4) 可知,有效梯度的时间积分决定了磁化量波的波数。每当 G_{eff} 的总时间积分为 0 时,就能观察到一个梯度回波。这个回波不仅受弛豫的衰减,还受到扩散作用下的分子位移的衰减。受激回波的信号衰减为:

$$s(t_E, \Delta)/s(0) = \exp\left[-(\gamma G t_E/2)^2 D(\Delta + 1/3 t_E) - \Delta/T_1 - t_E/T_2\right] \quad (5.3.3)$$

NMR-MOUSE 的强磁场梯度在 20T/m 量级,一般忽略弛豫项,因此扩散系数是对应 $s(t_E, \Delta)/s(0)$ 与回波间隔 3 次方的半对数曲线图的斜率〔式(3.2.12)〕。此外,还可以按式(5.3.3) 拟合实验数据得到扩散系数〔图 5.3.4(b)〕。扩散编码时,混合时间 t_m 不变,改变回波间隔 t_E,在探测阶段利用短回波间隔采集 CPMG 回波,并通过叠加改善信噪比〔图 5.3.4(a)〕。对于 PE,典型的采集参数为 $T_1 > 0.25s$,$T_2 > 1ms$,$t_E = 32 \sim 200 \mu s$,$\Delta t_E = 12 \mu s$,$\Delta = 50ms$。

对于纯流体(例如正己烷和甲苯),观测到一个扩散系数〔图 3.2.6 和图 5.3.4(b) 顶部〕;对于膨胀的样品,观测到两个扩散系数〔图 5.3.4(b) 底部〕。其中一个来自快速信号衰减,对应润湿样品的自由流体;另一个来自慢信号衰减,对应聚合物材料内受限于聚合物链的流体分子。

扩散时间 Δ 越长,溶剂分子扩散运动经历聚合物链的限制作用越多。扩散系数随着扩散时间的增长而减小〔图 5.3.4(c) 左图〕。扩散时间较短时,扩散受限于

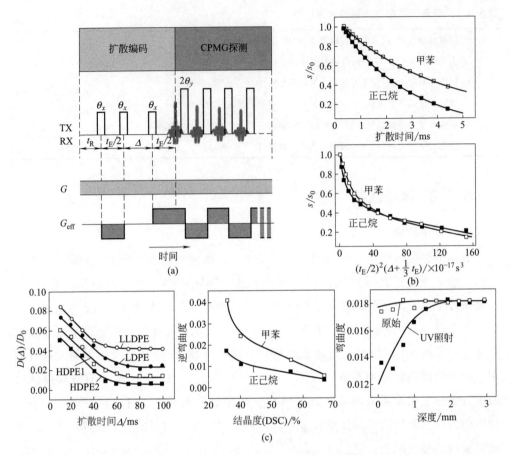

图 5.3.4　利用 NMR-MOUSE 测量平移自扩散。(a) 脉冲序列包含扩散编码阶段和 CPMG 探测阶段。理想情况下，脉冲扳转角 θ 为 90°。NMR-MOUSE 的梯度是固定不变的，而有效脉冲随着每个 180°而改变符号，并在纵向磁化量形成中暂停施加。扩散编码时，扩散时间 t_m 不变，改变回波间隔 t_E，在探测阶段利用短回波间隔采集 CPMG 回波，并通过叠加改善信噪比。(b) 纯溶剂和聚乙烯中该溶剂的扩散曲线。扩散受限时，信号衰减更小。(c) 对于长扩散时间 Δ，相对扩散系数达到弯曲度的极限。弯曲率与结晶度成正比，从 LLDPE 到 LDPE、HDPE1 和 HDPE2 逐渐变大。对于正己烷，老化后 PE 管壁的弯曲率发生变化；原始管材的弯曲率未发生变化。图中的线是为了看起来方便

非晶态相内部距离；而扩散时间较长时，扩散距离受限于聚合物形态。纯溶剂扩散系数 D_0 与长扩散时间扩散系数之比定义为弯曲度 τ：

$$\tau = \lim_{\Delta \to \infty} D_0 / D(\Delta) \tag{5.3.4}$$

事实表明，弯曲度随结晶度 [图 5.3.4(c) 中图] 变化，从线性低密度 PE(LL-DPE) 到低密度 PE(LDPE)、高密度 PE1(HDPE1) 和高密度 PE2(HDPE2) 逐渐

变大。这是溶剂分子主要在可动非晶态相中扩散的强有力证据。因此，老化引起的相态变化可通过监测溶剂扩散来观察。原始 PE 管和一侧 UV 照射老化的 PE 管的正己烷弯曲度深度变化图证实了这一观点 [图 5.3.4(c) 右图]。相比于原始材料，PE 管壁老化区域中的扩散更加受限，材料更脆。

（2）自旋扩散

在 Halbach 磁体更均匀磁场中测量自旋扩散的效果要好于 NMR-MOUSE 的高度不均匀磁场。基本实验包含三个阶段 [图 5.3.5(a) 和图 5.3.6(b)]：准备阶段、自旋扩散阶段和探测阶段。准备阶段形成非平衡纵向磁化量。从热平衡磁化量（经 $5T_1$ 等待时间建立）开始，施加一个脉冲序列作为磁化量"滤波器"来消除晶态相之外的所有磁化量 [图 5.3.6(a)]。对于短双量子转换时间 t_{MQ}，只有强偶极-偶极作用的刚性相的磁化量通过"滤波器"，其他磁化量均被阻隔在外。

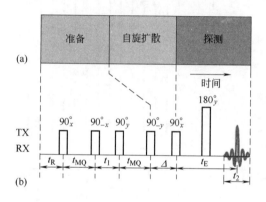
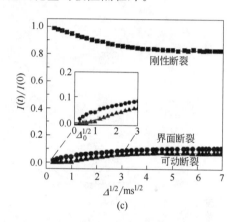

图 5.3.5　测量自旋扩散的时序，以及实验得到的聚乙烯的自旋扩散曲线。(a) 时序包含准备阶段、自旋扩散阶段和探测阶段。(b) 在准备阶段中，首先建立热平衡磁化量，再施加双量子滤波器，使刚性相达到最大纵向磁化量，其他相的磁化量为零。在自旋扩散阶段，磁化量从晶态相穿过界面扩展进入非晶态相。在探测阶段，用 Hahn 回波或回波串采集横向磁化衰减。(c) 100℃ 下，HDPE 的可动、界面和刚性相的自旋扩散曲线。磁化量从刚性相穿过界面扩散进入可动相。插图为初始部分曲线的放大。时间 $\Delta_0^{1/2}$ 正比于界面的尺寸

在自旋扩散时间 Δ 期间，磁化量从刚性晶态相扩散穿过界面进入可动非晶态相 [图 5.3.6(a)]。该运移由相邻自旋热反转过渡引起，并与偶极-偶极作用相耦合 [图 5.3.6(b)]。在室温下，只有很少的自旋能够形成纵向磁化量。所有其他自旋的磁化量均被相邻反向自旋抵消了。只有当两个相邻自旋的方向一致时，才能在样品相应位置处建立纵向磁化量。如果在反转过程中，这类自旋和相邻的反向自旋交换方向，则磁化量将改变其位置。磁化量以这种方式从其刚性相的原来位置扩展至

界面和可动相的下沉区域。磁化量在空间各方向上的扩展遵循扩散方程：

$$\partial M_z / \partial \Delta = D \partial^2 M_z / \partial x^2 \tag{5.3.5}$$

式中，D 是自旋扩散常数；Δ 是自旋扩散时间；M_z 是纵向磁化量。

在探测阶段，基于式(5.3.5)采集和分子横向磁化量衰减，因此刚性、界面和可动相的磁化量多少是自旋扩散时间 Δ 的函数[图5.3.5(c)]。在聚合物形态学模型的帮助下[图5.3.6(a)]，在描述聚合物形态和依赖扩散时间的磁化量组分的边界条件下，通过拟合扩散方程的解析解可得到各晶格尺寸 d_r、d_i、d_m。方程的解是相当复杂的复数表达式，需要输入每个相态的自旋扩散常数。这些常数可通过宽谱线 NMR 波谱获得，例如每个不同相态的横向磁化量的傅里叶变换。

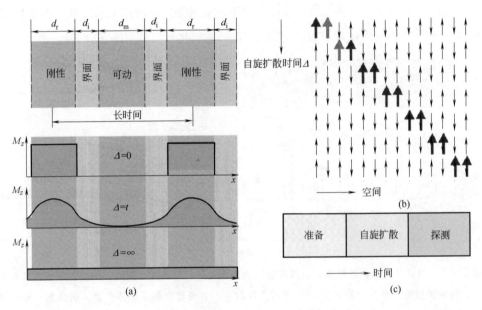

图 5.3.6　具有层状形态的半结晶聚合物的自旋扩散。(a) 刚性、界面、可动聚合物链段的叠加。在恰当脉冲序列的帮助下，最初只在刚性相中建立局部纵向磁化量。随后，脉冲序列进入自旋扩散时间 Δ，在此期间磁化量由刚性相穿过界面进入可动相。(b) 纵向磁化量（加粗箭头）通过以偶极-偶极作用耦合在一起的自旋对（一般箭头）的相互反转运移穿过物体。(c) 自旋扩散实验的时序方案

由于高温会增强聚乙烯的链段可动性差异，在 100℃进行了测量。在此温度下，测量被限制在很短时间内，避免形态的退火作用，以免在监测可动、界面和刚性组分幅度时探测到温度的影响。通过利用描述层状形态聚合物的纵向磁化量从刚性区通过界面向非晶相区扩散的理论方程来拟合测得图 5.3.5(c) 中的自旋扩散曲线，得到层片的刚性、界面、可动部分的直径分别为 17.0nm、1.3nm 和 0.7nm。注意通过外推可动相的自旋

扩散曲线至零幅度，得到界面相的直径 d_i 正比于自旋扩散时间 $\Delta_0^{1/2}$。

5.3.9 数据处理

根据信噪比，通常采用单指数、双指数和三指数方程来拟合 NMR-MOUSE 采集的弛豫数据。在均匀场中可以测量较大样品，因此其高信噪比能够根据式（5.3.2）得到更精确的弛豫衰减分析结果。需要根据测量信号外推得到零时刻的信号幅度，以便改善根据快速横向弛豫组分估算 NMR 结晶度的效果。

利用溶剂的扩散数据，可根据信号幅度的半对数曲线的直线斜率（图 3.1.6）或用理论方程拟合实验数据 [图 5.3.4(b)] 得到扩散系数。利用专用方程和聚合物形态模型分析自旋扩散曲线获得晶态相、界面和非晶态相的直径。如果没有这些方程，根据非晶态相与自旋扩散时间平方根的自旋扩散曲线外推截断，可以确定层状形态时的晶态相和非晶态相之间界面厚度的相对差异。

5.3.10 参考文献

[1] Maus A，Hertlein C，Saalwächter K. A robust proton NMR method to investigate hard/soft ratios，crystallinity，and component mobility in polymers. Macromol Chem Phys. 2006；207：1150-1158.

[2] Adams A，Adams M，Blümich B，Kocks HJ，Hilgert O，Zimmermann S. Optimierung der Umhüllung von Stahlrohren. 3R International. 2010；49：216-225.

[3] Blümich B，Adams-Buda A，Baias M. Alterung von Polyethylen：Zerstörungsfreies Prüfen mit mobiler magnetischer Resonanz. GWF Gas Erdgas. 2007；148：95-98.

[4] Reuvers NJW，Huinink HP，Fischer HR，Adan OCG. Quantitative water uptake study in thin nylon-6 films with NMR imaging. Macromolecules. 2012；45：1937-1945.

[5] Blümich B，Casanova F，Perlo J. Mobile single-sided NMR. Prog Nucl Magn Reson Spectrosc. 2008；52：197-269.

[6] Kwamen R，Blümich B，Buda A. Estimation of self-diffusion coefficients of small penentrants in semicrystaline polymers using single-sided NMR. Macromol Rapid Commun. 2012；33：943-947.

[7] Hedesiu C，Demco DE，Kleppinger R，Adams-Buda A，Blümich B，Remerie K et al. The effect of temperature and annealing on the phase composition，molecular mobility and the thickness of domains in high-density polyethylene. Polymer 2007；48：763-777.

[8] Buda A，Demco DE，Bertmer M，Blümich B，Litvinov LV，Penning JP. General analytical description of spin-diffusion for a three domain morphology. Application to melt-spun nylon-6 fibers. J Phys Chem B. 2003；107：5357-5370.

第6章

生物组织

NMR 最具价值的应用是医学诊断的 MRI。MRI 的软生物组织图像对比度优于 CT 得到的 X 射线图像。早期医学 MRI 仪器工作在 0.5T 场强下，与 NMR-MOUSE 的场强相当。在绝大多数应用中，自旋密度、弛豫或分子自扩散差异产生的 MRI 对比度都不需要均匀磁场。因此，人们想到杂散场 NMR 也应该能得到可以很好区分的医学组织的信号，在科幻作品中还出现了能够远离人体或手臂一定距离诊断疾病的 NMR 三录仪 ［图 6.0.1(a)］。目前，杂散场 NMR 技术的探测深度为有限的几厘米，可利用 NMR-MOUSE 以紧密接触的方式研究叶片、树皮、皮肤、近表肌腱、骨头和大脑。

NMR-MOUSE 式的杂散场传感器的信号来自距传感器表面一定距离且平行于传感器表面的切片 ［图 6.0.1(b)］。这个切片对应 NMR 图像的一个像素，通过移动切片，可逐点测量得到高深度分辨率剖面、低横向分辨率的图像。NMR-MOUSE 的平面像素分辨率相当粗糙 （约为 $1cm^2$ 量级），但其深度分辨率非常高 （约为 $10\mu m$ 量级），深度剖面的分辨率由被测层的平整度以及切片与被测层的对齐度决定。

动物和植物中都有生物组织，它们是特定功能细胞的集合。研究组织的学科称为组织学。传统组织学技术是侵入式的，需要将组织嵌入石蜡块进行着色、冷冻、切片，在显微镜下观察研究。动物组织有四个基本类型：①结缔组织，例如软骨、肌腱、骨头、脂肪组织和血液；②肌肉组织；③神经；④上皮组织，连接腔体和身体结构表面。植物组织包括：①表皮，由叶片外细胞组成；②维管组织，组成运输流体和养分的本质部和韧皮部；③基本组织，通过光合作用产生和储存养分。植物组织还可以划分为：①分生组织，主动分裂细胞；②永久组织，不能主动分裂细胞。

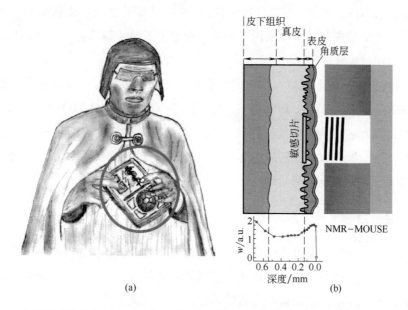

图 6.0.1 小说和现实中的医学单边 NMR。(a) 类似《星际迷航》中三录仪［Tricoder，哥伦比亚广播公司（CBS）商标］的设备可以远程诊断疾病，而 NMR-MOUSE 不能采集远处的 NMR 信号；(b) Profile NMR-MOUSE 的敏感区是薄平切片形状，能够刻画皮肤层序，例如在感兴趣的深度范围内通过移动敏感切片测量下臂的皮肤

因为 NMR 是无损的，生物组织研究对 NMR 很感兴趣。此外，移动式 NMR 还可以进行现场测量，例如在医生办公室、老年人家里、温室、田野或森林中使用。NMR-MOUSE 尤其适合描述距传感器表面一两厘米内的层状组织，例如研究皮肤、肌腱和骨骼等结缔组织。另外，便携式 MRI 可提供小动物的图像（例如动物收容所附近的老鼠）和植物茎部截面图像（监测本质部和韧皮部的流体和运移）。

6.1 皮肤深度维剖面

6.1.1 简介

皮肤是身体的外保护层，具有隔离病菌和阻止水分流失的作用，对于很多人来说还决定了其外表身份。因此研究皮肤对于医学和美容具有重要意义。皮肤由很多层组成，其中最重要的是：角质层，由死细胞构成；表皮层，形成阻挡层；真皮，细胞生长的地方；皮下组织，皮肤下面的第一层［图 6.0.1(b)］。

这些层的厚度和性质随着性别、皮肤在身体上的位置、年龄、皮肤类型、日照和护肤保养的不同而变化。美容只影响皮肤的外层而不会穿过皮肤阻挡层进入身体。这与释放主动成分来从外向内穿过皮肤的尼古丁贴片等药物不同。相反，汗液是从内向外穿过皮肤的。

利用传统 MRI 技术很难对皮肤的形态和功能进行成像，除非使用特殊的硬件来分辨皮肤层序中的薄层。杂散场 NMR 传感器（例如 NMR-MOUSE）天生适合皮肤成像，因为它们在低深度时性能最优，而且高梯度决定其具有非常高的分辨率。然而，由于敏感切片在侧向上延展几毫米，不同皮肤层的波纹形界面限制了实验最终能获得的深度分辨率［图 6.0.1(b)］。

6.1.2 目标

利用 NMR 研究皮肤的目标是分辨其层状结构和诊断其状态。这些研究受皮肤嫁接、创伤愈合、过敏反应、经皮药物管理等医学条件，反映身体的流体摄取和运动等功能的水合作用，以及透析等医学治疗研究的驱动。另外一个研究动机是利用激光、美容品和其他方法进行皮肤保养护理。通过选择深度剖面上合适的对比度，可以将皮肤层的变化与皮肤治疗及时关联起来，例如定量分析护肤霜的渗入。

6.1.3 延伸阅读

［1］ Danieli E，Blümich B，Single-sided magnetic resonance depth profiling in biological and materials science. J Magn Reson. 2013；229：142-154.

［2］ Van Landeghem M，Perlo J，Blümich B，Casanova F，Low-gradient single-sided NMR sensor for one-shot profiling of human skin. J Magn Reson. 2012；215：74-84.

［3］ Casanova F，Perlo J，Blümich B，editors. Single-Sided NMR. Berlin：Springer；2011.

［4］ Ciampi E，van Ginkel M，McDonald PJ，Pitts S，Bonnist EY，Singleton S，Williamson AM. Dynamic in vivo mapping of model moisturiser ingress into human skin by GARField MRI. NMR Biomed. 2010；24：135-144.

［5］ Rähse W，Dicoi O. Produktdesign disperser Stoffe：Emulsionen für die kosmetische Industrie. Chemie Ingenieur Technik. 2009；81：1369-1383.

［6］ Blümich B，Casanova F，Perlo J. Mobile single-sided NMR. ProgNuclMagn Reson Spectrosc. 2008；52：197-269.

［7］ Casanova F，Perlo J，Blümich B. Depth profiling by Single-Sided NMR. In：Stapf S，Han SI，editors. NMR Imaging in Chemical Engineering. Weinheim：Wiley-VCH；2006，pp. 107-123.

［8］ McDonald PJ，Akhmerov A，Backhouse LJ，Pitts S. Magnetic resonance profiling of human skin in vivo using GARField magnets. J PharmSci. 2005；94：1850-1860.

6.1.4 理论

在不具备波谱分辨率时，NMR 可以利用不同弛豫速率和扩散系数区分磁化量组分。此外，可按深度和时间定量确定组分幅度和相关弛豫速率及扩散系数。根据这些 NMR 数据可以发展皮肤模型描述其层序结构以及功能，例如摄取、释放、运输汗液以及乳液中油和水的过程。杂散场 NMR 是唯一能够提供皮肤功能模型以及模拟皮肤材料和运输性质所需信息的方法。

6.1.5 硬件

MRI 通常用于分析生物组织。当前的 MRI 不只能测量人体，小型化仪器已经用于桌面分析和手持设备 [图 1.3.3]。研究皮肤层状结构的最佳方法是杂散场 NMR，因为这类测量简单，还能提供皮肤层的高分辨率深度维剖面的自旋密度、弛豫和扩散信息。GARField（gradient at right angle to field）磁体就是其中一种，将被测物体放置在桌面磁体的大尺寸气隙中，获得物体的高分辨率 NMR 深度维剖面。该磁体三面开放，其磁场在较大范围内具有恒定的梯度 [图 6.1.1(c)]。NMR-MOUSE 和新型 Fourier NMR-MOUSE [图 6.1.1(b)] 用于研究活体皮肤深度维剖面。

皮肤很薄，最佳测量方案是低探测深度（例如 5mm）的 NMR-MOUSE。利用杂散场 NMR 设备测量人体或动物时，导电的身体可能会变成天线给 NMR 接收器反馈噪声。为了降低被测物体采集的噪声，使用与升降台或谱仪接地连接的导电绸将 NMR-MOUSE 和大部分手臂包裹起来是一种有效方法 [图 6.1.1(a)]。

通过调整传感器和物体间的距离，利用 Profile NMR-MOUSE 扫描深度信息 [图 6.0.1(b)]。虽然 Profile NMR-MOUSE 适合利用 w 参数 [式(3.1.5)] 分辨活体皮肤的层状结构，以及跟踪特定深度皮肤的变化，但其灵敏度不足以及时采集深度维剖面，例如跟踪使用护肤霜后的水分摄取、皮肤层膨胀和干燥过程 [图 6.1.1(b)]。这类实验最好利用 Fourier NMR-MOUSE [图 6.1.1(a)] 和 GARField 磁体 [图 6.1.1(c)]，只需一次实验能获得深度维剖面，无须一步步在皮肤各层中移动敏感切片。这种仪器利用 MRI 中的频率编码技术，根据回波的傅里叶变换得到深度维剖面。取决于梯度的大小，利用窄 RF 脉冲就能激发一定深度范围内的信号。GARField 磁体的梯度与 Profile NMR-MOUSE 相同，都约为 $20T/m$ 量级，利用精确定形的极靴得到高度均匀的梯度 [图 6.1.1(c)]。要覆盖 1mm 或 2mm 的深度范围，磁场梯度要缩小 1/10，并在敏感切片中保持均匀。为了达到该要求，Fourier NMR-MOUSE 磁体气隙中精确放置了匀场磁体 [图 6.1.1(b)]。

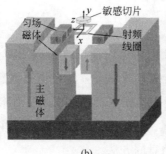
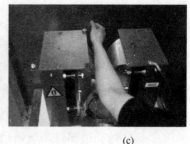

(a)   (b)   (c)

图 6.1.1　测量皮肤深度维剖面的杂散场传感器。（a）安装在电脑控制升降台上的 Profile NMR-MOUSE。手臂放置在 NMR-MOUSE 上的扶手中。被测物体用导电绸覆盖，导电绸与谱仪接地来降低远场噪声。（b）Fourier NMR-MOUSE：在 Profile NMR-MOUSE 加入匀场磁块，调节得到更厚的敏感切片和更均匀的梯度。（c）GARField 磁体在很宽的范围内具有均匀的梯度，用于薄层样品的 1D 成像（Perter McDonald 供图）。利用 GARField 磁体和 Fourier NMR-MOUSE 可通过一次测量的回波傅里叶变换得到深度维剖面

6.1.6　脉冲序列和参数

利用 Profile NMR-MOUSE 测量皮肤的标准测量序列是 CPMG 序列 [图 3.1.1(b)]。高级测量确定扩散系数或扩散系数的分布，最佳方案是受激回波序列 [图 3.2.5(b) 和图 5.3.4(a)]。采集弹性体和采集皮肤等软组织横向磁化量衰减的 CPMG 序列参数是相似的（表 6.1.1 和表 5.1.1）。相对于弹性体，皮肤包含能够扩散的水和脂肪分子。回波间隔的选择决定了 NMR-MOUSE 梯度磁场的信号中的扩散权重。在确定扩散系数或扩散系数分布时，在 CPMG 前采集一个受激回波，每次测量时的回波间隔 t_E 从 $0.1\sim2$ms 按指数或线性增量 Δt_E 而变化，而扩散时间保持为 $\Delta = 5$ms 不变 [图 5.3.4(a)]。由于 Fourier NMR-MOUSE 不是标准方法，其采集参数在下面的高级测量章节中与其应用一起讨论。

表 6.1.1　^{1}H 杂散场 NMR 测量皮肤的参数

参　　数		参　　数	
磁体探头	NMR-MOUSE PM5	采集时间 t_{acq}	$20\mu s$
发射频率 v_{rf}	17.1MHz	回波间隔 t_E	$50\mu s$
90°脉冲幅度	-8dB(300W)	回波个数 n_E	1024
90°脉冲宽度	$5\mu s$	循环延迟 t_R	1s
采样间隔 Δt	$1\mu s$	采集次数 n_s	32

6.1.7 初级测量

人体活体皮肤的 w 参数深度维剖面因人而异 [图 6.1.2(a)]。即便在人工升降台上也可以很好地重现上述变化。然而，身体不同部位皮肤的剖面形状也存在差异 [图 6.1.2(b)]。基于 NMR-MOUSE 的 CPMG 测量是研究这些差异，并将特征与个人数据关联的优越方法。通过选择 w 参数和回波间隔可以调整深度剖面的对比度。

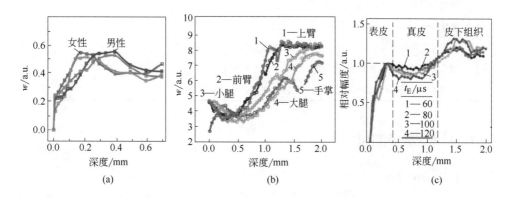

图 6.1.2 **皮肤的深度维剖面。(a) 男性和女性志愿者的手掌。对每个位置进行两次测量说明使用手动升降台的可重复性。(b) 女性志愿者身体不同部位皮肤。(c) 手掌的归一化剖面，采用不同的回波间隔来改变扩散权重。表皮的扩散较弱，真皮和皮下组织较强**

将回波串后半部分的回波幅度之和除以前半部分回波幅度之和，得到的是 w 参数 [式(3.1.5)]。对于皮肤来说，将回波串中的 300 个回波划分为前 30 个和后 240 个回波来计算 w 参数是较好的方案。回波间隔 t_E 影响扩散权重 [图 6.1.2 (c)]。长回波间隔增强扩散对比度。相对于真皮和皮下组织，表皮的信号随 t_E 的变化较小。

Profile NMR-MOUSE 能提供很高的深度分辨率，在良好的平面结构中分辨率可达 $10\mu m$ 以下，采集一个剖面需要几分钟时间。一个步长 $50\mu m$ 的 1mm 深度剖面，每个深度点测量 64 次，采用 0.3s 的循环延迟，采集时间为 8min。这个时间对于利用深度剖面监测水分侵入和皮肤干燥来说过长，但可以记录皮肤的初始和最终状态。利用 Fourier NMR-MOUSE 可以更快速地采集深度剖面。

测量活体皮肤需要采用一些措施来保证得到不同个体的可比性数据（表 6.1.2）。下臂和手掌最容易测量，其不同的皮肤层相对较厚，可在深度剖面上识别。测量一个深度剖面的时间为 $5\sim10min$。在此时间内，被测手臂必须保持完全不动。手臂对传感器压力的变化不仅影响皮肤层的形状，手臂下方升降台平板的轻微弯曲还将改变剖面的零点。当有许多人需要测量时，要使用专用固定架。根据射频线圈上方升降台平板上的黏胶带信号来标记深度剖面的初始位置。此外，每个人的皮肤需要调整到相同初始位置，还需要避免在传感器一侧的皮肤产生汗液。

表 6.1.2　测量活体皮肤时的常见问题

——循环延迟太短，水信号被部分压制
——回波串持续时间太短，回波串被截断
——回波间隔选择较差，扩散对比度效果较差
——测量时间过长，皮肤开始出汗
——测量过程中传感器上的压力发生变化，导致零点移动
——接收器相位调节不正确，数据采集过后需要调节信号相位
——噪声水平过高，被测物体成为天线，需要电子屏蔽，例如用接地导电绳将物体包裹起来

6.1.8　高级测量

（1）Fourier NMR-MOUSE

使用 Profile NMR-MOUSE 时，一步步地改变切片位置，每一步都采集整个切片的信号［图 6.0.1(b)］。相对于在梯度下采集回波的傅里叶成像频率编码空间（图 3.3.4），这种在真实空间扫描深度维剖面的方法比较慢。NMR-MOUSE 在深度方向 y 上存在梯度的条件下测量回波，但这个梯度要大于自旋回波成像梯度，且在施加射频脉冲时一直存在。因此，即使短射频脉冲也只能选择物体中一个切片，不能激发整个物体。此时，回波的持续时间约等于射频脉冲的持续时间 t_p。实际中，回波衰减的采样时间为 t_{acq}，直到回波信号被噪声覆盖。根据式（3.3.5a），在分辨率不受弛豫的限制时，Fourier NMR-MOUSE 的空间分辨率为 $1/\Delta y = k_{y,\max}/(2\pi) = \gamma G_y t_{acq}/(2\pi)$。

除了弛豫，NMR 信号还受扩散的衰减的影响。低黏度流体在强梯度场中的自由扩散衰减比较可观。梯度强度降低时，扩散衰减有所改善。频率编码要激发较大深度范围 $y_{\max} = 2\pi/(\gamma G_y \Delta t)$［式（3.3.5d）］，也需要低梯度强度，其中 Δt 为回波采样数据点采样间隔，一般为 $0.5 \sim 1\mu s$。实际中，深度范围受射频脉冲激发带宽限制。在梯度 G_y 为 2T/m 时，$5\mu s$ 长的射频脉冲激发的深度范围是 2mm，分辨率约为 $1/\Delta y \approx 1/(30\mu m)$。Fourier NMR-MOUSE［图 6.1.1(b)］的设计可满足这些指标要求。主磁体气隙中的小磁体用于调整降低磁场梯度。与 Profile NMR-MOUSE 相比，可将原来主磁体的梯度降低 10 倍，且整个切片范围（厚 2mm，大小覆盖线圈直径）内的梯度一致性更好。

Fourier NMR-MOUSE 测量深度维剖面的速度更快，因为敏感区切片的深度维剖面是回波的傅里叶变换。CPMG 回波串中的回波可以通过叠加改善信噪比，或分开处理得到 w 参数，计算弛豫时间和组分幅度，计算弛豫时间分布。CPMG 回波串还可以加入受激回波 [图 5.3.4(a)] 来引入扩散权重。不同回波间隔的受激回波和 CPMG 数据经过拉普拉斯变换可得到扩散系数分布。所有 Profile NMR-MOUSE 能完成的实验几乎都能在 Fourier NMR-MOUSE 上完成，虽然后者速度较快，但空间分辨率在一定程度上较低。

（2）延时深度维剖面

Fourier NMR-MOUSE 可在 30s 内采集到有用的深度维剖面。这个速度足以跟踪护肤品的摄取和排出过程。例如，通过每间隔 3min 采集 30s 的手掌皮肤 w 参数的深度维剖面，跟踪研究了护肤霜的润肤效果 [图 6.1.3(a)]。未涂抹护肤霜的普通皮肤干燥表皮具有低剖面值，而润湿真皮具有高剖面值，皮下组织的剖面值略低于真皮。表皮外层、角质层和表皮摄取护肤霜的速度大致相同，而真皮和皮下组织的剖面没有发生变化。使用护肤霜后，随着时间的增长，剖面的峰值（对应真皮）略微向更大的深度移动，说明表皮随着吸收更多的护肤霜发生了膨胀。

（3）弛豫深度维剖面

利用高信噪比 CPMG 回波序列（$t_R = 300\text{ms}$，扫描 2048 次）可在大约 10min 内完成横向弛豫时间的深度维剖面测量。图 6.1.3(b) 中的 CPMG 数据含有 340 个回波，每个回波用采样间隔 $\Delta t = 2\mu\text{s}$ 采样 128 个复数点得到。这样将深度分辨率设定成了 $1/(50\mu\text{m})$，受敏感切片内梯度的非一致性所限，略低于传感器的最大分辨率。

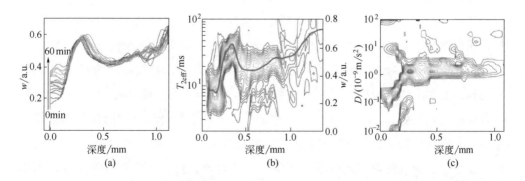

图 6.1.3　Fourier NMR-MOUSE 测得的手掌深度维剖面。（a）使用护肤霜后每 3min 测得的延时剖面；（b）弛豫时间分布的深度维剖面；（c）扩散系数分布的深度维剖面

$T_{2\text{eff}}$ 对数分布的最大值随深度的变化与 w 参数的走向非常一致 [图 6.1.3 (b)]。事实上，w 参数代表归一化 CPMG 衰减曲线的时间积分，体现的是平均弛豫时间 [式(3.1.4)]。因此，深度维弛豫时间分布中的绝大部分信息都包含在 w 参数深度维剖面中，而后者采集速度要快 20 倍。图 6.1.3 中的 w 参数深度维剖面为 128 次扫描得到，用时 38s。

(4) 扩散深度维剖面

不同皮肤层的弛豫时间分布大多为单峰，可用 w 参数表述。取决于皮肤护理历史，在不同的皮肤层中最多观测到三个扩散系数。最佳探测脉冲序列为一个受激回波（用于扩散编码的）后接一个 CPMG 脉冲序列 [图 5.3.4(a)]。如果每个扩散编码步骤扫描 128 次，则测量一个包含 32 个点的手掌深度维剖面需要 20min [图 6.1.3(c)]。这时，相对于测量深度维弛豫时间分布剖面来说 [图 6.1.3(b)]，CPMG 的采集时间减少了一半，因为将 CPMG 测量回波串的回波间隔缩短到了 $160\mu s$，以增强扩散引起的信号损失，获得更好的空间分辨率。扩散时间设置为 $\Delta = 5\mu s$，以探测较宽范围的扩散系数。虽然这种深度维扩散系数分布的测量用时过长，以至于不能分辨皮肤摄取和排出药剂的变化，但能够提供皮肤状态的细节信息，这是其他方法所不具备的。因为在单一皮肤层中可以观测到不同的扩散系数，这可用于评估皮肤结构和化妆品成分。

6.1.9　数据处理

w 参数深度维剖面根据相位校正后的实部计算得到，将复数 CPMG 数据的后 90% 回波幅度相加再除以前 10% 回波幅度之和。如果信噪比足够高，可用逆拉普拉斯变换将整个 CPMG 回波串反演得到弛豫时间分布。在 NMR-MOUSE 探测位置上计算该深度点处的弛豫时间分布和 w 参数。扩散系数分布需要用二维方法采集，用受激回波＋CPMG 回波串的方法，通过改变回波间隔来间接探测扩散信息。利用逆拉普拉斯变换在间接扩散探测维上计算该分布。直接探测的 CPMG 维度有不同的处理方法：①叠加回波来改善信噪比，获得平均弛豫时间；②计算弛豫加权自旋密度，例如 w 参数；③再次利用逆拉普拉斯变换计算弛豫时间分布，将弛豫时间分布与扩散系数分布关联起来。每种处理方法需要的最少实验数据量不同。噪声水平较高的数据需要进行回波叠加，高质量数据可用逆拉普拉斯反演。当用 Fourier NMR-MOUSE 采集扩散数据时，可从扩散编辑 CPMG 数据中提取出 3D 数据体，将扩散系数分布、弛豫时间分布和深度关联起来。

6.1.10　参考文献

[1]　Kaku M. Physics of the Future. New York：Doubleday；2011. pp. 60-62.

[2]　Glover PM，Aptaker PS，Bowler JR，Ciampi E，McDonald PJ. A novel high-gradient perma-
nent magnet for the profiling of planar films and coatings. J Magn Reson. 1999；139；90-97.

[3]　Casanova F，Perlo J，Blümich B，editors. Single-Sided NMR. Berlin：Springer；2011.

[4]　Van Landeghem M，Perlo J，Blümich B，Casanova F. Low-gradient single-sided NMR sensor
for one-shot profiling of human skin. J Magn Reson. 2012；215；74-84.

6.2　肌腱各向异性

6.2.1　简介

肌腱是骨骼和肌肉之间的结缔组织。连接骨骼与肌肉的肌腱称为韧带，连接肌肉与肌肉的称为筋膜。所有三种结缔组织本质上都由胶原质构成。胶原质是哺乳动物中蛋白质最丰富的材料。在分子水平上，胶原质由三螺旋结构的三氨基酸链构成。这些螺旋结构形成原胶原。原胶原经过有序层级排列，形成拉长和高度有序的原纤维，这与悬索桥上的钢索绳类似，构成了肌腱的韧带并提供机械强度。原胶原形成微纤维，捆绑在一起构成亚纤维以及原纤维。这些原纤维卷曲成波浪结构，对于组织的弹性具有关键作用。原纤维与纤维细胞（生成肌腱的生物细胞）排列组成纤维束。肌纤维束再构成肌腱（图 6.2.1）。

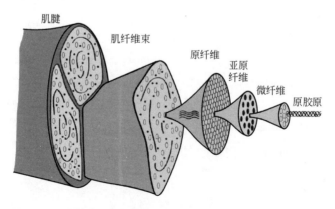

图 6.2.1　**肌腱的结构。肌腱绝大部分由高度有序排列的原纤维束层状结构构成。原纤维由多肽三螺旋构成，在分子水平上形成原胶原**

6.2.2　目标

人体上最厚最强壮的肌腱是足跟处的跟腱（achilles tendon）。人们利用 MRI 对其进行了广泛研究，但肌腱还可以用单边 NMR 分析。肌腱结构的各向异性可用平移扩散的各向异性表示，这可在脉冲场梯度 NMR 中改变 MRI 扩散梯度的方向来测量。MRI 仪器上很容易改变梯度方向，相对于身体、手臂或组织坐标轴的磁场方向则不易改变。这使利用传统 MRI 进行有序组织的弛豫各向异性研究变得复杂。当单向排列的生物组织的平均偶极-偶极耦合张量与磁场 $\boldsymbol{B}_0$ 成 $54.7°$ 魔角时，在肌腱和软骨的 NMR 图像上可以观察到所谓的魔角效应。在这个方向上的平均剩余偶极-偶极作用有所降低，所以纵向和横向弛豫时间更长，得到的图像幅度更高。

利用 U 形 NMR-MOUSE 可以研究弛豫速率的方向依赖性。NMR-MOUSE 的磁场方向垂直于气隙，因此可通过旋转 NMR-MOUSE，但保持敏感区位置不变来改变 $\boldsymbol{B}_0$ 的方向。利用 NMR-MOUSE 研究肌腱各向异性的目的是定量表征各向同性弛豫速率和各向异性弛豫速率，并获取关于生物组织有序程度的信息。

6.2.3　延伸阅读

［1］ Casanova F，Perlo J，Blümich B，editors. Single-Sided NMR. Berlin：Springer；2011.

［2］ Rässler E，Mattea C，Mollava A，Stapf S. Low-field one-dimensional and direction dependent relaxation imaging of bovine articular cartilage. JMagn Reson. 2011；2013：112-118.

［3］ Blümich B，Casanova F，Perlo J. Mobile single-sided NMR. ProgNuclMagn Reson Spectrosc. 2008；52：197-269.

［4］ Navon G，Eliav U，Demco DE，Blümich B. Study of order and dynamic processes in tendon by NMR and MRI. J Magn Reson Imag. 2007；25：362-380.

［5］ Blümich B. Essential NMR. Berlin：Springer；2005.

［6］ Xia Y. Magic-angle effect in magnetic resonance imaging of articular cartilage：A review. Invest Radio. 2000；35：602-621.

［7］ Haken R，Blümich B. Anisotropy in tendon investigation in vivo by a portable NMR scanner，the NMR-MOUSE. J Magn Reson. 2000；144：195-199.

［8］ Blümich B. NMR Imaging of Materials. Oxford：Clarendon Press；2000.

6.2.4　理论

肌腱是分子高度有序的材料，虽然不及晶体那么完美。原胶原中的氨基酚三螺旋结构很好地互相平行。其分子运动高度受限，因而嵌入肌腱的水分子运动也高度受限。由于分子的平移和旋转扩散不再是各向同性的，分子上相邻质子之间的磁偶极-偶极作用也不再能均化为零，而存在剩余偶极-偶极作用（图 5.1.1）。该作用缩短横向磁化量的衰减。分子运动越受限，偶极-偶极作用越强，横向磁化量的弛豫速率越大。这种情况与应变橡胶中的弛豫类似，分子沿应变方向对齐［图 5.1.3 (c) 和 (e)］。

根据采用变回波间隔的一系列 Hahn 回波，还是采用 CPMG 序列来测量横向磁化量衰减，NMR-MOUSE 实验数据的单指数衰减拟合得到不同的弛豫速率。在 NMR-MOUSE 的磁场梯度中，用短回波间隔 CPMG 回波串衰减得到的弛豫时间 T_{2eff} 几乎没有受到扩散的衰减。由于将磁化量组分锁定在射频场 $\boldsymbol{B}_1$ 方向上，偶极-偶极作用被部分均化。在通过增加回波间隔的 Hahn 回波测量磁化量衰减时，情况不再相同，Hahn 回波测量得到的横向弛豫时间 T_2 通常短于 CPMG 序列得到的 T_{2eff}。$1/T_2$ 随角度 θ（肌腱方向和磁场方向的夹角）的变化要比 $1/T_{2eff}$ 大。NMR-MOUSE 磁场梯度引入的扩散权重与角度没有相关性，因为梯度是沿旋转轴深度方向，而非沿磁场方向。

弛豫速率随第二类勒让德（Legendre）多项式 $1/2(3\cos^2\theta-1)$ 的平方变化，给出了偶极-偶极作用的角度依赖性。

$$1/T_{2eff}(\theta)=1/T_{2eff,iso}+1/T_{2eff,aniso}[3(\cos^2\theta-1)/2]^2 \qquad (6.2.1)$$

该式由用于描述应变橡胶带弛豫速率方向依赖性的式(5.1.10) 衍生而来，前提是角度分布无限小到与连接偶极耦合质子对的矢量完美一致。该模型适用条件为水分子沿宏观可见的胶原纤维方向而扩散（图 6.2.1）。除了可动水质子之外，束缚水和胶原纤维中的质子对信号也有贡献，因此磁化量衰减应该表现出至少两个组分：一个来自束缚水和胶原质子的快衰减、一个来自水的慢衰减。当快衰减被仪器的死时间屏蔽掉时适合用单指数分析。

6.2.5 硬件

骨骼、肌腱和肌肉等组织几乎不含平层结构，推荐使用探测深度范围至少为 10mm 的 NMR-MOUSE 进行测量，这时整个敏感区域可位于肌腱内部。为了测量弛豫各向异性，必须变化磁场 $\boldsymbol{B}_0$ 和样品结构朝向 $\boldsymbol{n}$ 之间的角度 θ［图 6.2.3(a)］。这对于磁场方向位于敏感切片内的杂散场传感器来说很容易实现。U 形 NMR-MOUSE［图 1.2.4(b)］是较为合适的仪器，而条形磁体 NMR-MOUSE［图 1.2.4(c)］则不适合。由于当时还未发明出 Profile NMR-MOUSE，下文中的各向异性测量是用简单的 U 形 NMR-MOUSE 完成的（图 6.2.2）。

图 6.2.2　早期版本的 NMR-MOUSE 用于测量活体跟腱

6.2.6　脉冲序列和参数

测量横向弛豫速率有两种方法：不同回波间隔的 Hahn 回波序列和 CPMG 脉冲序列 [图 5.1.5(a)]。如果使用 Hahn 回波方法，避免了偶极-偶极作用的部分均化，各向异性更加明显 [图 6.2.3(b)]。但 Hahn 回波测量相对于 CPMG 来说更加耗时，因此用 CPMG 序列采集数据更适合活体测量。因为探测到了受肌腱纤维限制的水分子信号，回波除了受到弛豫衰减之外还受到扩散衰减。因此，回波间隔要短，采集参数与软生物组织和橡胶研究中的类似（表 6.2.1）。

表 6.2.1　^{1}H 杂散场 NMR 测量肌腱的参数

参　　数		参　　数	
磁体探头	NMR-MOUSE PM10	采集时间 t_{acq}	$10\mu s$
发射频率 v_{rf}	18.1MHz	回波间隔 t_E	$100\mu s$
90°脉冲幅度	$-8dB(80W)$	回波个数 n_E	1024
90°脉冲宽度	$10\mu s$	循环延迟 t_R	1s
采样间隔 Δt	$1\mu s$	采集次数 n_s	256

6.2.7　初级测量

宏观有序的物体通常在某一方向上拉伸，例如沿肌腱的轴向或沿纤维束的纤维方向。当使用 NMR-MOUSE 测量这类物体时，敏感区切片应该在所有角度 θ 下都完全位于物体内部。否则信号幅度和信噪比将随 θ 变化。对于拉伸的各向同性物体，窄于敏感区切片，使用敏感区没有 Profile NMR-MOUSE 规整的简单 U 形 NMR-MOUSE 测量时，弛豫速率 $1/T_{2eff}$ 具有轻微的角度依赖性；而使用敏感区切片内磁场恒定的 Profile NMR-MOUSE 时则没有角度依赖性。

在简单 U 形 NMR-MOUSE 上用 CPMG 序列测量了鼠尾、离体羊跟腱和活体人跟腱的胶原纤维弛豫时间的角度依赖性（图 6.2.3）。在圆柱坐标系下，角度依赖性会表现为十字形，类似于应变橡胶［图 5.1.3(e)］。图 6.2.3(b) 是 CPMG 和 Hahn 回波测量鼠尾的结果对比。除了肌腱之外，鼠尾还包含骨骼、血管和皮肤。耗时的 Hahn 回波测量得到的弛豫速率的角度依赖性要比 CPMG 的结果更明显。然而，活体测量更推荐用 CPMG 测量，以便将测量时间保持在合理的范围内。测量时最小的角度方位要覆盖 90°。当角度分辨率为 10° 时需要 9 次测量，因此即使采用了 CPMG 序列，采集时间也将在 10min 以上。

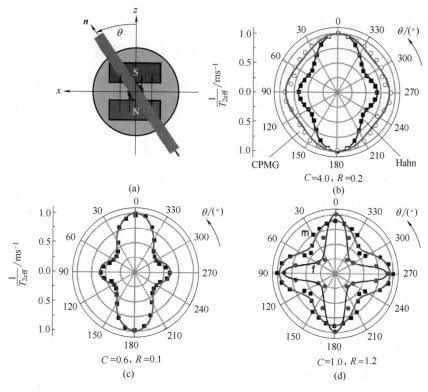

图 6.2.3　利用 U 形 NMR-MOUSE 测量肌腱的各向异性。(a) 实验原理，肌腱的方向是 n，每次测量时改变肌腱与磁场方向之间的角度 θ；(b) Hahn 回波和 CPMG 序列测得鼠尾的横向弛豫速率角度依赖性；(c) CPMG 序列测得的羊跟腱的横向弛豫速率角度依赖性；(d) CPMG 序列测得的活体人跟腱横向弛豫速率的角度依赖性，m 代表男性志愿者，f 代表女性志愿者。CPMG 序列的回波间隔为 $t_E = 0.1ms$。C 和 R 是式(6.2.2) 中的拟合参数

CPMG 测得的离体羊和活体人跟腱的角度依赖性比鼠尾的明显 [图 6.2.3 (b)]，因为鼠尾中含有的组织要多于定向胶原纤维。有趣的是，人体的弛豫速率依赖性的十字形状 [图 6.2.3(d)] 要比羊跟腱 [图 6.2.3(c)] 更对称。

利用杂散场 NMR 仪器测量人体和导电体时，身体也将变为射频天线，如果不是在屏蔽室内进行测量，就可能需要屏蔽。较好的屏蔽方案是采用导电绸将手臂和 NMR-MOUSE 包裹。测量肌腱常见的问题见表 6.2.2。

表 6.2.2　测量肌腱时的常见问题

——敏感切片的深度太低，仅部分敏感区处于肌腱内部

——噪声水平太高，被测物体变为天线，需要屏蔽，例如用导电绸包裹

——回波间隔太长，信号受扩散衰减

6.2.8　高级测量

如果仪器的死时间足够短，能在胶原质纤维中发现慢衰减组分之外的水的快衰减组分。偶极-偶极作用的均匀运动是各向异性的。人们研究横向弛豫速率的各向异性，纵向弛豫速率也应有相似的规律。此外，还可以测量双量子弛豫速率和双量子极化曲线来消除组织的各向同性信号 [图 5.1.6(a)]，增强 NMR 信号的角度依赖性。由于测量时间较长，目前还未利用 NMR-MOUSE 在活体生物组织上开展这类研究。由于被测物体需要与磁体轴向方向正交旋转，所以在医用成像仪器上很难测量弛豫各向异性。另外，MRI 适合用脉冲梯度场研究扩散各向异性，但 NMR-MOUSE 不能，因为其梯度方向与旋转轴垂直。

6.2.9　数据处理

肌腱的弛豫速率角度依赖性分析与应变橡胶的规律类似 [式(5.1.10)]。弛豫通常用方向分布方程来描述，由于肌腱的胶原纤维的曲线十分有序，所以方向分布方程可用狄拉克函数（delta function）代替，得到式(6.2.1)。为了拟合人体肌腱的各向异性测量结果，需要加入旋转 90°的各向异性弛豫贡献：

$$1/T_{2\text{eff}} = 1/T_{2\text{eff},0} \left\{ C + \left[\frac{1}{2}(3\cos^2\theta - 1) \right]^2 + R \left\{ C + \left\{ \frac{1}{2} [3\cos^2(\theta + 90°) - 1] \right\}^2 \right\} \right\}$$

$$(6.2.2)$$

式中，参考式(5.1.10)，$1/T_{2\text{eff,aniso}} = 1/T_{2\text{eff},0}$，$1/T_{2\text{eff,iso}} = 1/T_{2\text{eff},0}$；$C$、$R$ 是旋转弛豫项的相对权重。

应用该方程拟合了图 6.2.3(b)、(c) 和 (d) 中的曲线，拟合参数如图 6.2.3 所示。鼠尾的 C 是羊和人体跟腱的四倍，说明存在各向同性组织；鼠尾和羊跟腱的 R 基本为零，说明只有一个肌腱方向起主要作用。在人体跟腱中，R 在 1 左右，说明高度有序的胶原纤维具有两种数量相同的组分。这是类似绳子螺旋结构的纤维卷曲或绞曲存在的标志（图 6.2.1）。有趣的是，在羊跟腱和鼠尾中都没有观察到这种结构，可能的原因是这两个都是离体研究，并且肌腱样品在测量前发生了变形。

6.2.10 参考文献

[1] Józsa L，Kannus P. Human Tendons：Anatomy，Physiology，and Pathology. Champaign：Human Kinetics；1997.

[2] Blümich B，Casanova F，Perlo J. Mobile single-sided NMR. Prog Nucl Magn Reson Spectrosc. 2008；52：197-269.

[3] Masic A，Bertinetti L，Schuetz R，Galvis L，Timofeeva N，Dunlop JWC，et al. Observation of multiscale，stress-induced change of collagen orientation in tendon by polarized Raman spectroscopy. Biomacromolecules. 2011；12：3989-3966.

6.3 植物和水果

6.3.1 简介

植物帮助维持地球上的生命，是产出能量和食品以及能处理成纸张、生物柴油、药物和燃料的大量原材料。世界上最重要的农作物是小麦、水稻、玉米和土豆。从生物学角度上，植物是真核生物，绝大多数植物细胞中含有叶绿体。它们是光合作用的场所，二氧化碳和水在光合成作用下形成糖类。除了叶绿体，植物细胞与动物细胞的区别还在于具有更刚性的细胞壁包裹细胞膜，以及充满不同溶质水溶液的液泡（图 6.3.1）。有时液泡可占据几乎整个细胞空间。

光合作用发生在叶片中，合成的同化物通过韧皮部（一种维管束）向下输送至根系。根系摄取的矿物养分（钾、磷酸盐、镁和氮）则通过木质部向上输送（图 6.3.2）。1966 年，John Philip 提出"土壤-植物-大气连续体（soil-plant-atmosphere-continuum，SPAC）"的概念，指出水分和能量从土壤到植物再到大气的多种输送过程是相互耦合的，必须作为动态系统来认识。在这个模型中，水分沿势能梯度流动，这部分将在 6.3.4 节中给出详细解释。

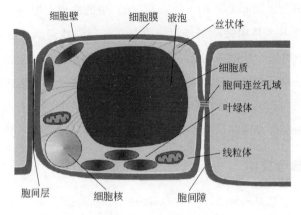

图 6.3.1 典型植物细胞结构以及重要的细胞器和充满水的大液泡

6.3.2 目标

利用 NMR 研究植物和水果的目标是描述不同组织的水分状态、水分归属哪些细胞区室、含油量、扩散和运动，或者简单地将水果或蔬菜内部结构进行成像。这类研究的动机有：①理解植物生长和养分运输的细节；②优化、提升和量化农作物质量。

这类研究在田间或处理车间短期或长期检测植物生长和水果成熟过程。通过将弛豫时间或图像与不同环境（土壤水分、太阳光照和温度）条件下不同植物组织中的水分状态进行关联，小型低场 NMR 可以帮助优化灌溉方案和植物生长周期。除了弛豫和扩散方法之外，如果要探测内部结构（例如种子和水果内部缺陷），那么 MRI 是个选择。低场 NMR 弛豫和成像仪器可以方便地引入到工业级食品加工流水线来连续地扫描和探测多种内部质量属性。这方面的应用很大程度上影响着小型 NMR 仪器（特别是手持 MRI 设备）的发展。

6.3.3 延伸阅读

[1] Van As H，van Duynhoven J. MRI of plants and foods. J Magn Reson. 2013；229：25-34.

[2] Slawinski C，Sobczuk H，Soil-plant-atmosphere continuum. In：Glinski J，Horabik J，Lipiec J，editors. Encyclopedia of Agrophysics. Dordrecht：Springer；2011. pp. 805-810.

[3] Milczarek RR，McCarthy MJ，Low-field sensors for fruit inspection. In：Codd SL，Seymour JD，editors. Magnetic Resonance Microscopy. Weinheim：Wiley；2009. pp. 289-314.

[4] Kose K. Applications of permanent-magnet compact MRI systems. In：Codd SL，Seymour JD，editors. Magnetic Resonance Microscopy. Weinheim：Wiley；2009. pp. 365-379.

6.3.4 理论

SPAC 的概念包含水分从土壤流动到大气过程中所有有贡献的组分。这意味着如果水分从叶片进入大气，则水分势能变为负值，导致水分从木质部流到茎部进入叶片。其反向过程是水分从根系木质部流到茎部的木质部导管，而最终是根系从周围的土壤中摄取水分（图 6.3.2）。通常来说，饱和导管中的水流遵守达西定律（Darcy's law）：

$$J = Q/A = -K\partial\psi/\partial z \qquad (6.3.1)$$

式中，J 是流速；Q 是体积流速；A 是导流面积；K 是导水率；$\partial\psi/\partial z$ 是水势能梯度。水势能 ψ 还可以用水头 $h = \psi/(g\rho)$ 表示，其中 g 是重力加速度，ρ 是水的密度。相对于植物的维管束，土壤大多数情况下是非饱和的，在描述土壤中的水流时必须考虑其饱和度的变化，可用理查德（Richard）方程 [式（7.2.14）] 描述。

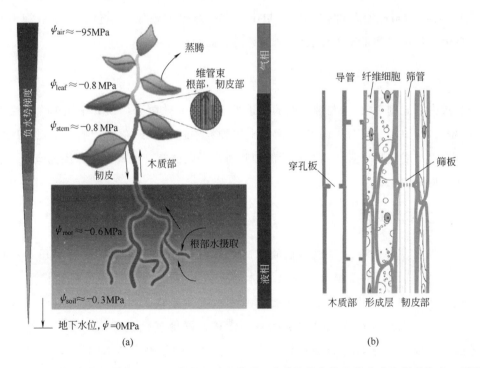

(a)   (b)

图 6.3.2　**植物中的水分流动。**(a) 根据 SPAC 模型，水分沿势能梯度从土壤向根系流动，通过根系进入地面以上的植物部分，并从这里进入叶片。水分从叶片蒸发进入大气。水势能的代表值来自文献[1]。(b) 维管束的纵向剖面，木质部中向上流动，韧皮部中向下流动

在 SPAC 模型中要区分不同的导水率数值。K_s 属于土壤水，K_r 属于根系水，K_x 为木质部轴向传输，K_l 为叶片传输。这些数值受许多内部和环境因素影响。K_s 取决于土壤含水率，K_r 和 K_l 取决于水通道蛋白（水流控制蛋白，可打开和闭合细胞膜水通道）的存在和活性。K_x 取决于木质部导管和管胞的宽度，以及连接木质部细胞的凹陷，这些凹陷也构成木质部传导性的瓶颈。

蒸发速率受温度、相对湿度和风速控制，还受植物表皮上的微小气孔开闭的调节。调节过程取决于水应力情况，在根系和气孔通过荷尔蒙传递信号。除了传输水分的木质部系统，还有另外一个传输系统——韧皮部系统。韧皮部系统负责从叶片向根系传输以糖类为主的养分（图 6.3.2）。韧皮部还经常出现在维管束中，但其结构与木质部不同。

除了输送系统中的流动水，许多植物细胞的液泡、细胞质和细胞间隙中还含有静态水，并通过扩散作用在细胞区室之间进行交换。因此，弛豫测量获得的多指数衰减可按如下顺序分配：最长的 T_1 和 T_2 值对应液泡水，中等数值对应细胞质，较小数值对应细胞壁中的水。用于描述在单个孔隙中扩散的流体分子弛豫性质的 Brownstein-Tarr 模型（图 7.1.1）指出，实验测得的弛豫速率包含位于液泡中心的自由弛豫速率和正比于比表面率 S/V 的表面弛豫速率：

$$\frac{1}{T_2} = \frac{1}{T_{2,\text{bulk}}} + \frac{\rho_2 S}{V} \qquad (6.3.2)$$

式中，比例常数 ρ_2 与液泡膜的渗透性有关，在孔隙介质研究中用弛豫强度表示 [式(7.1.4)]。相对于固-液界面，土壤颗粒中包含顺磁杂质，弛豫增强的决定因素不再是细胞膜自身，而是背后细胞质。需要注意，该模型仅在快弛豫条件下成立（见第 7.1.4 节）。

6.3.5 硬件

近年来发展出许多可以运输的 NMR 设备，适合在实验室和田间开展植物和水果的弛豫和 MRI 测量。永久磁体的优势在于设计灵活，可根据植物尺寸优化封闭式和开放式磁体，而不受实验室或温室设备尺寸的限制。然而，这时必须要注意潮湿环境和温度引起的磁场漂移。硬件越轻越好，以便于在崎岖的地面上运输。基于这些目标搭建了 0.2T 永磁体的便携式 MRI 系统，并将其装配在电动货车上，用升降机对挂在树上处于生长阶段的水果实现了原位测量 [图 6.3.3(d)]。

NMR-CUFF (cut-open, uniform, force free) 是测量植物生长的一种独特设

备［图 6.3.3(a)～(c)］，只需很小的力就能打开和闭合其 Halbach 磁体。相对于单边杂散场设备，它可以环绕在小型圆柱形物体上（例如树杈和植物干茎）进行成像和研究流体运移。树木等大型物体需要"抱树仪（tree hugger）"这种可打开式设备［图 6.3.3(e)］。该可移动式磁体重 55kg，其磁极气隙可容纳直径达 100mm 的树干，适应于长期户外成像和弛豫测量。

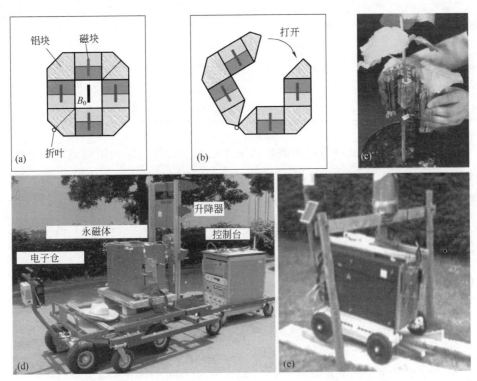

图 6.3.3　研究植物的磁体。(a)～(c) NMR-CUFF：一种特殊 Halbach 磁体，可打开环绕在植物茎部。(d) 电动货车装有双平行极板的磁体。射频线圈直接绕制在物体上，移动磁体到物体处，最大测量高度可到 1.4m。(e)"抱树仪"，两个磁极分别由小磁块组成的 5 个同心环构成

　　由于叶片很薄，其功能又很敏感，Profile NMR-MOUSE 这类单边杂散场传感器是最佳选择。与皮肤的层状结构不同，叶片在平面上具有维管结构，因此射频线圈的直径限制了不同横向结构的选择性和分辨率。

6.3.6　脉冲序列和参数

　　低场 NMR 仪器常用时域测量来探测质子自旋密度和弛豫时间 T_1、T_2。弛豫曲线组分分析［式(3.1.3)、图 4.3.1(a)］可定量分析不同细胞室内的水分。T_2 一般用 CPMG 序列测量；当只需要确定含水率时，如果信噪比很好，单个 Hahn

回波就足够了。回波间隔应当足够长，例如对小射频线圈 NMR-MOUSE 来说选择 $50\mu s$，以压制纤维素、蛋白质和木质素等固态组分的信号（第 4.3 节）。如果只关心维管水，则回波间隔可取几毫秒长。测量植物组织弛豫性质的采集参数见表 6.3.1。

表 6.3.1　测量植物组织弛豫性质的采集参数

参　　数		参　　数	
磁体探头	NMR-MOUSE PM5	采集时间 t_{acq}	$10\mu s$
发射频率 v_{rf}	17.1MHz	回波间隔 t_E	$50\mu s$
90°脉冲幅度	$-8dB(80W)$	回波个数 n_E	2048
90°脉冲宽度	$5\mu s$	循环延迟 t_R	2s
采样间隔 Δt	$1\mu s$	采集次数 n_s	64

T_1 可用饱和和反转恢复序列测量（图 3.2.2）。成像实验利用磁场均匀度优于单边杂散场的 C 形或 Halbach 型磁体来局部围绕物体。对于剩余的磁场非均匀性，优选自旋回波序列（图 3.3.4）。高级测量利用流动和扩散加权，需要脉冲场梯度对空间和平移运动进行编码［图 3.2.5(c) 和（d）］。表 6.3.2 汇总了测量植物时的一些常见问题。

表 6.3.2　测量植物时的常见问题

——循环延迟太短，具有长 T_1 的水的信号只得到部分饱和

——回波串持续时间太短，回波串信号被截断

——回波检测太早，固体组分可能对信号有贡献

——有效回波间隔和物体不同成分的横向弛豫时间不匹配，对比对未达到最优

——视场小于物体，图像中存在伪像

6.3.7　初级测量

为了研究日本水果梨的成熟过程，利用户外可移动 NMR 弛豫仪器在其生长阶段细胞增大过程中进行了弛豫时间测量［图 6.3.3(d)］。细胞体积增大伴随着液泡尺寸增大（图 6.3.1），因此水质子的弛豫时间靠近自由弛豫值。在实验室内，传统反转恢复和 CPMG 序列测得的纵向和横向弛豫时间，随着梨的成熟时间一致增大。横向弛豫衰减是双指数的，可分别观察到快（T_{2short}）和慢（T_{2long}）两个弛豫过程。慢弛豫速率 $1/T_{2long}$ 与水果大小的倒数呈线性关系［图 6.3.4(b)］。这表明液泡边界处的表面弛豫为主要弛豫机制［式(6.3.2)］。

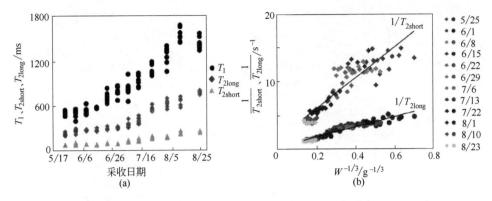

图 6.3.4 日本梨成熟阶段的弛豫测量结果。(a) 横向和纵向弛豫时间随收获日期（测量日期）的变化。(b) 弛豫速率与日本梨重量的三次方倒数（正比于液泡大小的倒数）的关系。液泡中质子水的慢弛豫速率 $1/T_{2\text{long}}$ 主要受表面弛豫控制

6.3.8 高级测量

低场 MRI 可在商业感兴趣的速率下对单个水果进行无损检查，例如对中国柑橘中的籽进行计数。加利福尼亚州每年生产 250t 中国柑橘，其中的无籽品种价值最高。在气隙 60mm 的 1T 成像磁体上，开发了不同的快速 MRI 方法实现种子可视化。不同的成像方法（例如 RARE、FLASH 和 Turbo-FLASH 成像）具有不同的对比度，后期还可以在图像处理技术的帮助下识别水果内部结构（图 6.3.5）。

RARE 成像技术在单个 CPMG 回波串中采集 k 空间中的多道轨迹［图 3.3.4 (b) 和图 6.3.5(a)］。取决于 k 空间的相位编码采样顺序，有效回波间隔 $t_{\text{E,eff}}$ 表示 $k_{\text{phase}}=0$ 中心轨迹的采样时刻。例如，利用一次测量 n_E 个回波对 k 空间进行采样时，$t_{\text{E,eff}}=(n_E/2)t_E$，得到强 T_2 加权图像［图 6.3.5(d)］。FLASH 成像［图 6.3.5(b)］与 Hahn 回波成像类似［图 3.3.4(a)］，省略了 180° 脉冲而采集一个梯度回波。这样就可以将激发脉冲扳转角调整为 Ernst 角［式(2.7.1)］，将循环延迟 t_R 设置为很短。在循环延迟几乎缩短到 0 的情况下，不同脉冲激发的磁化量可能发生干扰。为了避免这种情况，在 Turbo-FLASH 序列中利用破坏梯度脉冲将每个回波之后的剩余横向磁化量破坏掉［图 3.4.4］。在梯度回波产生之前加入 T_1 加权在图像上产生 T_1 对比度。利用反转恢复加权机制［图 3.2.2(b)］，可在图像中产生正、负幅度值。图 6.3.5 中最佳对比度的图像是由 Turbo-FLASH 序列和反转恢复加权得到的［图 6.3.5(f)］。

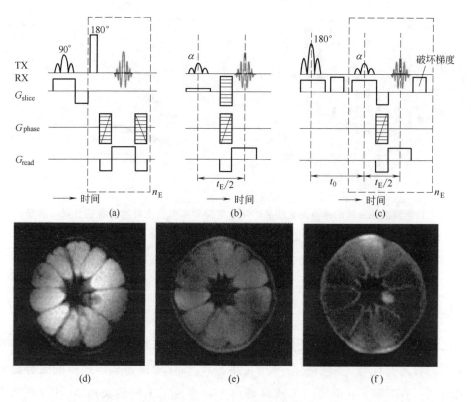

图 6.3.5 MRI 脉冲序列和中国柑橘的图像。(a) RARE 序列。(b) 3D FLASH 序列。(c) 带有反转恢复 T_1 加权的 Turbo-FLASH 序列。(d) ~ (f) 截面图像,128 × 128 像素,平面分辨率 0.57mm。每幅图像是 16 个中心切片的平均。(d) RARE 图像 ($t_{E,eff}$ = 412ms)。(e) FLASH 图像。(f) T_1 加权 Turbo-FLASH 图像

真菌感染是水果和其他农作物的严重疾病,可大幅影响产量和降低利润。例如,加利福尼亚州石榴种植园经常发生"黑心病",该病仅在水果内部发展,简单外观目测无法发现。NMR 是研究水果组织变化的有效方法,因为 T_2 弛豫时间对细胞区域划分敏感。在健康石榴的假种皮 [图 6.3.6(d)] 的 T_2 分布中,可识别出毫秒级到秒级的三个模型 [图 6.3.6(a)]。细胞壁中的水弛豫较快,约为 10ms;细胞质中的水的约为 200ms;液泡中的水的约为 1s,接近自由弛豫时间。在受感染的水果中,真菌产生的酶破坏细胞壁和中间层,内部细胞区也遭到破坏,渗透性增加。EPR 实验还表明在此过程中产生了自由基。这些自由基是顺磁的,可加速弛豫。因此,弛豫谱向短弛豫时间移动,且出现了一个对应细胞间水的新峰 [图 6.3.6(b)]。另外,T_2 加权快速自旋回波图像显示水果感染区域为黑色区域 [图 6.3.6(c) 和 (e)]。信号的确实是因为这类快速自旋回波成像特别选择的有效回波

间隔 $t_{E,eff}$。在这个特例中，$t_{E,eff}$ 为 500ms，来自感染区域的信号几乎全部弛豫掉了 [图 6.3.6(e)]。

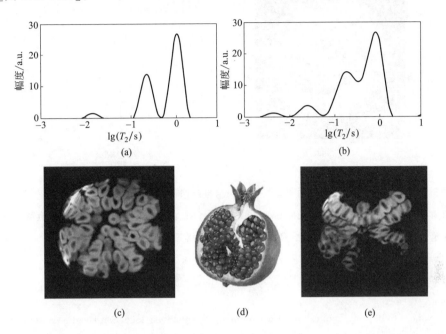

图 6.3.6 健康（左）和受感染（右）石榴的 NMR 弛豫和图像。(a)、(b) 横向弛豫时间分布。(c)、(e) 快速自旋回波图像。(d) 石榴图，假种皮被外皮包裹

NMR-CUFF [图 6.3.3(c)] 轻型 Halbach 磁体的磁场强度为 0.57T，且可以打开和闭合将其环套在植物枝杈之间的茎上。利用它获得了蓖麻油植物茎秆的图像，测绘了木质部组织中的水分流动。其装配的梯度线圈可产生最大 630mT/m 的梯度，射频线圈绕制在原位模板支架上，给植物空间限定在约 6mm 的直径。这足够让磁体套在年轻蓖麻油植物上，并利用传统 T_1 加权自旋回波序列 [图 3.3.4(a)] 在 26min 内对截面成像 [图 6.3.7(a)]。在图像上可识别包围薄壁细胞的不同木质部组织的结构。

木质部和韧皮部中的液流（图 6.3.2）不仅流动方向不同，流速也不同。通常，木质部中的流速更高，将水和溶解养分从根系向上运输给叶片。利用 NMR-CUFF 测量了 1.75m 高的完整白杨干茎的木质部流动，采用脉冲场梯度 [与测量弛豫的方式类似见图 3.2.5(f)] 测量给定时间段内的自旋位移。改变梯度的幅度记录编码时间（$\Delta = 20ms$）中的唯一分布。该分布在 NMR 中称为平均传播函数，它可分解为相干和不相干位移两部分 [图 6.3.7(b)]。不相干位移由扩散形成，在零位移处产生一个峰。相干位移由定向流动形成，在非零位移处产生一个峰。低场数据得到的木质部流动速度与高场测量结果在相同的量级上。

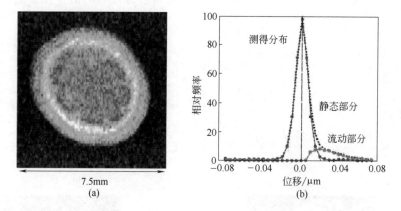

图 6.3.7　NMR-CUFF 测量蓖麻油干茎。(a) 利用自旋回波序列得到的年轻蓖麻油干茎图像。该图像为 10 个切片的总和，矩阵尺寸 64×128 像素。(b) 白杨干茎木质部中的水分位移，该分布可分解为两部分，一个为非相干扩散位移，另一个为相干流动位移

6.3.9　参考文献

[1]　Nobel PS. Physicochemical and Environmental Plant Physiology. San Diego：Academic Press；1999.

[2]　Geya Y，Kimura T，Fujisaki H，Terada Y，Kose Y，Haishi T，Gemma H，Sekozawa Y. Longitudinal NMR parameter measurements of Japanese pear fruit during growing process using a mobile magnetic resonance imaging system. J Magn Reson. 2013；226：45-51.

[3]　Jones M，Aptaker PS，Cox J，Gardiner BA，McDonald PJ. A transportable magnetic resonance imaging system for in-situ measurements of living trees：The Tree Hugger. J Magn Reson. 2012；218：133-140.

[4]　Wind CW，Soltner H，van Dusschoten D，Blümler P. A portable Halbach magnet that can be opened and closed without force：The NMR-CUFF. J Magn Reson. 2011；208：27-33.

[5]　Milczarek RR，McCarthy MJ. Low-field sensors for fruit inspection，In：Codd SL，Seymour JD. editors. Magnetic Resonance Microscopy. Weinheim：Wiley；2009. pp. 289-314.

[6]　Zhang L，McCarthy MJ. Black heart characterization and detection in pomegranate using NMR relaxometry and MR imaging. Postharv Biol Technol. 2012；67：96-101.

[7]　Wind CW，Vergeldt FJ，de Jager PA，van As H. MRI of long-distance water-transport：A comparison of the phloem and xylem flow characteristics and dynamics in poplar，castor bean，tomato and tobacco. Plant，Cell and Environment. 2006；29：1715-1729.

第7章

多孔介质

多孔介质是含有孔洞的固体或软材料物质。孔洞在物理上是连通的，流体或气体可连续地通过（图 7.0.1）。根据这一定义，世界上存在多种天然和人造多孔介质，例如岩石、沉积物、土壤、水泥、混凝土和过滤器。人造多孔介质的结构比较明确，有时甚至具有周期性孔隙结构。大多数天然多孔介质的孔径、形状和连通性都是一个分布。特别是孔径分布，从大型洞穴到纳观尺度的毛管（主要靠附着力留住液体），可覆盖几个数量级。

岩石由矿物集合体构成，也是土壤的前身。在风化和腐殖化的作用下，土壤变

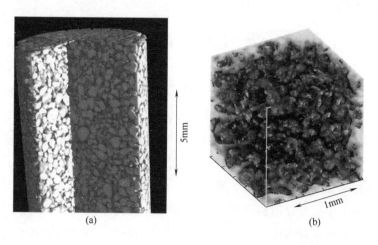

图 7.0.1 天然多孔介质——岩石。（a）饱水模型沙 FH 31 的 X 射线 CT 图，该 CT 图像由显微 CT 仪 XTec 225 HMX 测得，分辨率为 15μm（德国图宾根大学 U. Weller 供图）；（b）选取的部分 CT 图像，用于说明孔隙空间非均匀性

为地壳的表层覆盖体。土壤的形成是一个连续过程。岩石和土壤的中间物为沉积物，由被风化和侵蚀（例如水、空气和温度的影响）的岩石构成。

建筑材料包括天然孔隙介质（例如岩石）和人工材料（例如水泥、混凝土和聚合物），了解建筑材料的孔隙结构是建设建筑和道路的基础。此外，水泥和砂浆的孔隙空间在其初始形成阶段还是快速变化的。

由于绝大多数多孔介质都是不透明的，所以常用 X 射线、中子散射和 NMR 研究孔隙空间。X 射线和中子散射用于描述介质骨架，而 NMR 直接探测孔隙的孔隙度、孔径分布、渗透性、流体饱和度和润湿性（前提是孔隙充满 NMR 可探测的流体）。地球物理领域使用移动式 NMR 测井来描述蓄水层，也在实验室内分析岩心。历史上，NMR 从实验室走到室外是受油气工业测井的驱动。原位土壤研究仍处在发展初期的原因有许多：①土壤研究的投资回报率要小于测井。②土壤的孔隙空间通常不饱和水，其横向弛豫时间小于 1ms；而下部油气层绝大多数是饱和流体的，其 NMR 信号衰减要慢得多。③深部饱和流体的地层具有良好的电磁屏蔽条件；如果不采用恰当的硬件和软件，输电线和其他电器设备会降低土壤 NMR 的信噪比。因此，目前有关室外表层土测量的报道非常少。

7.1 岩石和沉积物

7.1.1 简介

岩石是由一种或多种矿物构成的固态多孔介质。岩石可以分为火成岩（例如花岗岩）、沉积岩（例如碳酸盐岩）和变质岩（例如页岩）。岩石孔隙度的范围可从花岗岩的百分之几到砂岩的 40%。此外，岩石和土壤还具有一定的感应或剩余磁感应强度，主要由磁铁矿、黑云母和赤铁矿等铁磁、顺磁和逆磁矿物决定。固体骨架的离子对 NMR 研究非常重要，它们能增强与孔隙壁接触的薄层流体的弛豫，影响弛豫时间。骨架和孔隙之间的磁化率差异可改变外加磁场，在孔隙内部产生内部磁场梯度。在探测充满流体的孔隙空间时，除了自由和表面弛豫，横向磁化量还受到分子在内部梯度中扩散作用的衰减。每个孔隙的内部梯度可能都不尽相同。因为内部梯度正比于外加磁场强度，扩散对横向磁化量衰减的贡献在低场中要小于高场。

多孔介质 NMR 的发展受测井工业的驱动。本章不涉及测井的应用，而是关注用小型 NMR 仪器在实验室内测量岩石样品的方法。测井时，NMR 传感器工作在极端条件下（压力高达 3000bar，温度高达 160℃）。当已知信号体积和孔隙流体的含氢指数时，根据饱和流体岩石的总信号幅度可得到岩性无关孔隙度。将扩散和弛豫分析相结合，可以得到流体类型（例如油、水或气）和油的类型。在实验室中，岩石和土壤样品通常在常温常压下进行，饱和度也是一个变化量。当流体部分饱和时，岩石的 NMR 信号幅度不再对应总孔隙度，而是对应含水量和流体饱和度。

7.1.2　目标

利用 NMR 研究岩石和沉积物的目标是确定孔隙度、孔径分布、流体饱和度，定量计算束缚流体和可动流体的饱和度。在实验室测量时，样品通常用水饱和。高级测量的目标是得到孔隙连通性信息。二者都要对孔隙流体的弛豫曲线和扩散加权信号进行分析。对纵向和横向弛豫曲线做逆拉普拉斯变换可得到弛豫时间分布。在快弛豫条件下，弛豫时间分布可描述孔径分布。弛豫曲线的幅度或弛豫时间分布的面积代表孔隙度。根据孔隙度和孔径分布，可用模型预测流体渗透率。利用 2D 拉普拉斯 NMR 方法可划分不同流体组分（油、水和气）的信号。尤其是扩散-弛豫关联分布可为流体划分提供重要信息。

7.1.3　延伸阅读

[1] Song YQ. Magnetic Resonance of Porous Media（MRPM）：A perspective. J Magn Reson. 2013；229：12-24.

[2] Song YQ. Novel two-dimensional NMR of diffusion and relaxation formaterial characterization. In：Stapf S，Han SI，editors. NMR Imaging in Chemical Engineering. Weinheim：Wiley-VCH；2006，pp. 163-183.

[3] Dunn KJ，Bergman DJ，Latorraca GA. Nuclear Magnetic Resonance：Petro-physical and Logging Applications. Helbig K，Treitel S，Series editors. London：Pergamon Press；2002.

[4] Coates GR，Xiao L，Prammer MG. NMR Logging：Principles and Applications. Houston：Halliburton Energy Services；1999.

7.1.4　多孔介质中的弛豫

核磁化量的弛豫发生在分子空间尺度上，弛豫模型必须考虑分子及其环境。孔隙中的流体分子处于两种环境中：一是孔隙表面，常常覆盖有顺磁弛豫成分；二是自由流体空间。Brownstein 和 Tarr 建立了简单的孔隙流体弛豫模型，将孔隙体积分为覆盖孔隙的表面层（表面积 S、厚 h）和自由空间（体积 V）两部分

（图 7.1.1）。表面层的厚度为几个分子，对水来说为几个纳米量级。岩石孔隙中流体的弛豫机制包括：①流体相的自由弛豫；②颗粒-流体界面的表面弛豫；③分子在孔隙内的非均匀磁场中扩散引起的横向弛豫。

"自由弛豫"表示弛豫分子不与孔隙壁发生碰撞，且在观测时间内被流体分子包围。多孔碳酸盐岩大孔隙中的绝大多数分子，以及流经大孔隙的分子都按自由流体弛豫（第3.2节）。如果溶解的顺磁离子浓度很低，而且表面弛豫可以忽略时，水的弛豫时间约为几秒钟。

"表面弛豫"表示分子在孔隙壁或颗粒表面的顺磁杂质附近扩散时引起的磁化量变化。实验表明，颗粒表面电子和各向异性旋转的流体分子之间的偶极-偶极作用引起的弛豫太弱，无法解释观测到的岩石中水的弛豫特性。表面弛豫来自流体分子和孔隙表面的顺磁离子（例如 Fe^{3+}）。大多数类型的岩石和土壤都包含一定的顺磁离子，例如 Fe^{3+}、Mn^{2+}、Cu^{2+} 或 Ni^{2+}。相对于纯抗磁表面，它们会增强表面弛豫，因此控制着表面弛豫机制。颗粒表面对质子 T_1 和 T_2 的弛豫能力分别表示为表面弛豫率 ρ_1 和 ρ_2。

在快扩散条件下，表面和自由弛豫的相对影响用比表面率 S/V 表示。这个比值与孔隙半径成反比。孔隙半径决定了流体分子在自由流体和表面之间扩散的概率。水分子在大孔中与颗粒表面碰撞的概率要低于小孔隙，因此大孔隙中的横向磁化量衰减要慢于小孔隙［图 7.1.1(c)］。

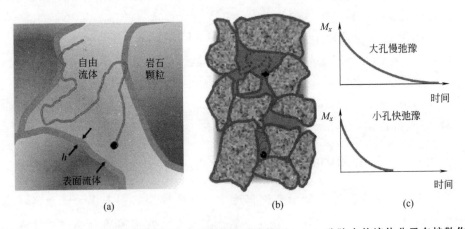

图 7.1.1 Brownstein-Tarr 提出的多孔介质流体的弛豫模型。(a) 孔隙中的流体分子在扩散作用下经历两个弛豫区：表面区（深灰色）和自由弛豫区（浅灰色）。(b) 岩石包含不同形状和大小的孔隙，包括大孔和小孔。(c) 大（上图）和小（下图）孔隙的弛豫曲线示意图

根据 Brownstein-Tarr 模型，在快扩散条件下，流体分子在观测期间扩散经过

几次孔隙直径，所以自由和表面弛豫被均化了。如果梯度中的扩散可以忽略，则单个孔隙中的纵向弛豫速率 $1/T_1$ 和横向弛豫速率 $1/T_2$ 表示为：

$$1/T_1 = \frac{1}{T_{1bulk}} + \rho_1 (S/V)_{pore} \tag{7.1.1}$$

$$1/T_2 = \frac{1}{T_{2bulk}} + \rho_2 (S/V)_{pore} \tag{7.1.2}$$

式中，T_{1bulk} 和 T_{2bulk} 为自由弛豫时间；S/V 为孔隙的比表面率；ρ_1 和 ρ_2 为纵向和横向弛豫的表面弛豫率。在许多情况下，自由弛豫率要小于表面弛豫率，这时可将自由弛豫率忽略，得到：

$$1/T_1 \approx \rho_1 (S/V)_{pore} \tag{7.1.3}$$

$$1/T_2 \approx \rho_2 (S/V)_{pore} \tag{7.1.4}$$

半径为 r 的球形孔的表面弛豫率为 $S/V = 3/r$，长圆柱形孔为 $S/V \approx 2/r$。此时弛豫时间正比于孔隙半径或孔隙尺寸。对于单一的孔隙尺寸来说，磁化量极化曲线和衰减曲线是单指数方程：

$$M_z(t_0) = M_0 \{1 - \exp[-\rho_1 (S/V)_{pore}] t_0 \} \tag{7.1.5}$$

$$M_x(t) = M_0 \exp[-\rho_2 (S/V)_{pore} t] \tag{7.1.6}$$

式中，M_0 正比于孔隙中流体质子的数量；t 是横向磁化量 M_x [式(3.2.6)] 的测量时间；t_0 是纵向磁化量 M_z [式(3.2.5)]的极化时间。

天然岩石和土壤的孔隙形状和大小的分布很宽，孔隙相互连通形成网络。这种网络可用不同比表面率的孔隙分布来近似。因此，包含所有不同尺寸孔隙的横向磁化量是多指数方程：

$$M(t) = \sum_i M_i \exp[-\rho_2 (S/V)_i t] \tag{7.1.7}$$

式中，i 表示具有不同比表面积率的孔隙；M_i 为孔隙 i 中的质子数量，正比于所有该尺寸孔隙中的流体体积。对于纵向弛豫也有类似的方程。组分幅度 M_i 的总和正比于所有孔隙中的流体量。对于流体饱和样品来说，正比于孔隙体积，可以刻度为孔隙度 [式(7.2.2)]。各孔隙组分的幅度可用正则化逆拉普拉斯变换等算法得到。式(7.1.7) 的逆拉普拉斯变换是 M_i 随弛豫速率 $1/T_2$ 的分布，横坐标轴通常为 T_2 的对数 [图 1.3.1(b) 和图 3.1.6(d)]。

"扩散弛豫"需要在非均匀磁场条件下考虑，例如 NMR-MOUSE 和测井仪（图 3.1.2）等传感器的杂散场，以及固体骨架与流体磁化量差异引起的孔隙内部梯度场。探测深度为 25mm 的 NMR-MOUSE 具有 12T/m 的静梯度。简单 Halbach 磁体在直径 20mm 敏感区内的有效梯度约为 0.05T/m。后者的梯度足够小到可用单个脉冲类激发整个样品区域，利用短回波间隔抑制扩散引起的信号衰减。固体骨架与流体磁化量差异引起的局部磁场变化用内部梯度 G_{int} 表示。G_{int} 正比于施加磁场 B_0，并与颗粒矿物特性及孔隙尺寸有关。即使在低场小型 NMR 仪器中，G_{int} 也能达到几个 T/m 量级，所以孔隙内部磁场变化可能很大。流体在孔隙空间内扩散，横向磁化组分的进动频率随着分子的随机游走而不断变化，形成额外的横向弛豫衰减：

$$1/T_{2diff}=1/12D(\gamma G_{int}t_E)^2 \tag{7.1.8}$$

可见，扩散弛豫衰减量取决于内部梯度 G_{int} 和回波间隔 t_E。

综上所示，总的横向弛豫速率为三种弛豫速率之和：

$$1/T_2=\frac{1}{T_{2bulk}}+\frac{1}{T_{2surf}}+\frac{1}{T_{2diff}}=\frac{1}{T_{2bulk}}+\rho_2(S/V)_{pore}+1/12D(\gamma G_{int}t_E)^2$$

$$\tag{7.1.9}$$

在低磁场强度（$B_0<0.1T$）和短回波间隔 t_E 条件下，可以将内部梯度下的扩散弛豫最小化。纵向弛豫速率 $1/T_1$ 不受磁场梯度下扩散的明显影响，式（7.1.1）在非均匀磁场中仍然成立。

7.1.5 硬件

通常将样品放入封闭式磁体［图 7.1.2(a) 和 (b)］或将测井仪器插入物体［图 7.1.2(c)］来分析岩石和土壤中的流体。不同的商业公司都推出了油气岩心专用分析仪［图 7.1.2(a)］。利用简单 Halbach 磁体［图 7.1.2(b)］也能开展室内实验，但要在温度稳定环境下减小磁场漂移。石油测井仪器长达几米［图 7.1.2(c)］，将磁体、

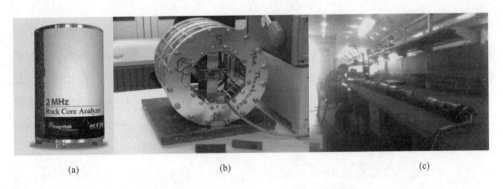

(a)　　　　　　　　　　(b)　　　　　　　　　　(c)

图 7.1.2　**测量多孔介质中流体 NMR 性质的磁体。（a）Magritek 公司的岩心弛豫分析仪。（b）内直径 140mm 的 0.22T Halbach 磁体，其中心最均匀区域可容纳直径 20mm 的岩心。(c) 包含磁体和电子线路的测井仪器**

电子线路等所有 NMR 硬件封装在钢制外壳内部，能够承受井眼中的高温高压环境。

在土壤和低孔隙度的小孔岩石中，横向弛豫时间 T_2 可能很短，例如饱水黏土的 T_2 约为 $100\mu s$ 量级。为了测量短弛豫时间组分，在 CPMG 实验中要使用短回波间隔来减少死时间内的信号损失。这在小线圈上要比在大线圈上容易实现。因此，图 7.1.2(b) 中的 Halbach 磁体设计容纳直径为 20mm 的小圆柱样品。Halbach 磁体的另一个优势是其磁场方向垂直于圆柱对称轴，可以使用螺线管射频线圈进行测量。螺线管线圈比马鞍形线圈（常用于磁场方向与圆柱轴同向的磁体中）的敏感度要高，可对敏感度做适当让步来实现短死时间。

原则上，杂散场仪器也可用于研究多孔介质。然而在 NMR-MOUSE 的 $10\sim 20T/m$ 梯度下，$20\mu s$ 的回波间隔也不足以消除扩散引起的信号衰减 ［式 (7.1.8)］。对于小孔来说，表面弛豫速率 ［式(7.1.4)］比扩散弛豫速率要大；但对于大孔来说并不成立。所以在强非均匀磁场中测得的弛豫时间分布中，长弛豫时间的失真比中度非均匀磁场中要大。

7.1.6 脉冲序列和参数

纵向弛豫时间对内部梯度场中的扩散不敏感，是测量孔隙性质（甚至在非均匀磁场中）的较好方法。但人们的习惯做法还是测量对扩散敏感的横向弛豫时间，主要原因是测量的时长问题。纵向弛豫过程只能间接测量（图 3.2.2），且需要相当长的一系列测量；而横向弛豫时间可直接用 CPMG 序列一次测量得到 ［图 3.1.1(b)］。表 7.1.1 总结了在 NMR-MOUSE 上用 CPMG 回波串测量饱水岩样的常用采集参数。

表 7.1.1 测量饱水岩石和土壤[1]H 弛豫的采集参数

参数	（一）	（二）
磁体探头	NMR-MOUSE PM25(岩石)	NMR-MOUSE PM25(土壤)
发射频率 v_{rf}	13.8MHz	21.9MHz
90°脉冲幅度	$-8dB(700W)$	$-6dB(80W)$
90°脉冲宽度	$15\mu s$	$5\mu s$
采样间隔 Δt	$1\mu s$	$1\mu s$
采集时间 t_{acq}	$10\mu s$	$20\mu s$
回波间隔 t_E	$120\mu s$	$100\mu s$
回波个数 n_E	2000	4000
循环延迟 t_R	2.5s	2.5s
采集次数 n_s	128	128

7.1.7　初级测量

来自井筒的饱水岩心常用标准 CPMG 序列测量其横向磁化量衰减。这种测量可在几秒、最多几分钟时间内完成。除了商业岩心分析仪 [图 7.1.2(a)]，只要磁体足够均匀且保持在恒温状态，也可使用简单 Halbach 磁体 [图 7.1.2(b)]。利用逆拉普拉斯变换将 CPMG 衰减 [图 7.1.3(a)]反演为弛豫时间分布 [图 7.1.3(b)]。这个分布通常是双峰的，且由一个节点将信号划分为可动流体（对应长弛豫时间）和束缚流体（对应短弛豫时间）。对于饱水砂岩，划分这两种弛豫时间范围的 T_2 截止值为 33ms。弛豫时间的总范围可跨越几个数量级，从小于 1ms 到 1s。如果在强非均匀场中使用 CPMG 序列，则弛豫时间分布表现为从长弛豫时间一侧向左压缩 [图 7.1.3(c)]，因为信号不仅受弛豫的衰减，还受扩散的衰减 [式(7.1.9)]。

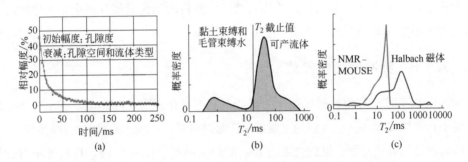

图 7.1.3　利用横向弛豫测量分析饱水石灰岩样品。(a) CPMG 衰减。(b) 根据 (a) 的逆拉普拉斯变换得到的弛豫时间分布。纵坐标正比于给定 T_2 对应孔隙的概率密度。(c) 利用 CPMG 在 NMR-MOUSE 非均匀场中和 Halbach 磁体均匀场中分别得到的弛豫时间分布

岩心为长圆柱形，其平均孔径分布随着岩心采集的深度而变化。为了测定该变化，使用步进电机移动岩心通过磁体，也可以沿着岩心移动磁体。后者能够降低设备的总长度，基于该方案形成了样机 [图 7.1.4(a)]。仅在 30cm 长度内，弛豫时间分布和孔隙度的变化就非常明显 [图 7.1.4(c)]。孔隙度对应完全饱和样品信号衰减曲线的初始幅度，或对应于弛豫时间分布的积分。根据孔隙度和弛豫时间分布，可利用经验模型估算流体渗透率 [图 7.1.4(e)]。

在研究孔隙度和孔径分布时，被测多孔材料需要完全饱和流体。因为只有这样，CPMG 信号幅度或弛豫时间分布的积分才正比于孔隙度。然而，岩样一旦干燥，就很难完全饱和。在岩石润湿过程中，采用真空负压吸引有助于流体的摄取。

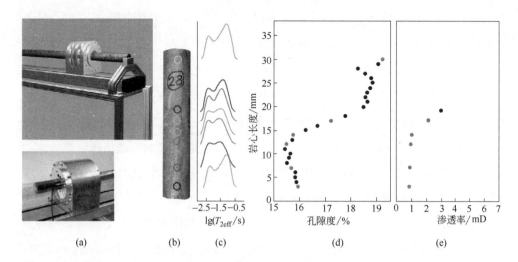

(a)   (b) (c)   (d)   (e)

图 7.1.4　利用 Halbach 扫描仪测量岩心的地球物理性质。(a) 将岩心用塑料管包住放入 Halbach 磁体，磁体在步进电机的控制下沿岩心移动，测量不同位置处的 CPMG 回波串。(b) 砂岩岩心，上面标记有测量位置。(c) 标记位置处的弛豫时间分布。(d) 根据弛豫时间分布积分计算得到的沿岩心长度方向的孔隙度变化。(e) 根据弛豫时间分布和孔隙度估算的流体渗透率

为了获得真实的 NMR 孔隙度，最好在采样后立即对原始湿润岩心进行测量。在从大块岩心中选取小块样品时，选择未受采样过程改变的区域。样品以直径 5cm 的圆柱为宜。测量岩石中流体信号时的常见问题见表 7.1.2。

表 7.1.2　测量岩石和土壤时的常见问题

——样品在宏观上是非均质的，或者样品太小而不具备地层代表性
——样品很大，覆盖磁场区域具有较大的非均匀性，因此 CPMG 回波不但受弛豫还受扩散的衰减
——样品没有完全饱和流体
——回波间隔太长，CPMG 回波不仅受弛豫还受扩散的衰减
——回波间隔太长，探测不到小孔中流体的快速弛豫磁化量
——回波个数太大，循环延迟太短，导致射频线圈变热
——磁体温度和房间温度没有控制，导致样品温度变化
——注意弛豫时间分布仅在快扩散条件下代表孔径分布
——注意逆拉普拉斯反演在噪声条件下容易变得不稳定

7.1.8　高级测量

大多数天然多孔介质的孔隙网络和孔隙流体天生就是非均匀的。基岩的孔隙通常充满了水、油和气（基本是甲烷）的混合物。为了描述复杂的含流体岩石，除了获得弛豫时间分布的 CPMG 测量，还引入 2D 拉普拉斯 NMR 方法获得弛豫时间和扩散系数的关联谱图。第 3.2.7 节已经讨论了两种方法，分别为饱水砂岩的 T_1-

T_2 关联实验和饱水球形二氧化硅颗粒堆积的 T_2-T_2 交换实验（图 3.2.4）。另外一种重要的 2D 拉普拉斯 NMR 实验是 D-T_2 关联实验。

（1）T_1-T_2 关联 NMR

T_1-T_2 关联实验将一种弛豫时间的分布与另一种弛豫关联起来 [式(7.1.1) 和式(7.1.9)]。除了自由弛豫时间和表面弛豫，T_2 还依赖于自旋所处磁场的均匀性（用磁场梯度 G 表示）和扩散系数 D；但 T_1 不受它们影响。磁场梯度源自施加磁场的梯度，以及孔隙内部因液-液和固-液界面磁化率差异引起的内部梯度。回波间隔 t_E 越长、梯度越高，则扩散衰减越强 [式(7.1.8)]。当内部梯度场在样品中起作用 [图 3.2.4(a) 和图 7.1.5(a)]，或 T_1 与 T_2 的快扩散条件不同时，两种弛豫时间都不再互相成正比关系。由于小孔中的内部梯度场要强于大孔，在 t_E 较短时，脊状 T_1-T_2 关联分布朝平行于对角线的一条线倾斜 [图 7.1.5(b)]。高场中的内部场梯度比低场时更高，因此在用横向弛豫时间分布研究孔径分布时优选低场。

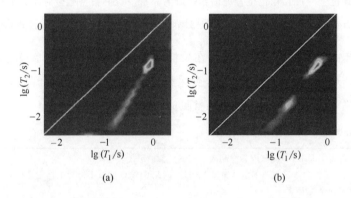

图 7.1.5　2D 饱和 Allermöhe 砂岩的 T_1-T_2 关联分布。在 0.22T（对应 [1]H 频率 9.6MHz）下测得岩心的渗透率为 1.85mD，孔隙度为 6%。（a）回波间隔 0.15ms。（b）回波间隔 0.06ms

（2）T_2-T_2 交换 NMR

T_2-T_2 交换实验将横向弛豫时间分布通过不同弛豫位置之间的磁化量交换而关联起来。这个交换指在饱水多孔介质中，分子从孔隙空间中的一个弛豫位置扩散到另一个弛豫位置。交换过程不仅存在于混合阶段，还存在于演化和探测阶段 [图 3.2.4(c)]，因此得到的 2D 分布谱图必须经过模拟来提取出不同弛豫位置的交换速率（图 3.2.8）。根据这些交换速率和扩散系数，可以估算出弛豫中心间的距离。将弛豫中心与孔隙空间或孔隙尺寸中的特定位置建立联系，就可以重建孔隙空间的拓扑结构。

（3）$D\text{-}T_2$ 关联 NMR

石油工业中的油气识别需要定量确定岩层中的油水含量，对扩散-弛豫关联实验尤其感兴趣。在 1D 弛豫时间分布中，两种流体的谱峰出现重叠，谱峰积分仅能定量计算可动流体和束缚流体含量 [图 7.1.3(b)]。而油和水的扩散系数差异很大，将扩散系数分布引入弛豫时间分布中形成第二维度，就能分别确定油水含量。这与 DOSY 实验（图 4.1.5）非常相似，只是 DOSY 实验引入的第二维度是频率。

测井仪器在油水地层用图 3.2.7 中的脉冲序列得到图 7.1.6 所示的 $D\text{-}T_{2\text{eff}}$ 图谱，图中的油峰和水峰是分开的。大多数油的平均扩散系数和弛豫时间在 $D\text{-}T_{2\text{eff}}$ 图谱上分布在一条斜线上，所以这条线上的谱峰是油峰。水峰出现在代表水自由扩散系数的横向线上。每个谱峰下的积分分别代表岩石中含水和含油饱和度。在 2D 图谱在弛豫轴上的投影上，油和水的信号没有分开；而在扩散轴的投影上，它们是分开的。

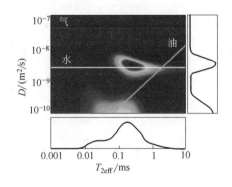

图 7.1.6　测井仪器在油水层测得的 $D\text{-}T_{2\text{eff}}$ 图谱。图中的横线为自由水和甲烷的扩散系数。斜线为油的常见 D 和 $T_{2\text{eff}}$ 值

利用由不同回波间隔 t_{E} 采集到的一组 CPMG 回波串也能得到 $D\text{-}T_{2\text{eff}}$ 图谱。单一孔隙的信号按下式衰减：

$$s(t)=s(0)\exp\left[-1/12(\gamma G t_{\text{E}})^2 D t\right]\exp(-t/T_{2\text{eff}}) \tag{7.1.10}$$

以 t_{E}^2 和 t 为坐标轴将 CPMG 衰减数据存储为 2D 数组，利用 2D 拉普拉斯反演得到 2D 关联谱图 $S[1/12(\gamma G)^2 D，1/T_{2\text{eff}}]$，图中 $1/12(\gamma G)^2 D$ 和 $1/T_{2\text{eff}}$ 都按对数坐标显示。梯度 G 可以是内部梯度、外加磁场梯度或二者都有。当忽略内部梯度时，G 为 NMR-MOUSE 自身的梯度，S 为 D 和 $T_{2\text{eff}}$ 的关联分布图谱。采用这种方法，NMR-MOUSE 可以测量得到不受扩散影响的 $T_{2\text{eff}}$ 分布 [图 7.1.3(c)]。这项技术已经应用到测量赫库兰尼姆的纸莎草别墅（Villa of the Papyrus）的潮湿

墙壁。

7.1.9　数据处理

利用 1D 和 2D 拉普拉斯变换可根据实验数据得到弛豫时间分布和 T_1、T_2、D 的 2D 关联谱图。将弛豫时间分布解释成孔径分布需要满足快扩散条件，这对于小于 $10\mu m$ 的饱水孔隙通常是成立的。通过将弛豫时间分布与氮气吸附孔隙度仪或压汞孔隙度仪得到的孔径分布匹配（图 7.1.7），可得到式（7.1.3）和式（7.1.4）中的表面弛豫率参数 ρ_1 和 ρ_2。不同的测量方法的结果不能完全一致。这是因为氮气和液态汞两种流体都只能进入连通的孔隙，而 NMR 可以测量死孔中的流体。此外，氮气很快将小孔饱和到凝结点，汞主要受毛管力控制，这都将造成孔隙度仪结果的偏差。

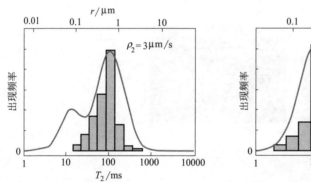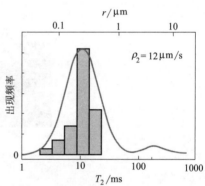

图 7.1.7　来自大巴哈马浅滩（Great Bahama Bank）的石灰岩样品孔径分布的刻度。连续曲线：在 0.3T Halbach 磁体上测得的弛豫时间分布；直方条：压汞法测得的孔径分布

弛豫时间分布的总积分代表多孔介质中氢核的总量。已知氢核密度和敏感区体积时，可得流体饱和度和孔隙度。此外，还可以计算分布中特定谱峰的积分。例如在一个双峰分布中，长弛豫时间谱峰的积分代表可动流体含量，而短弛豫时间谱峰的积分代表束缚流体含量。孔隙度 Φ 是将流体体积除以完全饱和样品敏感区体积的商。根据不同岩性的渗透率模型可以估算流体渗透率。对于碳酸盐岩来说，Kenyon 模型较为适用：

$$\kappa = aT_{2lm}^2\Phi^4 \tag{7.1.11}$$

式中，T_{2lm} 是 T_2 分布的对数平均值；常数 a 取决于表面弛豫率 ρ_2，通常根据经验确定。对于砂岩来说，$a=4\mathrm{mD}/(\mathrm{ms})^2$，其中 $1\mathrm{mD}=9.87\times10^{-16}\mathrm{m}^2$。

7.1.10 参考文献

[1] Hirasaki GJ. NMR applications in petroleum reservoir studies. In: Stapf S, Han SI, editors. NMR Imaging in Chemical Engineering. Weinheim: Wiley-VCH; 2006. pp. 321-340.

[2] Brownstein KR, Tarr CE. Importance of classical diffusion in NMR studies of water in biological cells. Phys Rev. 1979; 19: 2446-2453.

[3] Anferova S, Anferov V, Arnold J, Talnisnikh E, Voda MA, Kupferschl? ger K, Blümler P, Clauser C, Blümich B. Improved Halbach sensor for NMR scanning of drill cores. Magn Reson Imaging. 2007; 25: 474-480.

[4] Anferova S, Anferov V, Rata DG, Blümich B, Arnold J, Clauser C, Blümler P, Raich H. Mobile NMR device for measurements of porosity and pore size distributions of drilled core samples. Conc Magn Res. 2004; 23B: 26-32.

[5] Arnold J, Clauser C, Pechnig R, Anferova S, Anferov V, Blümich B. Porosity and permeability from mobile NMR core-scanning. Petrophysics. 2006; 47: 306-314.

[6] Blümich B, Casanova F, Perlo J. Mobile single-sided NMR. Prog Nucl Magn Reson Spectrosc. 2008; 52: 197-269.

[7] Song YQ. Novel two-dimensional NMR of diffusion and relaxation for material characterization. In: Stapf S, Han SI, editors. NMR Imaging in Chemical Engineering. Weinheim: Wiley-VCH; 2006, pp. 163-183.

[8] Mitchell J, Chandrasekera TC, Gladden LF. Obtaining true transverse relaxation time distributions in high-field NMR measurements of saturated porous media: Removing the influence of internal gradients. J Chem Phys. 2010; 132: 244705.

7.2 土壤

7.2.1 简介

地球大陆表面多数都被土壤覆盖。土壤是大气和地球之间的界面。土壤表层是植物根系的基体，土壤底层与地下水接触。相对于底层，表层暴露在气候（例如雨水、温度和风）的直接作用下。因此，土壤载有水、二氧化碳、盐类、空气和热能的通量，其组成也随着这类通量和地表生物活动的影响而连续变化。地下水位上的土壤仅部分饱和水，称为渗流区（来自拉丁语"vadosus"，意为"浅"）。

7.2.2 目标

利用 NMR 研究土壤的主要目标是描述物质通量和孔隙尺度的能量上行。就此而言，在生物圈和侵蚀的作用下，水的饱和度、扩散以及孔隙几何结构与供水和排驱的关系是主要研究目标。由于敏感度的原因，土壤材料的 NMR 波谱是高场 NMR 的研究领域。低场 NMR 仪器用于测量土壤的弛豫和扩散，所用方法与研究岩石时相同。

土壤中的液体通常是水，气体主要是空气，这简化了土壤研究。虽然水蒸气通常会饱和气相，但其信号与液体水相比可忽略不计。类似于岩石，土壤的信号幅度代表流体饱和度，但弛豫衰减（可计算弛豫时间分布）却较难用于解释非饱和多孔介质。弛豫交换实验和成像实验得到流体运移信息的时间尺度接近于扩散极限。目前对天然土壤的测量实验很少，大多数研究测量的是土壤模型。这是因为很难获取具有可重复性的天然土壤样品。天然土壤通常含有顺磁物质，大大缩短了弛豫时间，导致大多数信号衰减都位于仪器死时间以内。土壤模型由筛选过的纯净化合物制成，经仔细堆积具有可重复的体积密度。

7.2.3 延伸阅读

[1] Bayer JV，Jaeger F，Schaumann GE. Proton Nuclear Magnetic Resonance（NMR）relaxometry in soil science applications. Open Magn Res J. 2010；3：15-26.

[2] Jury WA，Horton R. Soil Physics. Hoboken：Wiley；2004.

[3] Hemminga MA，Burman P. Editorial：NMR in soil science. Geoderma. 1997；80：221-224.

[4] Marshall TJ，Holmes J，Rose CW，Soil Physics. 3rd edition. Cambridge：Cambridge University Press；1996.

7.2.4 土壤物理

(1) 土壤类型

土壤是由固相、液相和气相组成的非均匀材料。土壤受到无机和有机材料、能量供应的连续变化过程，以及生物活动的影响。土壤中的液相基本由溶解了盐类和生物质的水组成。气相为饱和水的空气，还混合有 CO_2 和其他气体。固相主要是大型沉积物风化而成的，包含大量矿物和少量有机化合物（例如腐殖酸）。矿物部分按照粒径分布进行分类。粒径小于 $2\mu m$ 的土壤包含活性黏土矿物；大于 $2\mu m$ 的土壤颗粒分为粉砂、细砂和砾砂。粉砂的颗粒直径在 $2\sim63\mu m$ 之间；细砂在 $63\sim$

2mm 之间；砾砂为直径在 2～63mm 之间的石块。研究土壤的孔隙和运输时，砾砂通常单独研究。不同的颗粒分布产生不同的土壤质地。最常见的土壤质地有黏土、粉砂壤土和砂土，其平均粒径逐渐增大一个数量级。其中，壤土比砂土包含更多的腐殖质。平均粒径越小，粒径分布越宽。

（2）孔隙空间和结构

微观上，土壤由颗粒和孔隙空间构成。许多颗粒可能会聚集在一起，构成中尺度孔隙。在中尺度上，土壤呈水平层状，孔隙空间还包含虫洞和裂缝。因此水的流动在不同尺度上受不同机制驱动。在微-中尺度上，水在孔隙中的扩散作用下运动或沿势能梯度流动。在孔隙尺度之上，未饱和土壤中水的运动用 Richard 方程描述。宏观上，可发生额外的优势流现象，例如强降水时大孔和虫洞中的快速下降流。

横向的土壤层称为水平层［如 7.2.1(a)］。从地表到基岩的每个水平层都具有独特的物理化学性质、颜色和土壤生物。顶层受生命活动（例如根系的形成和腐烂）的强烈影响，植物材料和动物的降解使其具有较高的有机质含量。下部水平层

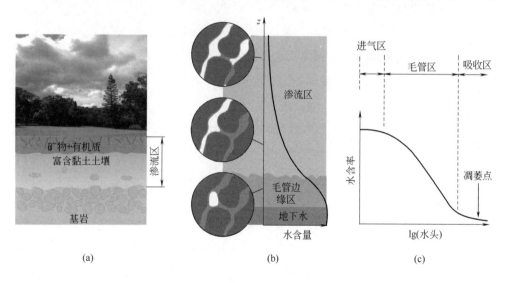

(a)   (b)   (c)

图 7.2.1 土壤层。(a) 根据发育阶段的不同，土壤主要分为三个水平层。最下方为基岩层。土壤就是由基岩经长时间风化形成的。基层上方的水平层由来自基岩的、富含黏土颗粒的细晶位物质构成。顶层受生命活动（包括根系）的强烈影响，植物材料和动物的降解导致其有机质含量较高。(b) 理想土壤剖面的含水饱和度分布：最上方土壤层中的含水饱和度较低，水相不连续，水流和气流不耦合。下方土壤层中，水相变为连续。水压由毛管力和重力决定，水和气流强烈耦合。最下方的土壤层中，气相不连续。(c) 均匀土壤的水分持留曲线，显示出了进气区、毛管区和吸收区。凋萎点指植物能够摄取水分的最低含水率

由来自基岩的细品位物质构成，富含黏土颗粒。最底部为基岩层，土壤就是基岩经长时间风化形成的。类似于岩石，土壤可以是高度非均匀的。孔径范围从黏土聚集体的纳米到裂缝和虫洞的毫米级。

(3) 土壤质地参数

土壤质地和颗粒沉降决定孔隙空间。与岩石刚性骨架形成的孔隙空间不同，土壤的孔隙空间可以随着水分的摄入和排出（取决于不同组分的润湿性）而膨胀和收缩。从这点看，土壤的性质类似于糊剂，但需要用不同尺寸和润湿性的固体颗粒、水和气这三相组分系统来近似。据此，采用 4 个体积参数来描述土壤，分别是：土壤颗粒体积 V_s、液相体积 V_w、气相体积 V_g 和总体积 V_t。给定各组分质量 m，固态颗粒和土壤的密度分别为：

$$\rho_s = m_s/V_s \quad 和 \quad \rho_t = m_t/V_t \tag{7.2.1}$$

孔隙度 Φ 可写为：

$$\Phi = (V_w + V_g)/V_t = (V_t - V_s)/V_t = (\rho_s - \rho_t m_s/m_t)/\rho_s \tag{7.2.2}$$

含水率可用体积分数或质量分数定义：

$$\theta_v = V_w/V_t \quad 和 \quad \theta_m = m_w/m_t \tag{7.2.3}$$

当土壤完全饱和水时，气相部分的体积为 0，体积型含水率 θ_v 等于孔隙度 Φ。含水饱和度定义为：

$$\Theta_s = V_w/(V_w + V_g) \tag{7.2.4}$$

人们通常只对归一化可动流体饱和度感兴趣，因此需要减去束缚水饱和度：

$$\Theta = (\theta_v - \theta_r)/(\Phi - \theta_r) \tag{7.2.5}$$

式中，θ_r 是不可动的束缚流体含量。

(4) 水分的分布

土壤含水率随着降雨、排驱、蒸发和植物根部摄取水分而连续变化。在完全饱和的地下水区，水主要沿水平方向运动；在非饱和渗流区，水的运动具有垂直分量，即重力驱动向下流动、蒸发驱动向上流动。随着深度的增加，渗流区的含水率 θ_v 通常也逐渐增加，含气量逐渐减小 [图 7.2.1(b)]。在地表附近，气相是连续的，水相是不连续的，水相与气相的运动是非耦合的。在下部一个窄带区域内，气相和水相都是连续的。在这个连续的多相区域内，气流和水流是强烈耦合的。在更深处，气相变得不连续。在毛管边缘带，水依靠毛管力保持在土壤中。水的传导性由孔隙几何结构和分子自扩散控制，而气体的传导性由气体和水的互扩散控制。

为了评估成土过程对植被和大气的影响，定义了土壤保水性和水导率等宏观水力学参数，它们与土壤质地、孔隙度和化学性质有关。为了评价土壤中水的状态，需要确定作用在水分子上的所有力的总和。然而，测量将一部分水从参考点带到某一水平所需的功，比测量力要简单。这用势能（简称"势"）来表示更加方便，此时不考虑动能和热能。总土水势是各分势之和：

$$\Psi = \Psi_m + \Psi_z + \Psi_o + \Psi_\Omega + \Psi_p \tag{7.2.6}$$

式中，基质势 Ψ_m 来自水分子与固相表面所有的相互作用；Ψ_z 是重力势；渗透势 Ψ_o 来自溶解离子的水合作用；压力势 Ψ_Ω 来自上表面的压力负载；Ψ_p 是额外的气体压力势。实验中，未饱和土壤中的总势常用水压势 Ψ_H 来近似，而忽略其他项，得到：

$$\Psi_H = \Psi_m + \Psi_z \tag{7.2.7}$$

式中，水压势 Ψ_H 是基质势和重力势之和。基质势和含水率 θ 之间的关系用水分持留曲线或水分特征函数来表示，它表明含水率随着基质势 Ψ_m 的增加而下降。注意，基质势是一个负数，它在完全饱和的骨架中为 0（例如在地下水位处），随着水分不断流失而变得更负（例如随着海拔的增加）。通常用水头 $h = \Psi/(\rho g)$（例如悬挂的水柱长度）代替基质势画出随含水率变化的曲线图［图 7.2.1(c)］。该方程通常可划分为三个主要区域。在进气区，含水率为常数，但基质势幅度变化。想要将饱和土壤大孔中的水移出，必须使用的最小吸力称为进气吸力。对于粗粒砂岩，这个值约为 5～10cm。土壤质地越细，数值约大。在水分持留曲线中部，吸力增加，毛管区小孔中的水分流干。曲线的第三个区称为吸收区。这段曲线相对平缓，含水率变化和基质势变换都很小，因为水分子紧紧束缚在固体土壤颗粒上。

水分持留曲线上一个重要的点是凋萎点。在凋萎点以下，含水率低至不能维持植物生长。将基质势为 −1.5MPa 时的含水饱和度定义为永久凋萎点。水分持留曲线能够提供关于土壤存储的水分的有用信息，但测量天然饱和度和排驱过程需要数周到数月的时间。在受迫动态过程下（特别是施加压力时）测量速度较快，但可能对被测系统产生扰动。

水分持留曲线 $\theta_v(h)$［图 7.2.1(c)］可用 van Genuchten 模型近似，利用 θ_r、Φ、a 和 n 作为拟合参数来拟合实验数据：

$$\theta_v(h) = (\Phi - \theta_r) / [1 + (ah)^n]^{(1-1/n)} + \theta_r \tag{7.2.8}$$

式中，θ_v 是在给定水头 h 或基质势 Ψ_m 时的实际含水率［式(7.2.3)］；Φ 和 θ_r 分别为完全饱和和完全排驱后的含水率。参数 $a > 0$，与进气吸力的倒数有关；参数 $n > 1$，代表曲线的斜率，与孔仅分布有关。孔径分布越窄，持留曲线越陡，n 越大。常用的数值为：① 砂岩 $a = 0.03\text{cm}^{-1}$，$n = 4$；② 粉质壤土 $a = 0.01\text{cm}^{-1}$，$n = 1.6$。

（5）水分的运移

为了描述孔隙空间中静态一维层流水分运移性质，引入导水率 K 来描述达西定理［式(6.3.1)］条件下速度 J 对应的水流密度：

$$J = Q/A = -K(\Delta h/\Delta z) \tag{7.2.9}$$

式中，Q 是流速，m^3/d；A 是水流横截面积；该式的商与流动距离 Δz 上的水头 Δh 有关；导水率 K 仅取决于土壤性质，正比于渗透率 κ。

$$K = \kappa g \rho / \eta \tag{7.2.10}$$

式中，η 是流体的动态黏度。

静态三维流动时，物质平衡需要满足以下条件：

$$\partial\left(K\frac{\partial h}{\partial x}\right)/\partial x + \partial\left(K\frac{\partial h}{\partial y}\right)/\partial y + \partial\left(\kappa\frac{\partial h}{\partial z}\right)/\partial z = 0 \tag{7.2.11}$$

除以 K 得到水头的拉普拉斯方程：

$$\frac{\partial^2 h}{\partial x^2} + \frac{\partial^2 h}{\partial y^2} + \frac{\partial^2 h}{\partial z^2} = 0 \tag{7.2.12}$$

该式将水头 h 与空间坐标联系起来计算静态流场。

为了描述瞬态条件下水分在渗透或蒸发作用下流过非饱和土壤的过程，必须使用更先进的模型，所有三个方向上的静水流之和不再为零，而等于随时间变化的含水率，得到：

$$\partial J/\partial x + \partial J/\partial y + \partial J/\partial z + \partial\theta_v/\partial t = 0 \tag{7.2.13}$$

该式与水通量和储水量的变化有关。如果必要，可以加入水源和水池项，例如根系吸水。此外，导水率 K 不再是常数，而是含水率或基质势的函数。通过引入达西定理中的 J，可以得到预测瞬态流含水率或基质势的方程。对于最重要的纵向流来说：

$$\partial\theta_v/\partial t = \partial\left[K(h)(\partial h/\partial z + 1)\right]/\partial z \tag{7.2.14}$$

该方程包含两个未知量 θ_v 和 h，不能直接求解。Richard 将它以两种方式重新写出：

$$\partial\theta_v/\partial t = \partial\left[D(\theta_v)\partial\theta_v/\partial z\right]/\partial z + \partial K(\theta_v)/\partial z \tag{7.2.15}$$

$$C_w(h)\partial h/\partial t = \partial\left[K(h)(\partial h/\partial z + 1)\right]/\partial z \tag{7.2.16}$$

式中，$D(\theta_v) = K(\theta_v)\partial h/\partial\theta_v$ 是土壤水扩散率；$C_w(h) = \partial\theta_v/\partial h$ 是容水量方程。这两个量都可由水分持留曲线和导水率曲线得到。这些方程成为 Richard 方程的含水率形式和基质势形式。这些方程可根据水分持留曲线和导水率曲线引入参数化模型进行求解。比较流行的模型有 van Genuchten 方程［式(7.2.8)］，Mualem

将其扩展用于相对导水率（部分饱和与完全饱和时的导水率之比）：

$$K(\Theta)/K_s = \Theta^{1/2} \left[1 - (1 - \Theta^{1/m})^m\right]^2 \qquad (7.2.17)$$

式中，含水饱和度 Θ 的定义见式(7.2.5)；$m = 1 - 1/n$。

7.2.5 硬件

含水饱和度要根据信号幅度（即传感器敏感区域内的质子数量）来确定。1985年，Paetzold 和同事进行了首次土壤含水率原位测量。他们将单边 U 形电磁体放在拖车上，在利用卡车在田间拖动设备的过程中采集氢核信号 [图 7.2.2(a)]。目前，商业单边 NMR 传感器，例如 NMR-MOUSE [图 7.2.2(b)]、测井仪器 [图 7.1.2(c)]、细形 (slim-line) 测井仪器 [图 7.2.2(c)] 和中等均匀场封闭式磁体，都可用于土壤研究 [图 7.1.2(b)]。为了研究表层土的原位含水率，NMR-MOUSE 可采集最大深度 25mm 内的深度维剖面。测量更深处的水分有两种方法。一种方法是地面 NMR 勘探（NMR sounding），利用直径达 200m 的表面线圈测量来自含水层的地磁场 NMR 信号，最大探深可达 200m。另一种方法利用石油类测井仪器 [图 7.1.2(c)]或细形测井仪器 [图 7.2.2(c)]。后者的原理与石油测井仪器相同但直径更小，在地面有防护的钻孔中使用。这种仪器通常只包含磁体和线圈电路，通过长电缆与钻孔外的谱仪连接。然而，目前绝大多数的土壤研究仍然在实验室环境下进行，利用封闭式磁体测量土壤模型中水的弛豫和扩散。

(a)   (b)   (c)

图 7.2.2　在田间和实验室内测量土壤的 NMR 装置。(a) 装在拖车上的电磁体由卡车拖动的同时连续采集 NMR 信号来监测土壤水分。(b) 挂在台架上的 NMR-MOUSE 朝下测量，同时还有探地雷达天线一起装配在蒸渗仪上方，监测地表土壤表面的蒸发过程（S. Merz 供图）。(c) 3.3MHz 的细形[1]H NMR 测井仪器，切片距离井壁 18mm，测量自然土壤的水分含量。该仪器不包含谱仪电子系统，仅有天线和线圈及相关射频回路

7.2.6 脉冲序列和参数

土壤在测量时常处于非饱和状态,其脉冲序列与岩石研究中相同(第 7.1.6 节)。标准土壤测量序列为 CPMG 序列 [图 3.1.1(b)],偶尔测量纵向磁化建立曲线(图 3.2.2)。土壤的弛豫时间分布很宽,从黏土束缚水跨度到大孔隙水。因此测量横向磁化衰减曲线和纵向磁化量极化曲线需要许多数据点,分别用短回波间隔采集很长的 CPMG 回波串或者用许多不同恢复时间 t_0 测量。此外,磁性物质以及固态、液态和气态界面引起的磁场非均匀性也产生内部梯度,即使在均匀场中测量时也影响横向弛豫衰减 [式(7.1.9)]。在低场下使用短回波间隔 t_E 可减小该影响。这样一来,CPMG 回波串需要很长,回波个数可达 32000。如此之多的脉冲在射频线圈中激发能量会使线圈的温度升高,因此推荐循环延迟大于 $5T_{1max}$ (T_{1max} 为大孔隙水的纵向弛豫时间)以便系统降温。利用 Halbach 磁体测量土壤时的典型 CPMG 脉冲序列参数见表 7.1.1。

7.2.7 初级测量

在实验室内研究的土壤样品多为人工模型。人工模型是土壤经过筛选、重新堆积并饱和了水而成的。完全饱和样品的 CPMG 回波串信号幅度代表孔隙度,但土壤可能随着摄取水分而膨胀,因此要谨慎解释孔隙度测量结果。回波包络是弛豫时间分布方程的拉普拉斯变换,仅对完全饱和土壤样品来说对应于孔径分布。部分饱和土壤弛豫时间分布的解释仍在研究之中,因为其分布还取决于润湿性及润湿-干燥循环的不同阶段,可能存在滞后。在干燥的过程中,长弛豫时间的信号峰首先消失,短弛豫时间的信号峰不受影响(图 7.2.5)。这种特征与饱水岩石相同(图 7.1.3),可产流体对应长弛豫时间信号,束缚流体对应短弛豫时间信号。

不同类型土壤饱和水后的 T_2 分布可能差别很大 [图 7.2.3(a)]。根据土壤质地的不同,T_2 弛豫时间分布的范围从 0.1ms～1s。下限由仪器的死时间决定(即 CPMG 序列的最小回波间隔)而非样品本身。事实上,通常探测不到来自小孔隙水分和束缚流体的信号。采用小型射频线圈和更高的磁场可缩短仪器死时间,但样品的体积也随之减小,测得土壤弛豫时间分布的代表性会低于大体积样品。利用 $B_0=0.15T$ 的 Halbach 磁体测量直径为 4cm 的玻璃管中的土壤样品得到的 T_2 分布如图 7.2.3(a) 所示。采用的回波间隔 $t_E=0.15ms$,一次 CPMG 扫描记录高达

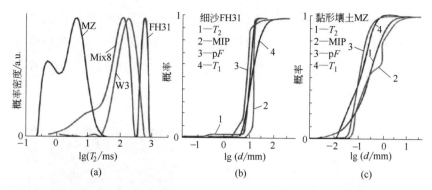

图 7.2.3 利用 Halbach 磁体（$B_0 = 0.15\mathrm{T}$）得到的饱水土壤样品的弛豫时间分布和孔径（$d = 2r$）分布。(a) 细沙（FH31）、粉沙（W3）、细沙（92%）-黏土（8%）混合物（Mix8）、天然黏性壤土（MZ）的 T_2 的概率密度。(b) 根据水分持留曲线（$\mathrm{p}F = -\lg h$）、压汞法（MIP）、以及 T_1 和 T_2 分布得到的细沙 FH31 的孔径分布积分曲线。(c) 土壤 MZ 的孔径分布积分曲线

15000 个回波。测量土壤时需要考虑的常见问题与测量岩石相同（见表 7.1.2）。土壤与绝大多数岩石的不同之处在于其膨胀和收缩，因此土壤体积可能取决于含水饱和度甚至特定的润湿和干燥步骤。

7.2.8 高级测量

（1）实验室研究

在土壤研究中也利用 2D 拉普拉斯 NMR 方法分析饱和以及部分饱和土壤的孔隙空间结构和流体运移特性，这与岩石研究中类似。最重要的两个实验测量是：T_1-T_2 关联图谱，探测弛豫的非均匀性和孔隙尺度内部梯度的影响；T_2-T_2 交换图谱，探测水分子的扩散路径。

饱水细沙壤土的 T_2-T_2 关联图谱（图 7.2.4）中 T_1 与 T_2 成正比例关系，弛豫率 ρ_1 和 ρ_2 也一样。其 T_1/T_2 略大于砂岩中常见的 1.6。此外，可以得出在 $B_0 = 0.25\mathrm{T}$、$t_E = 0.3\mathrm{ms}$ 的条件下，内部场梯度的扩散影响可忽略不计的结论。从图 7.2.4(a) 中还可以看出，由于纵向弛豫较快，部分信号在第一个编码阶段就已经有所衰减。

T_2-T_2 交换图谱提供弛豫中心之间的流体运移信息。在交换时间 t_m 为零或很短时，T_2-T_2 交换图谱基本位于对角线上，表明在干燥过程中，T_2 分布上仅长弛豫时间的信号有所消失。随着交换时间 t_m 的增加，出现了交叉峰，表明质子在不同弛豫中心间发生了交换。取决于弛豫中心之间的连通性，当交换过程涉及两个以上弛豫中心时，交换图谱通常是非对称的。在完全饱和条件下，根据 T_2-T_2 交换图谱可以得到交换速率，以及弛豫中心间的扩散距离和边界。只要弛豫中心可与孔

隙空间的几何特征建立联系［式(3.2.8)］，就能根据上述信息估算孔隙结构。一般来说，弛豫中心对应孔径大小。如果假设成立，非饱和土壤中交换谱峰的出现意味着不同尺寸的小孔之间存在扩散运移，而完全饱和状态时可观察到所有孔隙之间的交换作用。

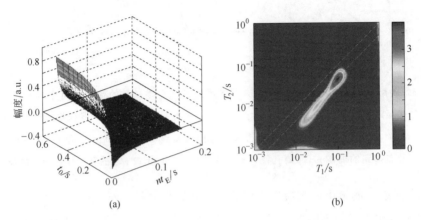

图 7.2.4　利用反转恢复序列测得的沙质壤土样品的 T_1-T_2 关联图谱。（a）2D 弛豫图谱，将 CPMG 衰减的幅度按恢复时间 t_0 画出，回波间隔 $t_E = 0.3\mathrm{ms}$。（b）对（a）中数据做逆 2D 拉普拉斯变换得到的 T_1-T_2 关联图谱

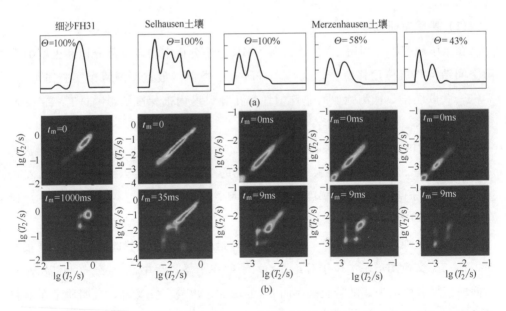

图 7.2.5　利用 0.5T 的 Halbach 磁体测得的不同土壤样品在不同饱和度 Θ 下的弛豫时间分布和交换图谱。（a）1D T_2 分布（任意幅度刻度）；（b）不同土壤样品和不同交换时间 t_m 时的 2D T_2-T_2 关联图谱

（2）现场研究

土壤水分测井仪器的设计原理与石油测井仪器基本相同，但前者工作在更宽松的温度和压力条件下。土壤测井在较浅地层的管子中移动仪器，同时采集管壁外侧土壤的信号来探测水分含量。

浅层渗流区的土壤没有完全饱和水，几乎不能屏蔽传感器面临的环境电磁噪声。此外，土壤测井传感器的直径比石油测井仪器要小，敏感区域也小于石油测井仪器。这两个因素共同导致其信噪比较低。

为了改善信噪比需要大量的信号叠加，致使测量时间很长，所以现场测量时应该采用自动驱动的方式 [图 7.2.6（a）]。CPMG 衰减和弛豫时间分布在仅 1m 的深度范围内就有很大变化 [图 7.2.6（b）]，这可能与为了插管而进行的钻孔有关。CPMG 回波串的初始幅度也同样有变化，表明水分含量不同 [图 7.2.6（c）]。图 7.2.6 中的数据是利用直径 5cm 的土壤测井仪样机采集得到的 [图 7.2.2（c）]，仪器放入管子中，管子的半圆周进行了屏蔽以减小外部噪声 [图 7.2.6（d）]。敏感区

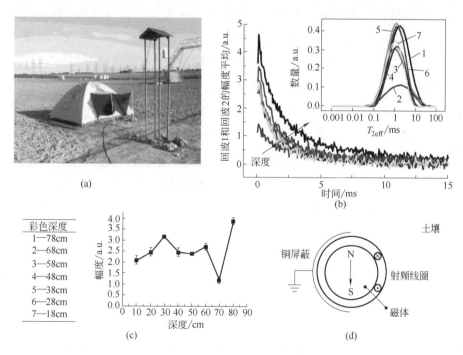

图 7.2.6　利用细形测井仪器在德国西部 Selhausen 地区开展土壤含水率现场测量。（a）测量现场时，在井眼的上方搭建了协助探头在垂直管中自动定位的支架；（b）不同深度处的 CPMG 回波包络和对应的弛豫时间分布；（c）根据前 8 个 CPMG 回波幅度之和计算得到的信号幅度随深度的变化关系；（d）井眼和管子的示意图，管子一侧包有接地铜皮来减小外部电磁噪声

切片位于管壁外侧 1.8mm。如果这类仪器具有更深的探测深度、更大的敏感区域、更小的电磁噪声，就可开展日常现场实验。

7.2.9 数据处理

CPMG 回波串包络的初始幅度对应于弛豫时间分布方程的积分［图 7.2.3 (a)］，且正比于体积含水率。如果已知样品内的水或孔隙流体的自旋密度以及敏感区体积，那么完全饱和的刚性多孔介质的含水率就是其孔隙度。如果不知道上述数值，可以将饱水土壤的信号幅度与相同体积的纯水信号幅度进行刻度，得到孔隙度。注意，相对于绝大多数岩石样品来说，土壤样品可以发生膨胀。

如果给定土壤的表面弛豫率 ρ_2，只要孔隙小到满足快扩散条件，弛豫时间分布就可重新刻度为孔径分布。如果不知道表面弛豫率，可通过将弛豫时间分布与其他方法得到（例如孔隙度仪）的孔径分布或参数进行匹配来得到。微分分布方程正比于概率密度，能够提供流体在不同孔隙网络环境下的大量细节信息，而不同孔隙空间的细节需利用不同方法来探测。这些细节在确定 ρ_1［式(7.1.3)］和 ρ_2 时［式(7.1.2)］时可以省略。可用积分分布方程代替概率密度（图 7.1.7）进行匹配［图 7.2.3(b) 和 (c)］，寻找直径小于或等于某一数值的孔隙出现的概率。对微分分布方程进行积分可得相应的积分分布方程。二者都可通过压汞孔隙度仪（Hg）和水分持留曲线（pF）得到。压汞孔隙度仪很难应用于土壤测量，因为施加高压会打乱土壤结构，而测量水分持留曲线需要数天到数周时间。测量 ρ_2 较为快速的方法是将 T_2 平均值与氮气等温吸附法（BET 方法，由 Brunauer、Emmett 和 Teller 提出）得到的平均比表面率进行匹配。一旦得到特定土壤类型的表面弛豫率，就可以利用 NMR 弛豫测量快速计算孔径分布。

7.2.10 参考文献

［1］ Roth K. Soil Physics Lecture Notes，Chapter 6. Heidelberg：Ruprecht-Karls-Universität；2012. (http://www. iup. uni-heidelberg. de/institut/forschung/groups/ts/soil _ physics/students/lecture _ notes05).

［2］ van Genuchten MT. A closed-form equation for predicting the hydraulic conductivity of unsaturated soils. Soil Sci Soc Am J. 1980；44：892-898.

［3］ Mualem Y. A new Model for predicting the hydraulic conductivity of unsaturated porous media. Wat Res Res. 1976；12：513-522.

［4］ Paetzold RF，Matzkanin GA，De los Santos A. Surface soil water content measurements using pulsed nuclear magnetic resonance techniques. Soil Sci Soc Am J. 1985；49：537-540.

[5] Sucre O，Pohlmeier A，Minière A，Blümich B. Low-field NMR logging sensor for measuring hydraulic parameters of model soils. J Hydrol. 2011；406：30-38.

[6] Hertrich M. Imaging of groundwater with nuclear magnetic resonance. Progr Nucl Magn Reson Spectr. 2008；53：227-248.

[7] Perlo J，Danieli E，Perlo J，Blümich B，Casanova F. Optimized slim-line logging NMR tool to measure soil moisture in situ. J Magn Reson. 2013；233：74-79.

[8] Walsh D，Turner P，Grunewald E，Zhang H，Butler Jr. JJ，Reboulet E，Knobbe S，Christy T，Lane Jr. JW，Johnson CD，Munday T，Fitzpatrick A. A small-diameter NMR logging tool for groundwater investigations. Ground Water. 2013；doi：10. 1111/gwat. 12024.

[9] Stingaciu LR，Weihermüller L，Haber-Pohlmeier S，Stapf S，Vereecken H，Pohlmeier A. Determination of pore size distribution and hydraulic properties using nuclear magnetic resonance relaxometry：A comparative study of laboratory methods. Wat Res Res. 2010；46：W11510.

[10] Blümich B，Casanova F，Dabrowski M，Danieli E，Evertz L，Haber A，Van Landeghem M，Haber-Pohlmeier S，Olaru A，Perlo J，Sucre O. Small-scale instrumentation for nuclear magnetic resonance of porous media，New J Phys. 2011；13：015003.

7.3 水泥和混凝土

7.3.1 简介

建筑材料包括天然材料（例如黏土、石材和木材）和许多人造产品。其中，水泥和混凝土是除了砖之外最重要的建筑材料。2007 年，全世界共生产了 28 亿吨水泥，多数用于制造混凝土。人类消耗混凝土的数量仅次于水。水泥是无机质非金属建筑材料，主要作为石材之间的黏合剂，它由石灰石、黏土、砂土和铁矿石在水泥厂生产出来。将这些材料的混合物在 1400℃ 左右进行烧制，在冷却之后掺拌石膏进行精细研磨，得到水泥。水泥经过水化过程后会变硬，成为耐久性材料。水化过程的主要产物是稳定的非溶解性水化硅酸盐（C-S-H），它具有细针状晶格结构［图 7.3.1(b)］。独立晶格之间以及与砂土和石块之间的紧密连锁作用使水泥和混凝土获得最终的高强度（图 7.3.2）。

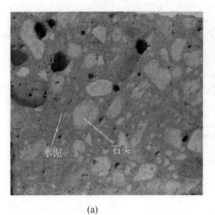
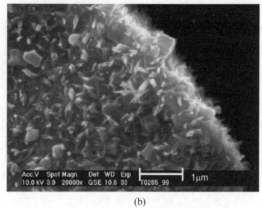

(a)   (b)

图 7.3.1　水泥和混凝土。(a) 混凝土块的截面图像给出其主要成分：粗石块和水泥。视场大小为 5mm×5mm；(b) 经过 3h 水化后，水泥颗粒的扫描电镜显微图像，图中可见水泥颗粒表面生长出的 C-S-H 针簇和 Ca(OH)$_2$ 小板（据 VDZ，Zementtaschenbuch，2003，Verband der Zementwerke，Düsseldorf）

混凝土是复合建筑材料，由水泥、砂砾/碎石、砂土和水的混合物构成［图 7.3.1(a)］。新鲜液态混凝土被浇筑到模具中之后，利用振动器除去其中绝大部分气泡，以避免气泡降低材料强度。混凝土具有寿命长、易成型、抗压、抗热等特点，已经成为现代建造高楼大厦最重要的建筑材料。通过添加特殊的添加剂，混凝土还可以获得这样或那样的极致特性。

7.3.2　目标

研究水泥、混凝土和陶瓷等建筑材料的主要目的是确定其微观结构。微观结构决定了这类材料的刚度、硬度和耐久性等主要物理性质。在建造楼房、道路和桥梁时，需要了解和优化这些性质。这些性质主要取决于水化过程以及自由水和束缚水。^{1}H NMR 可直接探测水化物和水，利用 1D 和 2D 弛豫和扩散方法测量孔隙度、孔径分布和孔隙连通性来描述其微观结构。测量天然状态建筑材料的主要目的是确定水分含量（第 8.1.9 节）。测量饱水建筑材料的主要目的是确定孔径分布（图 7.1.7）和利用 T_2-T_2 交换 NMR 来研究孔隙连通性。

7.3.3　延伸阅读

[1]　Valori A，McDonald PJ，Scrivener KL. The morphology of C-S-H：Lessons from 1H nuclear magnetic resonance relaxometry. Cem Concr Res. 2013；49：65-81.

［2］ McDonald PJ，Mitchell J，MulheronM. Cement products：Characterization by NMR and MRI. In：Buschow KHJ，Cahn RW，Flemings MC，Ilschner B，Kramer EJ，Mahajan S，Veyssière P，editors. Encyclopedia of Materials：Science and Technology. Amsterdam：Elsevier；2005.

［3］ Mehta PK，Monteiro PJM，editors. Concrete：Structure，Properties and Materials. Englewood Cliffs：Prentice-Hall；1993.

7.3.4 理论

(1) 水泥水化

水泥固化时，无水水泥粉被水化，其反应过程主要有三个不同阶段，持续时间从几分钟到几个月［图 7.3.2(e)］。第一阶段开始于水泥和水混合后，此时立即

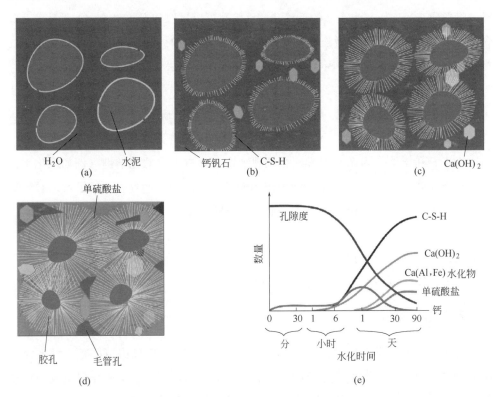

图 7.3.2　水泥水化过程示意图。(a) 无水水泥颗粒与水反应形成的水化硅酸盐（C-S-H）、氢氧化钙和钙矾石以薄层形式包裹在水泥颗粒表面；(b) C-S-H 晶体在水泥颗粒表面快速增长进入颗粒间的空隙；(c) 随着凝胶层变厚，C-S-H 颗粒的增长速率逐渐变慢，混合物开始变硬；(d) 水化过程的最终状态，空隙几乎都被 C-S-H、Ca(Al,Fe)水化物、固态 Ca(OH)$_2$ 和单硫酸盐（由钙矾石转化而来）填满；(e) 水化产物的时间演化特性可分为三个不同阶段

形成水化产物（水化硅酸盐 C-S-H、氢氧化钙和钙矾石）以薄层形式包裹在无水水泥颗粒（渣块）表面，但因其含量太低，仍不能完全占满水泥颗粒之间的空隙，整个混合物仍然处于可塑状态［图 7.3.2(a)］。该水化产物称为水泥胶。水泥胶的平均尺寸在纳米范围。第二阶段开始于 1h 以后，针状 C-S-H 晶体从渣块表面生长进入自由空间，硬度开始增加、孔隙度开始减小［图 7.3.2(b) 和 (e)］。水泥胶由随机堆积的板状和夹层水（有时存在"内"和"外" C-S-H 凝胶孔隙水之分）组成。通常将水泥胶中的水整体称为凝胶水。数月之后，固化过程停止，水泥在第三阶段最终形成了刚性结构［图 7.3.2(c) 和 (d)］。

根据水灰比（水和水泥最初的质量比例 w/c）的不同，水能以不同的相态存在。绝大多数水被束缚在固体骨架中成为水化水或结晶水。当在高温下将水移出时，水泥骨架就遭到了破坏。其他水束缚在纳米级直径的凝胶孔中。当水灰比 w/c 超过 0.4 时，将形成直径大于几十微米的毛管孔，毛管孔可以摄取和释放水分。如果毛管孔隙含量超过 25%，则孔隙变得连通，流体渗透率大幅增加。此外，混凝土和砂浆中还可能存在填充了空气或水的粗孔隙。这类孔隙的比例取决于固化过程所处条件。

(2) 弛豫理论

NMR 弛豫和扩散测量可以探测多孔材料中水的质子。NMR 弛豫数据分析（第 3.2.4 节和第 7.1.4 节）可以提供多孔系统中不同类型水的含量和孔径分布。相比于岩石和土壤，固态水泥骨架在微观结构上含有大量的化学键（例如水化水）。因此其横向弛豫时间 T_2 在偶极-偶极作用的控制下很短，而 T_1 可能很长。对于凝胶和毛管中的水来说，快速扩散条件成立，意味着水分子在表面和自由孔隙之间快速交换，测量得到的弛豫速率是自由和表面弛豫速率［式(7.1.1) 和式(7.1.2)］的平均值。尤其对于水泥来说，孔隙中固相-液相之间的局部动态过程使 T_1 值与频率有关，Korb 发展了模型解释这个现象。

7.3.5 硬件

研究水泥和混凝土所需的硬件与研究岩石相同。利用 Halbach 类的封闭式磁体可以在较均匀的磁场中研究较小的样品，外部磁场梯度对横向磁化量衰减的扩散作用可以忽略。测量较大的样品或在室外测量需要采用单边 NMR 设备，例如 Profile NMR-MOUSE［图 3.1.2(b)、图 3.2.1(b) 和图 7.3.3(a)］或表面型 GARField 磁体［图 7.3.3(b)］。后者由三个磁块组成的阵列构成，其极化方向形成一个平面 Halbach 磁体。通过射频磁场与静磁场匹配，二者可在较大深度范围内互相垂直。质量为 20kg 的表面型 GARField 磁体的探测深度距磁体表面可达 50mm，平面敏感区域的共振频率为 3.2MHz，恒定梯度仅为 3.25T/cm。灰水泥干样的弛豫时间很短，因此需要使用短死时间的传感器。这类传感器通常具有较高的磁场和较小的线圈。此时，推荐使用具有封闭式磁体的桌面型仪器［图 7.1.2(a) 和（b）］。

7.3.6 脉冲序列和参数

由于灰水泥的弛豫中心受到污染，横向磁化量在传感器的死时间内基本都衰减完毕了，因此在天然含水率条件下很难测到信号。当使用杂散场传感器或中等均匀场封闭式磁体测量时，前几个 CPMG 回波或 FID 仅能测到自由水的尾部信号。高场仪器的死时间更短，能测到束缚水。为了利用小型 NMR 传感器在低场下测量凝胶水或晶格水的信号，大多选择白水泥作为研究对象，因为白水泥的顺磁弛豫中心浓度要小得多，横向弛豫时间也更长。

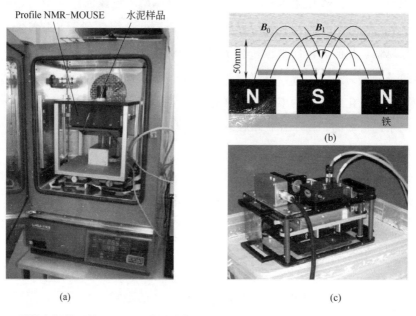

图 7.3.3　测量水泥的硬件。（a）环境测试箱内的 Profile NMR-MOUSE PM25（安装在升降机上）。
（b）表面型 GARField 磁体的示意图。永磁场 B_0 和射频场 B_1 在磁体上方很大范围内互相垂直。
（c）水泥块上方的表面型 GARField 磁体

信号探测方法的选择取决于硬件性能和研究目的（第 7.2.6 节）。短弛豫组分要用 FID 或固体回波［图 3.1.4，图 5.1.5(b)］采集，长弛豫组分要采用 CPMG 序列［图 5.1.5(a)］采集来确定幅度和有效横向弛豫时间，采用饱和或反转恢复序列（图 3.2.2）附加 CPMG 序列［图 3.2.4(a)］确定纵向弛豫时间。测量水泥弛豫衰减的典型参数见表 7.3.1。

表 7.3.1　测量灰水泥和多孔陶瓷中水的横向弛豫衰减的采集参数

参数	数值(水泥)	数值(陶瓷)	参数	数值(水泥)	数值(陶瓷)
NMR-MOUSE	PM25	PM10	采集时间 t_{acq}	$5\mu s$	$5\mu s$
发射频率 ν_{rf}	13.8MHz	18.1MHz	回波间隔 t_E	$140\mu s$	$60\mu s$
90°脉冲幅度	$-6dB(700W)$	$-8dB(300W)$	回波个数 n_E	256	3250
90°脉冲宽度 t_p	$8\mu s$	$7\mu s$	循环延迟 t_R	1s	1s
采样间隔 Δt	$1\mu s$	$0.5\mu s$	采集次数 n_s	256	512

7.3.7　初级测量

(1) 水泥浆的硬化

水泥与水的相互作用是水化作用的基础，^{1}H NMR 弛豫已广泛用于这类研究。但时至今日，人们对这种相互作用仍然没有完全透彻理解。基于 Schreiner 提出的三相弛豫模型，纵向和横向弛豫按如下发展。干水泥与水混合后，T_1 和 T_2 的单个自由组分分裂为多个组分，其范围从若干微秒到几十毫秒。最短的 T_2 组分是固相（主要是氢氧化钙）中的束缚水。这类水完全不可动，其 T_1 值大于 100ms。凝胶孔中的水是可动的，由于存在增强表面作用，其弛豫时间在 0.5～1.0ms 内。随着凝胶的收缩，毛管逐渐发育，将吸收最长 T_2 为几毫秒的水。

当水灰比 w/c 为 0.5 的水泥浆固化时，1h 之后仍可见两种弛豫组分［图 7.3.4(a)］，分别对应于水化水和可动水。1 天之后出现第三个组分。随着水化作用的继续，弛豫峰向短弛豫时间移动。28 天之后，在 $9\mu s$、$80\mu s$ 和 $350\mu s$ 处有三个峰，分别对应束缚水、凝胶孔水和毛管水。在密闭容器中完全硬化的波兰水泥（由水灰比 w/c 为 50% 的水泥浆形成）中，不同组分的体积分数为 40% 的水泥、52% 的水（束缚水、凝胶水和毛管水），以及 7.5% 的毛管空隙［图 7.3.4(b)］。含水率的增加是样品硬化时的收缩造成的。

(2) 混凝土的水分含量

NMR 信号幅度正比于质子密度与水泥中的含水率（第 8.1.9 节）。但常见的波兰灰水泥中的顺磁物质含量很高，横向磁化量弛豫极快，急需定量测量方法。测量混凝土中的水分含量时，敏感区内的石块还会加重对测量的影响。石块比它们之间的水泥摄取的水分要更少［图 7.1.3(a)］。因此信号幅度不再代表水泥材料的整体水分含量。不过，利用 PM5 NMR-MOUSE 可以探测隧道和船闸的混凝土结构深达 25mm 的水分信号［图 3.1.2(b)］。

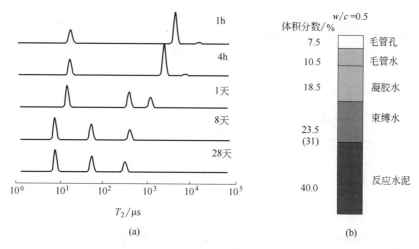

图 7.3.4　波兰水泥浆的硬化过程。(a) 水泥浆（水灰比 w/c 为 0.5）在不同水化时间的横向弛豫时间分布；(b) 完全硬化水泥的体积分数，括号内的数值为收缩前的原始束缚水含量

随后在实验室内对来自这些测量位置的样本进行了润湿和干燥以及不同深度上的研究。将根据信号得到的水分含量外推至零时刻，并将两类混凝土的有效弛豫时间画出，数据点仅散落在对角线的一侧。不同弛豫时间对应的信号幅度呈分散状，这是因为传感器敏感区内的石块占比是变化的。最大幅度的界线反映出纯水泥的有效弛豫时间 $T_{2\text{eff}}$ 与信号幅度间的关系，建立了 $T_{2\text{eff}}$ 与水分含量之间的联系。在总含水率大于束缚水时，它们呈线性关系。这条线的斜率和幅度偏移与水泥种类有关。这个结论与可动水分子在满足快速交换条件下在孔隙空间游离的概念相吻合。据此建议按照有效弛豫时间而非信号幅度来求取混凝土中水泥的含水率。

(3) 陶瓷过滤器的孔隙度

2000 年，汽车制造商首次将柴油颗粒过滤器应用到标准柴油发动机汽车上。柴油颗粒过滤器能够降低柴油发动机煤烟中的颗粒和废气中未燃尽的烃类。这种过滤器由多孔碳化硅陶瓷壁形成平行的矩形孔道构成，废气即由此通过 [图 7.3.6(a)]。陶瓷壁的孔径分布是过滤器最重要的性质之一，通常用压汞法（MIP）确定。压汞法是破坏性的，不但十分昂贵和耗时，还产生有毒废料。根据横向弛豫衰减和 NMR-MOUSE 的深度维剖面，可以得到与压汞法相同甚至更多的信息。通道和孔隙空间需要完全饱和水。在深度维剖面上，通道的信号较高，其孔隙度为 100%；陶瓷壁的信号较低 [图 7.3.6(b)]。在深度维剖面上还能看出，陶瓷壁表面的孔隙度要低于其内部，这用 MIP 很难观测到。另外，对 CPMG 衰减做拉普拉斯反演得到的 $T_{2\text{eff}}$ 分布与 MIP 得到的孔喉分布十分吻合 [图 7.3.6(c)]。据此，在柴油颗粒过滤器的质量控制中不再需要这种耗时且有害的 MIP 方法。

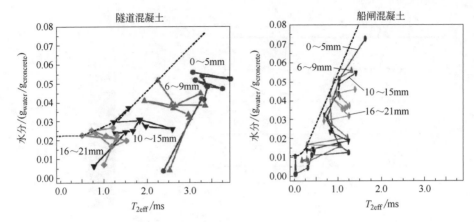

图 7.3.5　将灰水泥制成的两类混凝土的信号幅度刻度为水分含量，并按有效弛豫时间画出。图中的点线是为了视觉显示效果

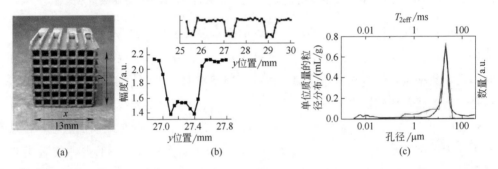

(a)　　　　　　　　　　(b)　　　　　　　　　　(c)

图 7.3.6　测绘柴油颗粒过滤器（用水浸湿）骨架壁的孔隙度。(a) 过滤器的一部分，可看出废气通道和多孔壁；(b) 一个壁（下方图）和三个壁（上方图，形成两个通道）的深度维剖面；(c) T_{2eff} 弛豫时间分布和压汞孔隙度的积分曲线的对比

　　根据水泥的水化动力学，利用 NMR-MOUSE 分析混凝土的含水率、确定多孔物体的孔隙度和孔喉分布时，只需使用多回波序列。研究标准建筑材料面临的主要困难是材料内杂质的影响，这些杂质能够增强横向弛豫率，使弛豫衰减变得很短，导致仅能探测到可动水。测量水泥质材料的常见问题见表 7.3.2。

表 7.3.2　测量水泥质材料的常见问题

——样品在宏观上是非均质的，样品太小而不具备地层代表性
——敏感区太小，所得信号不是非均质材料的代表性平均值
——受材料内顺磁杂质影响，信号在回波间隔内快速衰减
——测量天然含水率时，需谨慎控制室内的温度和湿度，使样品处于相当的气候条件下
——测量孔隙度时，需用液体完全饱和孔隙空间，最好先将样品抽真空
——注意弛豫时间分布尽量在快扩散条件下表征孔径分布
——注意逆拉普拉斯变换在低信噪比条件下不稳定

7.3.8 高级测量

(1) 水泥浆硬化

水泥浆的硬化很大程度上取决于温度和湿度。小型单边仪器可以和物体一起放入人工气候室内 [图 7.3.3(a)]，很适合在不同温度和湿度条件下跟踪干燥过程中的含水率剖面变化。利用 PM25 NMR-MOUSE 测量了白水泥浆（水灰比为 0.4）的深度剖面，测量深度范围为 22mm，步长为 1mm，水化时间从 1～32h 按指数分布。随着温度从 5℃ 升高到 35℃，样品内部的含水率逐渐降低，在 $T < 25℃$ 范围内剖面仍基本平坦 [图 7.3.7(a) 和（b）]。当使用最小回波间隔 $t_E = 140\mu s$ 时，仅能测量到 $T_{2eff} > 0.5ms$ 的毛管孔隙水，并决定了剖面的幅度。平坦的剖面意味着毛管水均匀分布，并可转换为水化过程中的凝胶孔和束缚水。此外，图 7.3.7 中还能看出样品表层随时间增加的干燥过程 [图 7.3.7(a) 中的箭头]。均匀固化条件

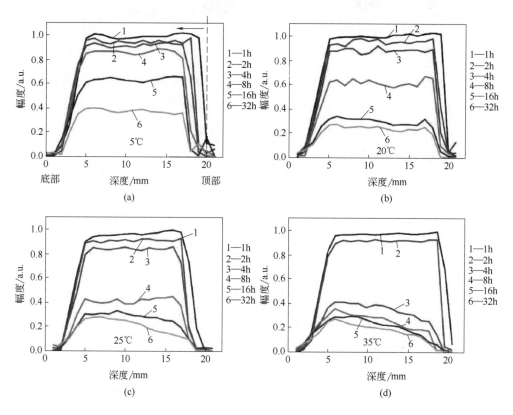

图 7.3.7 在人工气候室内利用 Profile NMR-MOUSE 的深度维剖面研究水泥浆（水灰比为 0.4）的固化过程

在 25℃以上时产生变化。剖面上的均匀区仅维持了几个小时。在后续时间内，表面一侧的剖面幅度开始下降，表明毛管水发生流失［图7.3.7(c) 和 (d)］。

表征水化过程动力学的另一个参数是信号随固化时间变化曲线的拐点［图7.3.8(a)］。在5~35℃温度范围内，拐点随着温度的增加向短固化时间一侧偏移。弛豫时间 T_{2eff} 也随之减小［图7.3.8(b)］。在每个温度上，幅度和弛豫时间的关系都相对不变，并可用三次幂指数表示［图7.3.8(c)］。饱水毛细孔的体积正比于孔隙半径 r 的三次幂，而根据式(7.1.4) T_2 在快扩散条件下正比于比表面率（r 的一次幂），这与图7.3.8中结论吻合。

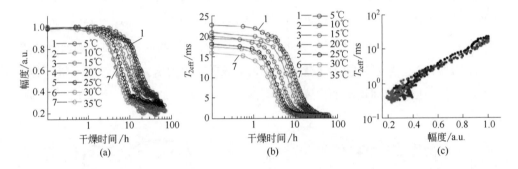

图7.3.8　据表面深度为10mm的白水泥（水灰比为0.4）的干燥动力学。幅度和弛豫时间为对 CPMG 回波串（4h干燥时间内采集128个回波，时间更长时采集64回波）做单指数拟合得到的。(a) 不同温度下，幅度和干燥时间的关系；(b) 有效横向弛豫时间 T_{2eff} 与干燥时间的关系；(c) T_{2eff} 与幅度得到了通用的关系式

（2）二维拉普拉斯 NMR

目前，多数水泥水化的二维弛豫研究都在桌面型磁体的均匀场中进行。考虑到人们对建筑物现场测量的兴趣不断增加，利用 GARField 磁体［图7.3.3(c)］开展了二维 T_1-T_2 关联实验［图3.2.4(a)］监测白水泥（水灰比为0.4）水化过程的可行性研究。经过两天的水化，关联图谱上显示为一个 $T_1 = 2.25T_2$ 的单峰，与 Korb 预测一致。这么短的弛豫时间为典型的凝胶孔结构响应［图7.3.9(a)］。随着固化时间的增加，该谱峰分裂成两个组分［图7.3.9(b)］；七天后观测到三个组分［图7.3.9(c)］。最长弛豫时间 $T_1 = 40ms$ 对应的谱峰为水泥浆收缩形成的毛细孔。虽然这些非均匀场中的测量结果未能给出在均匀场中得到的细节信息，但能观测到水化过程的基础特征，使在现场测量真实水分散失的墙壁的水泥水化成为可能。

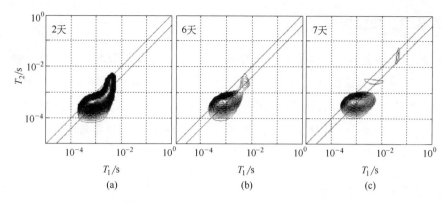

(a)　　　　　　　　(b)　　　　　　　　(c)

图 7.3.9　利用 GARField 传感器研究白水泥浆（水灰比为 0.4）的水化。T_1-T_2 弛豫关联图谱随时间的变化给出了弛豫时间随着水化过程的演化。两天后，凝胶孔中水的信号分裂为两个信号；六天后分裂为三个信号。两个对角线分别表示 $T_1 = T_2$ 和 $T_1 = 2.25T_2$

利用二维 T_2-T_2 交换实验 [图 3.2.4(c)]检测不同环境间的水分子交换可探测孔隙连通性。利用二维 T_2-T_2 交换 NMR 对在 20℃下固化一天后的波兰白水泥进行了研究。混合时间为 3ms 时，测得的弛豫交换图谱对角线上出现两个谱峰，分别位于 $T_2 = 0.2$ms 和 $T_2 = 3$ms 处 [图 7.3.10(a)]。这归结为水泥凝胶中不同孔隙中的水，没有明确识别出颗粒和孔隙的大小。推测这两类孔隙对应于 C-S-H 夹层和凝胶水。水分子在这两类孔隙之间的交换引起非对角线上的谱峰清晰可见。对高纯人工 C-S-H 样品进行的相同实验显示交换模式仍很稳定，由于杂质浓度较低，谱峰移动到了长弛豫时间一侧 [图 7.3.10(b)]。

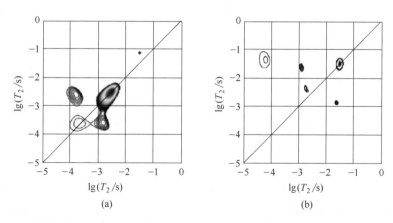

(a)　　　　　　　　　　　　　(b)

图 7.3.10　桌面型谱仪（20MHz）测得的 T_2-T_2 弛豫交换图谱。(a) 波兰白水泥，对角线上的谱峰对应于小孔，非对角线上的谱峰显示存在水分交换；(b) 纯净 C-S-H，该合成样品的交换作用与（a）相似，谱峰由于纯度更高向长弛豫时间方向移动

7.3.9　数据处理

水泥、混凝土和其他多孔介质的数据处理与岩石（见 7.1.9 节）和土壤（见 7.2.9）节相似。弛豫曲线经 1D 或 2D 逆拉普拉斯变换分别处理为分布方程、T_1-T_2 关联和 T_2-T_2 交换图谱。如果知道表面弛豫率 ρ_1 和 ρ_2，且在不同的孔隙大小和环境下恒定不变，这些分布和图谱就可以刻度为孔径分布。定量研究时，需要所用设备能够测量固相和束缚水的短弛豫组分。

7.3.10　参考文献

［1］ Korb JP. Nuclear magnetic relaxation of liquids in porous media. New J Phy. 2011；13：035016.

［2］ McDonald PJ，Aptaker PS，Mitchell J，Mulheron M. A unilateral NMR magnet for substructure analysis in the built environement：The Surface GARField. J Magn Res. 2007；185：1-11.

［3］ Schreiner LJ，Mactavish JC，Miljkovic L，Pintar MM，Blinc R，Lahajnar G，Lasic D，Reeves LW. NMR line-shape spin-lattice relaxation correlation study of Portland cement hydration. J Am Ceram Soc. 1985；68：10-16.

［4］ Bohris AJ，Goerke U，McDonald PJ，Mulheron M，Newling B，Le Pagea B. Broad Line NMR and MRI study of water and water transport in Portland cement pastes. JMagn Reson Imag. 1998；16：461-544.

［5］ Blümich B，Casanova F，Dabrowski M，Danieli E，Evertz L，Haber A，Van Landeghem M，Haber-Pohlmeier S，Olaru A，Perlo J，Sucre O. Small-scale instrumentation for nuclear magnetic resonance of porous media，New J Phys. 2011；13：015003.

［6］ Halperin WP，Jehng JY，Song YQ. Application of spin-spin relaxation to measurement of surface area and pore size distributions in a hydrating cement paste. Magn Reson Imag. 1994；12：169-73.

［7］ Van Landeghem M，d' Espinose de Lacaillerie JB，Blümich B，Korb JP，Besson B. The roles of hydration and evaporation during the drying of a cement paste by localized NMR. Cem Concr Res. 2013；48：86-96.

［8］ Valori A，Rodin V，McDonald PJ. On the interpretation of 1H 2-dimensional NMR relaxation exchange spectra in cements：Is there exchange between pores with two characteristic sizes or Fe^{3+} concentrations? Cem Concr Res. 2010；40：1375-1377.

［9］ McDonald PJ，Mitchell J，Mulheron M，Montheilhet L，Korb JP. Two-dimensional correlation relaxation study of cement pastes. Magn Res Imag. 2007；25：470-473.

```
┌─────────────────────────┐
│         第8章            │
└─────────────────────────┘
```

文化遗产

艺术品和文物研究需要无损分析工具，这与医学诊断的需求相似。磁共振成像（MRI）和 X 射线计算机断层扫描（CT）是医学中最主要的成像方法。在艺术品鉴别中，较为成熟的是 X 射线分析而非 MRI。因为 MRI 需要重型磁体，无法从实验室移动到测量现场，MRI 也无法分析任意大小的物体。NMR-MOUSE 则不受这些条件限制，其传感器小巧、便携，还能提供与 MRI 相似的信息（基于像素到像素，每个像素需要单独测量）。小型核磁共振是便携式艺术品和文物无损检测仪器的最新拓展，它与傅里叶变换红外光谱（FTIR）、拉曼光谱、UV 成像、X 射线衍射、X 射线荧光、X 射线照相、多光谱成像、光学相干断层成像和太赫兹光谱展开竞争。这些技术都利用电磁波原理，不同频率造就了不同的吸收特性。NMR 的频率最低、敏感性最弱。因此，NMR 采用较大的敏感区来增强信号，导致空间分辨率较低。相对于其他技术，NMR 在潮湿环境下工作良好，且能提供足够高的参数对比度，例如含量、弛豫时间和扩散系数。

单边 NMR 测量平面切片的平均信号，切片厚度为 $10\mu m$，横向展布为 $1\sim20cm^2$（取决于传感器类型）。传感器需要精确定位，在测量幅度信息时保证敏感切片位于兴趣区内，在划分层理时保证切片平行于物体层状结构。如果敏感区内的层面是弯曲的，则会影响深度维分辨率。某些情况下可通过将 CPMG 衰减分解为具有不同弛豫时间的组分来划分信号贡献。

8.1 壁画和石画

8.1.1 简介

壁画的颜料有含黏合剂和不含黏合剂两种。使用黏合剂作画的技术称为干壁绘画法，直接在干燥墙壁上作画。不使用黏合剂作画的技术称为湿壁绘画法，来自拉丁语"affresco"，意为"新鲜的"，即在新鲜的砂浆上作画。湿壁画艺术的历史悠久，东西方不同文化发展出多种湿壁绘画方法。中国和埃及是首先使用细湿黏土墙壁创作绘画的国家。米诺斯人（Minoans）改造了埃及人的一些技术创作出湿灰泥壁画或真正的湿壁画。赫库兰尼姆（Herculaneum）和庞贝（Pompii）的希腊人和罗马人改善了湿绘画创作方式，庞贝风格与意大利文艺复兴时期的湿壁画技术非常接近（编者注：赫库兰尼姆和庞贝均为古城名，均毁于维苏威火山喷发）。庞贝风格的壁画由多层石灰砂浆构成，其颗粒大小越靠近表层越精细，正如马尔库斯·维特鲁威·波利奥（Marcus Vitruvius Pollio）在《建筑十书》中的论述。这种结构帮助维持绘画时一天内的水分平衡，墙面坚固且有光泽。

8.1.2 目标

利用杂散场 NMR 测量壁画和石画的目的是研究其保存状态和含水率，弄清墙壁的层理结构。层理结构可能形成于制作时期，受风化和生物侵袭而老化和变质以及修复措施的影响。利用 NMR-MOUSE 可以得到深度方向上的孔隙结构，分析加固处理的效果，鉴别支撑湿绘画的灰浆层。

8.1.3 延伸阅读

［1］ Capitani D，Di Tullio V，Proietti N. Nuclear Magnetic Resonance to characterize and monitor Cultural Heritage. Prog Nuc Magn Reson Spectr. 2012；64：29-69.

［2］ Blümich B，Casanova F，Perlo J. Mobile single-sided NMR. Prog Nucl Magn Reson Spectrosc. 2008；52：197-269.

8.1.4 理论

创作湿壁画时，直接将颜料涂在新鲜松弛的石灰泥上，颜料嵌入由石灰和水作用生成的氢氧化钙中。随后氢氧化钙与二氧化碳作用形成碳酸钙。为了在较长的绘画时间内保持墙壁湿润，常涂抹多种不同稠度的砂浆层。第一层砂浆允许部分干燥，再涂抹一层相同或更细粒料的砂浆。每层的厚度、成分和湿砂浆的涂抹压力都可能不同。成分和压力共同决定该层的孔隙结构，具体的层状结构是匠人学校的"指纹"。NMR-MOUSE 通过探测不同层位上的水分分布和可动性，获得湿壁画层状结构的独特信息。NMR-MOUSE 还能帮助鉴别过去做过的保护工作，这些工作通常鲜有记载，且常为自然形成。为了测量砂浆层的层状结构，墙壁中需要有足够的水分产生核磁共振信号。岩石也仅在足够湿润的情况下才能测量。

8.1.5　硬件

墙壁的天然含水率通常较低，推荐使用最大探测深度为 25mm 的 NMR-MOUSE PM25，其敏感区域也更大（图 3.2.1 和图 8.1.1）。在磁体和射频线圈间加入隔片可减小最大探测深度，这样可以增加敏感区且缩短测量时间。但这样改良探头的深度分辨率要低于具有较小深度范围的小型传感器。测量垂直墙壁的深度维剖面时，将 NMR-MOUSE 装配在步进电机控制的高精度台架上（图 8.2.1），相当于传统升降机 [图 1.2.2(b)]的变形。

图 8.1.1　台架上的 NMR-MOUSE PM25（探测深度 5mm）测量意大利赫库兰尼姆的湿墙壁（赫库兰尼姆保护计划中的湿壁画）中的扩散系数。墙壁表面显示有明显的盐分

8.1.6　脉冲序列和参数

NMR-MOUSE 采用 CPMG 序列 [图 3.1.1(b)]对壁画、岩石和其他多孔材料进行无损分析。干墙只含有束缚水，CPMG 信号弱、衰减快，使用短回波间隔仅能采集到少许回波。大孔中水的 CPMG 衰减较慢，可采集到数千个回波。砖和混凝土中水的信号衰减常受到材料中顺磁杂质的影响而增强，横向弛豫衰减更短。获得弛豫时间分布需要采集整个 CPMG 衰减，以短回波间隔施加大量回波脉冲（表 8.1.1）。线圈可能因此变热，要增大两次测量间的循环延迟让线圈降温。另外，根据 CPMG 信号的前几个回波可确定含水率。该测量非常快速，因为循环延迟仅用于纵向磁化量恢复至热动态平衡值。测量自旋密度信号幅度所需参数与表 8.1.1 相似，只需要将回波个数 n_E 缩小至 10，循环延迟 t_R 缩短至 300ms（取决于 T_1）。

表 8.1.1　利用 NMR-MOUSE 测量部分干燥墙壁的 CPMG 回波串信号幅度时的采集参数

参数	PM5	PM10	PM25
发射频率 v_{rf}	17.1MHz	18.1MHz	13.8MHz
90°脉冲幅度	$-8dB(300W)$	$-8dB(300W)$	$-6dB(300W)$
90°脉冲宽度 t_p	5μs	7μs	6～22μs(取决于隔片)
采样间隔 Δt	0.5μs	0.5μs	0.5μs
回波间隔 t_E	40μs	70μs	50～120μs(取决于隔片)
回波个数 n_E	64	32	128
循环延迟 t_R	1s	1s	1s
采集次数 n_s	512	1024	512

8.1.7　初级测量

弛豫分析提供材料的成分幅度、弛豫时间和扩散系数等性质信息。绝大多数情况下能得到水和有机成分的含量和状态。蜡质和清漆等保护措施也会形成有机成分。将来自敏感区切片的 CPMG 信号外推至零时刻，可将自旋密度转换为含水率或含蜡率（图 3.1.4）。不同剖面上幅度、弛豫时间和扩散系数的变化可揭示层状结构及其界面，进而确定层厚。测量时需要用去离子水进行湿润。在不同时刻重复测量分子的自扩散系数不仅可以得到水含量，还能得到水分可动性（第 3.2.8 节）。这种方法还可探测层间界面上的隔断层。这类隔断层可能由画作的隐藏层或多层水泥结构形成，可用含水率或水分运移的深度维剖面探测。壁画的原始和修复部位在深度维剖面上也不同，其差异源自灰浆、含水率，以及将开裂部分粘回原位所用胶水的不一致。

(1) 水分分布图

最简单的 NMR 实验测量的是信号幅度。如果信号衰减相对于最小回波间隔来说较长，Hahn 回波［图 3.2.3(a)］幅度［图 3.2.3(a)］或 CPMG 回波串［图 3.1.1(b)］的前几个回波之和就可以近似为信号幅度。否则需要将 CPMG 信号外推至零时刻来确定信号幅度［图 3.2.4(b)］。

壁画中的毛管水运输可损伤墙壁，因为溶解的盐分也随之流动，随着水分的蒸发于墙壁表面结晶（图 8.1.1）。由于水体通量正比于水分含量，通常将水分含量作为存在潜在破坏的首个指标。利用短回波间隔 Hahn 回波测量了壁画"圣克莱门特弥撒和西息尼传奇（St. Clement at mass and the legend of Sisinnius）"［位于距离路面以下 6m 的罗马圣克莱门特教堂（St. Clement Basilica）地下二层］的含水率分布图。教堂地基下方的水流在毛管力的作用下上升，对壁画造成了严重破坏。

Hanh 回波与质量含水率刻度，得到了定量含水率分布。深度约 1mm 处的含水率上升至 13％，且受房间内气候环境和盐霜的影响 ［图 8.1.2(a)］。深度 5mm 处的分布显示最大含水率为 8％，与示有水分上升路径的地板接近 ［图 8.1.2(b)］。注意低含水率可能对应砂浆层分离的情况，此时空气隔层会阻碍水分从墙壁向墙面运动。

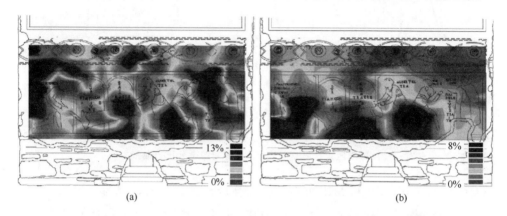

图 8.1.2　罗马圣克莱教堂的壁画 "圣克莱门特弥撒和西息尼传奇" 的水分分布图。（a）深度 1mm 处，水分含量为 0％～13％；（b）深度 5mm 处，水分含量为 0％～8％

（2）弛豫时间分布

多孔介质中流体的 CPMG 衰减曲线经拉普拉斯变换可得弛豫时间分布。当介质为饱和流体时，弛豫时间分布反映介质的孔径分布，成为岩石、砖块和砂浆材料状态的 "指纹"。弛豫时间随材料制造过程、变质和保护措施而变化。如果静磁场没有梯度且满足快扩散条件，则弛豫时间分布和孔径分布成正比例关系。根据式（3.2.9），室温下自由状态下的水分子在 1s 内扩散约 $10\mu m$。根据经验，当孔隙小于 $10\mu m$ 时满足快弛豫条件。天然岩石和许多建筑材料来说都适用该条件。虽然 NMR-MOUSE 的磁场梯度无法 "关闭"，信号也因扩散而衰减，但其测到的弛豫时间分布仍能代表孔径分布，只不过孔径与有效弛豫时间之间不是线性关系。梯度磁场下扩散产生的信号衰减很大，与均匀场中相比，梯度磁场中测得的大孔隙对应的长弛豫时间越向左挤压 ［图 7.1.3(c)］。

压汞法（MIP）是描述固态多孔介质孔隙空间的标准方法。压汞法测量的是孔喉分布，而非孔径分布。利用 NMR 和 MIP 两种方法在 5 块古罗马砖上做了对比。结果显示每块砖的分布都不同。除了含有铁磁杂质的 2 号砖，其余 NMR-MOUSE 的弛豫时间分布的谱峰 ［图 8.1.3(a)］与 MIP 的孔喉分布谱峰 ［图 8.1.3(c)］为同一量级。有趣的是，NMR-MOUSE 和 MIP 的分布形态一致性优于 NMR-MOUSE ［图 8.1.3(a)］与均匀场测量结果 ［图 8.1.3(b)］的一致性。

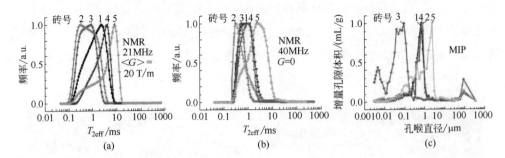

图 8.1.3 罗马砖样品的孔径分布描述。(a) NMR-MOUSE (频率 21MHz,平均梯度 20T/m) 测得的孔隙中水的 CPMG 信号做拉普拉斯变换得到的 T_{2eff} 分布;(b) 大型均匀磁场 (频率 40MHz) 中测得的 T_{2eff} 分布;(c) 传统压汞孔隙度计 (MIP) 得到的微分压力曲线

本例中 NMR-MOUSE 和 MIP 分布的一致性应该是偶然的,因为二者都未得到正确的孔径分布。虽然如此,NMR-MOUSE 的弛豫时间分布仍然是这类材料极好的 "指纹",能用于研究材料本源、降解途径和保存状态。注意饱和流体多孔介质的弛豫衰减很长,需要采集较多回波,可能引起射频线圈发热的问题 (表 8.1.2)。

表 8.1.2 测量壁画的常见问题

——墙壁不平致使深度分辨率较低,需要调整传感器适应不规则墙壁表面以获得最大分辨率
——传感器压住墙壁。随着升降机向后移动、台架向前移动,切片基本不在墙内运动
——回波间隔过大,无法测到小孔中流体的快弛豫组分
——回波个数太多、循环延迟太短,导致射频线圈发热
——未控制磁体温度和环境温度,导致样品温度变化
——T_1 估计不准,导致重复时间过短
——饱和、部分饱和和几乎干燥墙壁的回波个数差异达 2~3 个数量级

(3) 深度维剖面

当存在可动氢核时 (黏合剂、蜡和流体),可测量 NMR 深度维剖面。如果墙壁或建筑材料是干燥的,常常喷去离子水。如果有碎片可用,可将其浸泡在水中。接下来可探测岩石增强剂 [图 8.1.4(a)] 和疏水处理的作用深度。在表面附近的作用深度区域内,弛豫时间要短于加固剂未能到达的更深处部位。潮湿岩石上处理区域的孔隙空间变化也在弛豫时间分布上有所反映。对德国帕芬多夫城堡 (Paffendorf castle) 经处理和未处理的砂岩窗框的研究结果显示出该结论 [图 8.1.4(b) 和 (c)]。

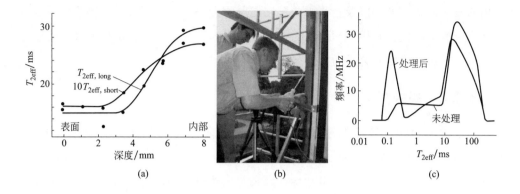

(a)   (b)   (c)

图 8.1.4　利用 NMR-MOUSE 探测岩石保护方法。（a）浸水砂岩样品（一侧使用岩石增强剂处理）的弛豫时间深度维剖面（双指数拟合 CPMG 衰减）；（b）在帕芬多夫城堡测量之前对砂岩窗框做润湿处理；（c）帕芬多夫城堡中部分湿润砂岩窗框的弛豫时间分布，图中分别为经岩石增强剂处理和未经处理的结果

　　研究壁画层状结构比研究岩石增强剂效果的难度大得多，因为绝大多数壁画都经历了多轮修复周期，还常常用蜡处理。利用 NMR-MOUSE 较易识别分离的壁画表面和黏合剂中的蜡质，完整壁画上的蜡质会阻碍对表面喷雾水分的摄取，需要描绘砂浆层的结构。对赫库兰尼姆的纸莎草别墅（Villa of the Papyrus）中未处理过的壁画墙层状结构进行了研究，并在纸莎草别墅挖掘现场对赫库兰尼姆及周边的壁画碎片进行了分析［图 8.1.5(a)］。将薄棉纸盖在壁画碎片有画一侧，利用软刷小心地让去离子水润湿壁画碎片，可以获得很好的信号。将 CPMG 回波串中前几个回波做信号平均，深度维剖面上显示出人类肉眼看不到的层状结构［图 8.1.5(b)］。剖面上的信号峰对应高含水率层位。含水率在深度上的差异源自不同层位

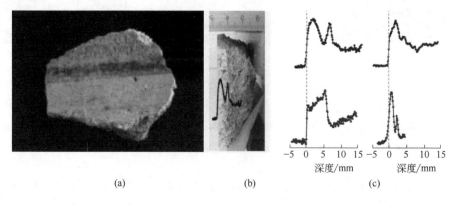

(a)   (b)   (c)

图 8.1.5　壁画碎片的深度维剖面（岩石碎片来自赫库兰尼姆保护计划）。（a）壁画碎片的照片；（b）碎片的侧视图，同时给出了深度维剖面曲线；（c）不同壁画碎片的 NMR 深度维剖面曲线

所用的石灰砂浆配方，以及在作画前压制湿层的方法。两种因素都取决于贸易学校和制作匠人。因此，利用 NMR 深度维剖面 [图 8.1.5(c)]可划分湿壁画的墙壁处理方法，并最终确定其艺术历史背景。

8.1.8 高级测量

除了横向弛豫，还能测量墙壁中水分的纵向弛豫和扩散。严格意义上讲，NMR 是唯一能测得完整墙壁扩散系数深度维剖面的无损探测方法。人们对扩散特别感兴趣，因为扩散提供平移可动性，以及与水体通量相关的含水率（信号幅度）。水体通量决定盐分向墙壁表面的运输。盐分在结晶时对墙面造成破坏，并在墙面上形成白色沉积物（图 8.1.1）。在中等含水率条件下就能测量水的扩散系数。标准脉冲序列是受激回波序列＋CPMG 序列 [图 3.2.7(a)]，回波间隔和扩散时间均可步进变化，利用扩散作用调制信号衰减 [式(3.2.12)]。在低含水率条件下，横向弛豫很快，应该使用 Hahn 回波序列 [图 3.2.5(a)]。

利用受激回波序列（改变扩散时间）测量了赫库兰尼姆一栋建筑中天然湿度壁画中的水的扩散系数 [图 8.1.6(a)]。测得扩散系数 $D=(0.33\pm0.05)\times10^{-9}\,\text{m}^2/\text{s}$ 要小于自由水。扩散系数还随饱和度变化，某些情况下甚至大于自由水的扩散系数 $D=2.3\times10^{-9}\,\text{m}^2/\text{s}$。这是孔隙中水的扩散长度受到了气相扩散增强，分子在流体相和气体相之间交换。

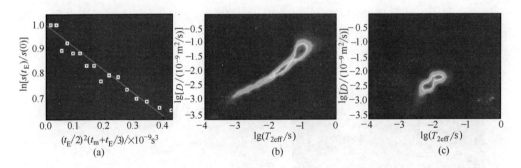

图 8.1.6 潮湿墙壁的扩散性质（赫库兰尼姆保护计划授权测量）。(a) 图 8.1.1 中墙壁的扩散数据；(b) 赫库兰尼姆的纸莎草别墅中墙壁的 $D\text{-}T_2$ 关联图谱，2011 年 5 月在高空气湿度时测量；(c) 与 (b) 相同，2012 年 3 月在低空气湿度时测量

$D\text{-}T_2$ 关联图谱可更深入地认识水分子动态。杂散场 NMR 有许多测量 $D\text{-}T_2$ 关联图谱的方法，例如 Hahn 回波＋CPMG、受激回波＋CPMG [图 3.2.7(a)]或一组不同回波间隔的 CPMG 测量 [式(7.1.10)]。后者更加简单，但扩散和弛豫编

码互相纠缠，在连续演化和探测阶段无法像其他方法那样分离。在测量赫库兰尼姆的纸莎草别墅的墙壁时，分别在高空气湿度［图 8.1.6(b)］和低空气湿度［图 8.1.6(c)］两种条件下测试了 CPMG 方法。低湿度时的信号仅在低扩散系数和弛豫时间处出现，表明大孔中没有自由水。

8.1.9　数据处理

NMR-MOUSE 的敏感区域体积 V_t 十分明确，可定量确定含水率。PM25 NMR-MOUSE 的敏感区体积约为 $45\text{mm}\times45\text{mm}\times0.2\text{mm}$。在定量确定含水率时，需要知道完全饱和的参考样品的 NMR 信号 s_{ref}。如果零时刻的 NMR 回波包络信号幅度 s_0 来自墙内的水分，则含水饱和度见式：

$$\Theta_s = s_0/s_{\text{ref}} \tag{8.1.1}$$

如果干墙也有信号 s_{dry}（例如来自束缚水），则需减去这个信号，含水饱和度变为：

$$\Theta_s = (s_0 - s_{\text{dry}})/s_{\text{ref}} \tag{8.1.2}$$

在土木工程中，含水率用质量表示，例如水的质量 m_w 与干样质量 m_t 的比值［式 (7.2.3)］。

$$\theta_m = m_w/m_t \tag{8.1.3}$$

如果已知完全饱和水样品的质量含水率 $\theta_{m,\text{max}}$，则利用 NMR 信号幅度计算质量含水率：

$$\theta_m = [(s_0 - s_{\text{dry}})/(s_{\text{wet}} - s_{\text{dry}})]\theta_{m,\text{max}} \tag{8.1.4}$$

图 8.1.2 就是用这种定量方法得到的。

8.1.10　参考文献

[1] Di Tullio V，Proietti N，Capitani D，Nicolini I，Mecchi AM. NMR depth profiling as a non-invasive analytical tool to probe the penetration depth of hydrophobic treatments and inhomogeneities in treated porous stones. Anal Bioanal Chem. 2011；400：3151-3146.

[2] Di Tullio V，Proietti N，Gobbino M，Capitani D，Olmi R，Priori S et al. Non-destructive mapping of dampness and salts in degraded wall paintings in hypogeous buildings：The case of St. Clement at mass fresco in St. Clement Basilica，Rome. Anal Bioanal Chem. 2010；396：1885-1896.

[3] Proietti N，Capitani D，Lamanna R，Presciutti F，Rossi E，Segre AL. Fresco paintings studied by unilateral NMR. J Magn Reson. 2005；177：111-117.

[4] Sharma S，Casanova F，Wache W，Segre AL，Blümich B. Analysis of historical porous building materials by the NMR-MOUSE. Magn Reson Imaging. 2003；21：249-255.

[5] Blümich B，Casanova F，Perlo J，Anferova S，Anferov V，Kremer K，et al. Advances of unilateral，mobile NMR in nondestructive materials testing. Magn Reson Imag. 2005；23：197-201.

[6] Haber A，Blümich B，Souvorova D，Del Federico E. Ancient Roman wall paintings mapped nondestructively by portable NMR. Anal Bioanal Chem. 2011；401：1441-1452.

8.2 架上绘画

8.2.1 简介

绘画架是画家用于支撑艺术画作的木质、便携、可调架。木头的英文"wood"来自希腊语"ezel"或"Esel"，意为"驴"。在绘画中的意思为画家的驴，表示支撑画作的木质框架。多数画作创作于木质或帆布支撑物之上。在绘画之前，利用多层材料对这些支撑物做处理，以产生机械强度和光滑表面。绘画层包含颜料层和黏合剂层，然后用一层清漆来增亮和保护绘画层。

8.2.2 目标

利用杂散场 NMR 弛豫测量无损地分析架上绘画有多个目的。其一，通过弛豫率研究黏合剂的柔性和脆性。弛豫率受老化、溶剂暴露、保存条件和保存方式影响。其二，研究木质平板或帆布的层状结构。只有在十分幸运的条件下才能区分不同绘画层，即每一层在敏感切片直径范围内足够平整。这在帆布绘画中较为罕见，因为许多绘画存在龟裂缝（细小裂纹网络），龟裂缝产生于绘画层因老化形成的收缩和弯曲上。

修补者关心溶剂漆的相互作用，尤其是在清理和修补受损部位时的溶剂侵入。伪造者关心如何将绘画层人为老化至具有与原作相同的脆性。暴露在溶剂中、天然和人为老化将改变绘画层中的分子可动性，而 NMR 深度维剖面和弛豫测量可用于研究分子可动性。相对于其他薄层无损分析技术（例如光学相干断层成像、多光谱分析和太赫兹光谱），NMR-MOUSE 深度分辨率限制约为 $10\mu m$，敏感点区为直径约 10mm 的宽切片，且需要存在氢核，但探测范围宽达几毫米。除了 X 射线照相术，这个范围要大于其他技术（例如 IR 反射成像、光学相干断层成像、太赫兹成像）。此外，NMR 弛豫对分子可动性敏感，即使画作位于博物馆画框中，利用简单的 CPMG 测量就能研究溶剂作用、绘画干燥和绘画层刚性（图 8.2.1）。

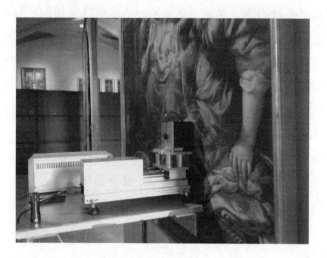

图 8.2.1　佩鲁贾（Perugia）翁布里亚国家美术馆（National Gallery of Umbria）对一幅画作的深度维剖面测量。一台 PM5 NMR-MOUSE 装配在水平位移台上，按预定深度缩减量一步步向后缩回。在 NMR-MOUSE 后方能看到位于台架上的谱仪

8.2.3　延伸阅读

［1］　Alfeld M，Broekaert JAC. Mobile depth profiling and sub-surface imaging techniques for historical paintings-A review. Spectrochim Acta B. 2013；88：211-230.

［2］　Capitani D，Di Tullio V，Proietti N. Nuclear Magnetic Resonance to characterize and monitor Cultural Heritage. Prog Nuc Magn Reson Spectr. 2012；64：29-69.

［3］　Stoner JH，Rushfield R，editors. The Conservation of Easel Paintings，London：Routledge；2012.

［4］　Blümich B，Casanova F，Perlo J，Presciutti F，Anselmi C，Doherty B. Noninvasive testing of art and cultural heritage by mobile NMR. Acc Chem Res. 2010；43：761-770.

［5］　Pinna D，Galeotti M，Mazzeo R，editors. Scientific Examination for the Investigation of Paintings. A Handbook for Conservator-Restorers. Florence：Centro Di；2009.

［6］　BlümichB，Casanova F，Perlo J. Mobile single-sided NMR. ProgNuclMagn Reson Spectrosc. 2008；52：197-269.

［7］　Casanova F，Perlo J，Blümich B. Depth profiling by single-sided NMR. In：Stapf S，Han SI，editors. NMR Imaging in Chemical Engineering. Weinheim：Wiley-VCH；2006. pp. 107-123.

8.2.4　理论

架上绘画是在木质或帆布上创作的艺术品，先准备好底层，然后作画，再上清

漆。贵重的画作经常被润饰，并在几十年间经历多轮修复周期。每个修复阶段使用的都是当时的技术，这必然是有创的，部分可逆已是最好的情况。溶剂用于清理和移出旧清漆层。溶剂通过扩散作用或通过裂缝进入并影响下部的绘画层，还会洗掉粘接剂中柔软的脂类。因此每幅画作都具有独特的历史，NMR深度维剖面可通过画作的层状结构（包括支撑物）帮助解释其历史，还能通过在清理和润饰过程中监测溶剂的作用帮助发展温和的保存方法。

古画的帆布和木板的准备方法是不一样的。木板通常盖上几层帆布来防止开裂。然后准备底层涂料（底漆）让表面光滑，且降低吸收性。常用的底层涂料为石膏，它是碳酸钙和动物胶的混合物。帆布常涂底色漆，它是油和细粒碳酸钙或土质颜料的混合物，比石膏要更有柔韧性。然后用绘制出不同层次的颜料，这取决于艺术家和修复者的技术。最后用清漆层完成整个作品。

颜料包含无机和有机颜料，有机颜料混合了油或丹培拉（蛋彩画颜料）作为黏合剂。丹培拉是油-水乳化剂，添加了蛋黄和亚麻籽油制成的胶。经过几个世纪的发展，丹培拉作为颜料和黏合剂有许多种配方。取决于配方的不同，其干燥和老化动力学也不同。挥发性成分随着干燥过程而挥发。但颜料中的小分子损失并不因颜料的干燥而就此停止，而是随着老化持续下去，甚至在颜料接触溶剂时（例如修复处理时）加速损失。修复处理主要关心清漆层的恢复、受损部位的修复以及在原来的帆布后部增加第二层帆布来提供机械强度和支撑。

8.2.5 硬件

测量画作的深度维剖面需要高分辨率和浅探测深度，例如PM5 NMR-MOUSE（探测范围为5mm）。将传感器装配在电动水平台架上，在采集深度维剖面时相对于画作逐渐运动（图8.2.1）。为了避免破坏绘画作品，测量开始于最大探测深度，传感器逐步以小步长向后收缩。

8.2.6 脉冲序列和参数

测量画作的标准脉冲序列是CPMG序列［图3.1.1(b)］。首个测量在最大探测深度处，以$250\mu m$为步长用少数回波粗略定位出绘画层。然后以$15\sim50\mu m$为步长测量兴趣区内的高分辨率深度维剖面。第二次测量时采集整个CPMG回波串计算w参数［式(3.1.5)］，并计算信号幅度和弛豫时间。此外还可以用饱和恢复序列［图3.2.2(a)］测量特定位置的纵向磁化极化曲线。

整个测量过程可以自动实现。自动模式下可选择$50\mu m$为步长，在每个深度上通过将CPMG回波串前几个回波之和与门限值作对比。如果前者小于门限值，则传感器前进一步；如果前者大于门限制，则测量完整的CPMG回波串和饱和恢复曲线。自动模式下测量画作的自旋幅度深度维剖面的采集时间取决于步长大小和深度范围，但一般为半小时量级（具体取决于信噪比）。利用CPMG序列研究画作所用参数见表8.2.1。为了后续详细研究画作，需要记录测量文档、物品相关数据、测量位置的照片，以及测量所用参数和传感器类型。

表8.2.1　PM5 NMR-MOUSE测量画作的采集参数

参数	CPMG序列	参数	CPMG序列
发射频率 v_{rf}	17.1MHz	采集时间 t_{acq}	10μs
90°脉冲幅度	$-8dB(300W)$	回波间隔 t_E	40μs
90°脉冲宽度 t_p	5μs	采集次数 n_s	512
回波个数 n_E	64	循环延迟 t_R	0.5s
采样间隔 Δt	1～2μs		

8.2.7　初级测量

利用NMR-MOUSE测量画作之前，要用弱磁铁检查画作上是否有磁性部件。在画框或木板中经常发现铁钉。许多情况下，通过X射线照相术分析或从图书馆档案了解到铁钉位置。测量深度维剖面的过程中，画作和传感器之间的距离需要在微米级精度上保持稳定。这对于大型帆布画作是一个挑战，因为画作会因参观者走动和开关门形成的气流而发生变形。测量架上画作的常见问题见表8.2.2。

表8.2.2　测量架上画作的常见问题

——画框或木板中存在铁钉而使画作带磁。如果铁钉较小，传感器和铁钉之间的距离要大于10cm
——NMR-MOUSE与画作未能准确平行
——画幅较大，随博物馆内的气流运动
——循环延迟过短，两次测量间未能建立起信号
——测量点过于靠近画框。测量需要距离边框5cm以上，否则需要移除画框
——绘画层很薄，移动步长太大，无法在深度维剖面上识别该层
——射频噪声较高，NMR装置需要覆盖接地铜绸

（1）深度维剖面

通过深度维剖面可以轻松识别木质架上绘画中的木质、帆布、底漆和绘画层状结构［图8.2.2(a)］，NMR测量还能定量确定每层厚度［图8.2.2(b)］。木板部分由两张板粘接而成，不难见到一层以上的帆布提供额外的保护防止开裂。此处来自纺织层的信号比其他地方要宽［图8.2.2(c)］

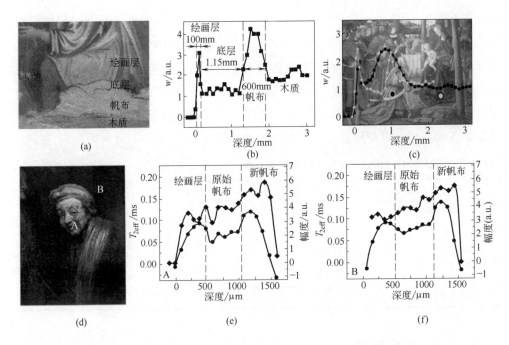

图 8.2.2　架上绘画的深度维剖面。(a) 佩鲁贾翁布里亚国家美术馆祭坛正面"Maestro del Farneto"(1290 AD) 损坏部位显示出木质架上绘画的层理结构; (b) 深度维剖面识别出每一层 (绘画层、底漆层和帆布) 的厚度; (c) 佩鲁基诺 (Perugino) 的画作"贤士来朝 (Adoration of the Magi)"(1470 AD) 上两个标记点处的深度维剖面, 显示出不同厚度的层位; (d) 科隆瓦里拉夫-里夏茨博物馆 (Wallraf-Richartz Museum) 里的"伦布朗自画像 (Rembrandt self-portrait)"; (e) 位置 A 的幅度和 T_{2eff} 深度维剖面; (f) 位置 B 的幅度和 T_{2eff} 深度维剖面

　　帆布绘画常常难以发现层间对比, 因此采用不同对比方法 {例如 w 参数 [式 (3.1.5)]、信号幅度或有效弛豫时间 T_{2eff}} 来使对比最大化。物品特征在一种参数上可见, 但未必在其他参数上也可见。例如科隆瓦里拉夫-里夏茨博物馆里的"伦布朗自画像"[图 8.2.2(d)], 在幅度剖面上清晰可见三层结构 [图 8.2.2(e) 和 (f)], 分别对应绘画层、原始帆布和另一层新加帆布。但几乎识别不出不同的绘画层, 甚至清漆层。其原因可能与艺术家的绘画方式有关, 或者在不同绘画层因过去保护工作发生了互扩散, 或者绘画层凹凸不平。

　　在很少的情况下能够清晰看出不同绘画层。科隆瓦里拉夫-里夏茨博物馆里 1330 年的画作"Die hl. Elisabeth kleidet Arme, die hl. Elisabeth pflegt Kranke", 在 1430 年又在耶稣和伊丽莎白的脸上上色 [图 8.2.3(a)]。耶稣脸上以及部分伊丽莎白脸上新的绘画层后来又被移除。由于木板非常平, 在 NMR 深度维剖面上能够分辨出这些层位 [图 8.2.3(b)]。层位如此清晰的原因推测是自 1430 年以来的绘画层都在清漆层之上，在 NMR 深度维剖面上几乎没有信号。

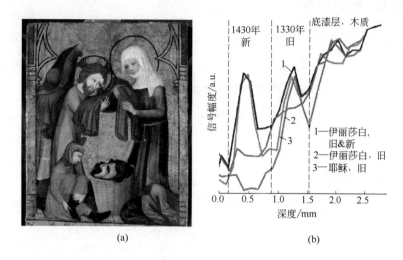

(a)　　　　　　　　　　　　　　(b)

图 8.2.3　画作 "Die hl. Elisabeth kleidet Arme，die hl. Elisabeth pflegt Kranke"，科隆瓦里拉夫-里夏茨博物馆，1330 年。（a）该画作在 1430 年上色，耶稣脸上以及部分伊丽莎白脸上新的绘画层后来又被移除；（b）NMR 深度维剖面上清晰显示出不同绘画层

（2）老化

弛豫时间对分子运动敏感，因此对绘画黏合剂的柔性或弹性敏感。弹性随着画作的干燥和老化而变化，因为黏合剂中发生缓慢的化学反应和小分子化合物蒸发流失。在实验室内通常很难靠升温和光照的加速来重现实时老化过程。光照老化只影响蛋彩画的 T_2，而几个世纪的自然老化既影响 T_1 也影响 T_2（图 8.2.4）。依靠黏合剂的弛豫时间进行画作定年几乎不可能，因为颜料和绝大多数保护方法都会影响弛豫时间。在证据充分的情况下，不同画作之间的弛豫时间对比可帮助鉴别伪造和人为做旧的画作。

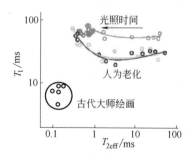

图 8.2.4　人工光照老化的不同蛋彩画颜料（丹培拉）在 T_1-T_2 图谱上的分布，同时给出老旧的大师画作弛豫时间作为对比

8.2.8 高级测量

绘画作品由硬质材料做成，绝大多数横向弛豫时间很短。因此测量方法简单，很大程度上依赖多回波序列，例如 CPMG 序列 [图 5.1.5(a)] 和多固体回波序列 [图 5.1.5(b)]。因为信噪比很低，纵向弛豫时间通常很难测量（图 3.2.2）。每个位置的测量时间限制在 1h 左右，得到的 T_1 测量结果见图 8.2.5。

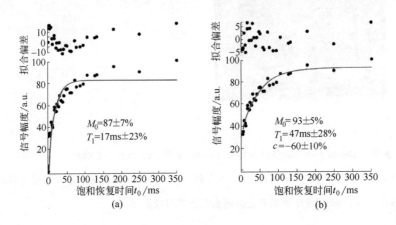

图 8.2.5　利用饱和恢复法测量画作黏合剂的纵向弛豫。两种方法利用指数方程（黑线）拟合采集数据（点），拟合偏差位于图的上方。(a) 拟合时不考虑偏置，偏差呈相关形态；(b) 拟合时考虑偏置；偏差呈随机形态

8.2.9 数据处理

处理深度维剖面可采用谱仪上操作软件设置权重参数 w [式(3.1.5)]，或者用单指数拟合横向磁化量衰减得到 T_2 弛豫时间和幅度 [式(3.2.6)]。由于画作的信噪比通常很低，加上现场测量时苛刻的环境造成谱仪设置偏差，实验数据可能会产生常数偏置。图 8.2.5 为采用饱和恢复法 [图 3.2.2(a)] 测量纵向弛豫时间的实例，被测物品为古代大师作品的绘画层。在拟合式(3.2.5) 时如果不考虑偏置，误差呈现出相关形态，计算得到弛豫时间为 $T_1 = 17\mathrm{ms}$ [图 8.2.5(a)]。当在式(3.2.5) 中加入常数偏置 c 后，即：

$$M_z = M_0 \left[1 - f \exp(-t_0/T_1) \right] + c \qquad (8.2.1)$$

计算得到弛豫时间为 $T_1 = 47\mathrm{ms}$，噪声呈随机散布形态 [图 8.2.5(b)]。两种情况的相对误差都很高，长弛豫时间结果的噪声是随机的，因此更可信。

8.2.10 参考文献

[1] Presciutti F，Perlo J，Casanova F，Glöggler S，Miliani C，Blümich B，Brunetti BG，Sga- mellotti A. Noninvasive nuclear magnetic resonance profiling of painting layers. Appl Phys Lett. 2008；93；033505.

8.3 木材

8.3.1 简介

木材是人类最早使用的能源、建筑和艺术材料。干木材具有吸湿性，吸水时膨胀，水分保留在细胞壁内、活细胞的原生质内、死细胞的细胞腔和空隙内。根据生长阶段的不同，不同密度的春材和秋材（早材和晚材）形成年轮。由于其密度不同，早材和晚材根据含水率的变化而膨胀和收缩，在干燥和膨胀的中过程发生变形。因此木制品在运输和保存过程中要控制空气湿度。风干木材的剩余含水率在8%～16%之间。文化遗产领域的木制品包括画作背板、雕像、梁和柱、家具和乐器。

8.3.2 目标

移动型NMR探测到的木材信号来自自由水和束缚水，纤维素和木质素的信号具有短弛豫时间，需要固体NMR技术进行分析。因此基于单边NMR的无损分析主要研究其水分。利用$30\mu s$及更小回波间隔仍可探测到非晶态纤维素信号。文化遗产领域的木制品主要利用信号幅度研究木材密度和含水率。深度维剖面可提供木材制造和保护措施的信息（例如清漆层）。一定区域内的信号幅度分布图可重新刻度得到与空气湿度和温度相关的质量含水率。

8.3.3 延伸阅读

[1] Capitani D，Di Tullio V，Proietti N，Nuclear Magnetic Resonance to characterize and moni- tor Cultural Heritage. Prog Nuc Magn Reson Spectr. 2012；64；29-69.

[2] Blümich B，Casanova F，Perlo J. Mobile single-sided NMR. Prog Nucl Magn Reson Spec- trosc. 2008；52；197-269.

[3] Rowell RM，editor. Handbook of Wood Chemistry and Wood Composites. Boca Raton：CRC-Press；2005.

［4］ Maunu SL. NMR studies of wood and wood products. Prog Nucl Magn Reson Spectr. 2002；40：151-174.

8.3.4 理论

木材是人类所知用途最广的天然复合材料，具有一定强度、弹性和坚固性。从史前时代到现代，木材用于制作工具、乐器、祭坛和建筑等多种商品。它还被用作绝缘材料，可重复利用，最后还可以作为燃料。

木材是由纤维素和嵌入木质素的非纤维素微纤维组成的复合材料。木质素提供抗压强度，纤维素提供抗拉强度。半纤维素存在于木材细胞的第二层细胞壁中［图8.3.1(a)］，是纤维素中最可溶的部分，还是细胞壁最先开始降解的组分。

人们将木材分为具有生长细胞的活的边才，以及基本死的心材（为树提供稳定性）。木材细胞的细胞腔由内层 S1、中间层 S2 和外层 S3（包含纤维素、半纤维素和木质素）组成［图8.3.1(a)］。纤维素和半纤维素方向相同，形成微纤维。层与层之间的微纤维的方向、不同成分的数量是不同的［图8.3.1(b)］。木材细胞最外层由纯木质素构成。附近的细胞由胞间层（绝大部分由木质素组成）组合在一起。

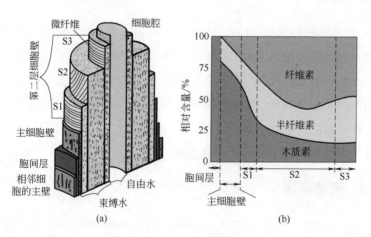

图 8.3.1　木材细胞和组成。(a) 木材细胞及具有胞间层的相邻细胞，注意第二层壁中细分纤维的方向；(b) 细胞壁部分中的木质素、半纤维素和纤维素的含量。胞间层仅由木质素构成。细胞腔中为自由水，细胞壁中为束缚水

木材在采伐时饱含水。受环境湿度影响，自由水含量随木材的膨胀和收缩而变化。NMR 弛豫测量可以测到束缚水和自由水，并与木材类型和状态建立关系。木

材随着干燥会达到纤维饱和点（FSP），这时细胞腔里没有自由水，而细胞壁里仍饱含水。平均来说，FSP 含水率为 30% 左右。根据不同的木材种类，随着木材的干燥，木材强度增加、电导率下降，抵抗生物侵袭的能力增强。

8.3.5　硬件

利用单边 NMR 研究木制品需要短回波间隔的 NMR-MOUSE，以便探测自由水、束缚水和非结晶纤维素的信号。高场强传感器的死时间比低场强传感器更短，但其深度探测范围更小，梯度也更大。研究乐器［图 8.3.2(a)］和木板时，木质的变质和处理绝大多数都发生在物品表面，可使用短深度探测范围的传感器。推荐用探测深度为 2～5mm 的 Profile NMR-MOUSE 做深度剖面测量，使用死时间更短的条形磁体 NMR-MOUSE［图 1.2.1(a) 和（b）］能准确区分不同信号的贡献（不提供深度分辨率）。

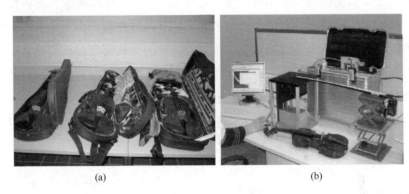

(a)	(b)

图 8.3.2　测量大师制作的小提琴和琴弓的木质。(a) 乐器收藏；(b) 升降机上用于测量琴弓的 PM2 NMR-MOUSE 装置

8.3.6　脉冲序列和参数

根据要获取的木材信息，可以测量 CPMG 回波串［图 5.1.5(a)］、多固体回波串［图 5.1.5(b)］，或测量 T_1-T_2 关联图谱、T_2-T_2 交换图谱（图 3.2.4）等高级二维拉普拉斯图谱。如果只须要自旋密度（多回波串初始幅度），则无须采集整个多回波衰减。基于弛豫时间的差异，整个弛豫衰减可分解为束缚水、自由水以及纤维素等成分。一维弛豫时间分布上的信号重叠可在 T_1-T_2 关联图谱上分开，T_2-T_2 交换图谱可揭示不同含水率时不同水分之间的联系。利用 CPMG 测量木材的参数见表 8.3.1。

表 8.3.1　PM2 NMR-MOUSE 测量木材的采集参数

参数	CPMG 序列	参数	CPMG 序列
发射频率 v_{rf}	29.3MHz	回波间隔 t_E	50μs
90°脉冲幅度	$-8dB(80W)$	回波个数 n_E	128
90°脉冲宽度 t_p	5μs	循环延迟 t_R	0.5s
采样间隔 Δt	0.5μs	采集次数 n_s	512
采集时间 t_{acq}	5μs		

8.3.7　初级测量

大师制作的小提琴（下面称为大师小提琴）发出优美的声音，很大程度上归功于木材的选择和处理。利用 NMR-MOUSE 对一些大师小提琴进行了深度维剖面分析，识别出了清漆层以及木质层的信号［图 8.3.3(a)］。有时能够识别两种或以上清漆层，来自木质的信号（前两个回波之和）也有很大差异。由于采集了 512 个回波，这两个回波之和的弛豫权重较小，可代表材料的氢核密度。该信号基本来自束缚水或可能有少量木质聚合物贡献。有趣的是，琴弓的深度维剖面在开始时不那么陡峭［图 8.3.3(b)］，可能是因为琴弓是弯曲的，在传感器的低探测深度处只有一部分位于敏感区之内。制作琴弓的木质更硬，信号幅度高于小提琴。所以用信号幅度刻度木材密度并不合理。

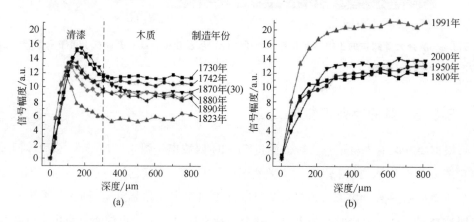

图 8.3.3　不同年代制作的大师小提琴和琴弓的幅度深度剖面。信号幅度为 CPMG 回波串前两个回波之和。(a) 小提琴后面板；(b) 琴弓下端

将深度 0.7mm 处的信号幅度按小提琴制造时间画出，发现多绝大多数大师小提琴的氢核密度随年代而增加（图 8.3.4）。与此相反，大师琴弓的木材密度随年

代而下降。这表明越到现代，使用的木材越硬。这两组数据均表明木材密度是乐器年代的表征参数，在大师小提琴和琴弓品质中起重要作用。这些信息可在制造现代大师乐器时帮助选择木材，以及在鉴定大师小提琴时作为证据。异常值可识别出可疑的乐器，做进一步研究。

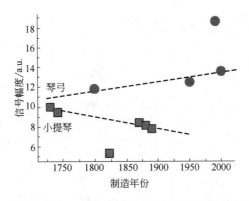

图 8.3.4 小提琴背板 0.7mm 深处的木材氢核密度与制造年代的关系

利用 NMR-MOUSE 测量木制品时，需要确保物品在传感器附近不含铁钉和其他金属部件。除此之外，测量并不复杂。如果需要定量确定含水率，需要控制室内的湿度。分析木材时的常见问题见表 8.3.2。

表 8.3.2   测量木材的常见问题

——木材含有铁钉，对传感器产生吸力
——含水率随温度和空气湿度的变化而变化
——NMR-MOUSE 未能与物品准确平行
——敏感切片未完全处于物品内部，不能定量确定含水率
——循环延迟太短，信号在相邻测量之间不能完全恢复

8.3.8   高级测量

木材中的水分位于不同部位，某些水分的弛豫率相近。为了分析云杉边材和心材不同部位的信号，以及定量求取不同部位的质量含水率 θ_m，可进行 T_1-T_2 关联实验。T_1-T_2 关联图谱上有 4 个谱峰 [图 8.3.5(a) 和 (b)]，分别对应细胞腔中的自由水 (A)、细胞壁水 (B、C) 和木质聚合物 (D)。由于谱峰 B 和 C 在 T_2 维度上重叠，谱峰 B 和 D 在 T_1 维度上重叠，所以在一维 T_1 和 T_2 分布上仅上能够识别出 3 个峰，而在二维 T_1-T_2 关联图谱上能够识别出 4 个谱峰。根据谱峰积分的变化，可计算出每个部位的相对含水率。谱峰 A 首先消失，对应细胞腔中的自由水。谱峰 D 采样不完全，因为绝大多数信号在采集首个数据点之前已经弛豫掉

了。谱峰 B 和 C 与细胞形态学的对应关系更加复杂，二者为来自不同区域的束缚水。混合时间 $t_m = 12\text{ms}$ 时得到的 $T_2\text{-}T_2$ 交换图谱 ［图 8.3.5(c)］探测出谱峰 α、β、γ（分别为来自 A 部位的自由水、来自 B 和 C 部位的束缚水）之间的交换现象，识别出 B 和 C 中至少有一个部位的束缚水处于弱束缚状态。

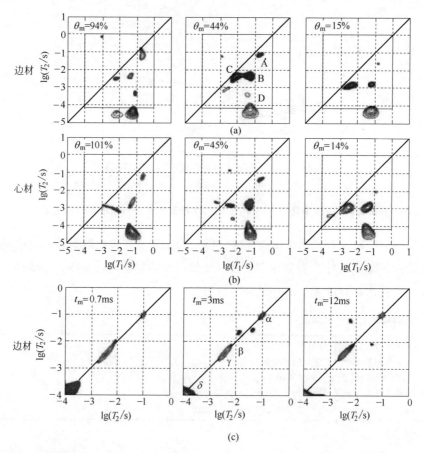

图 8.3.5 云杉木边材和心材的二维关联 NMR。（a）、（b）不同含水率情况下的 $T_1\text{-}T_2$ 关联谱图。谱峰 B 和 C 在一维 T_2 分布上重叠，谱峰 B 和 D 在一维 T_1 分布上重叠，但在二维关联分布图上都能分开。细胞腔中的自由水（谱峰 A）随着含水率的降低而降低。方框标出了采样时间窗口的限制。（c）在含水率为 40% 的情况下，不同混合时间得到的 $T_2\text{-}T_2$ 关联谱图。水分子在 α、β、γ 部位之间发生交换

8.3.9 数据处理

如果已知完全饱和水样品的含水率 $\theta_{m,\max}$，以及完全湿润和完全干燥样品的信号幅度 s_{wet} 和 s_{dry}，可根据式（8.1.4）利用 NMR 信号幅度 s_0 计算质量含水率 θ_m。

在实验刻度曲线（将特定 NMR-MOUSE 的 NMR 信号幅度 s_0 与不同木材样品关联）的帮助下，可用 NMR 信号幅度估算木材密度。因为木材的 NMR 信号大多数来自水分，被测物体和样品需要等价到相同的空气湿度和温度条件下。

8.3.10 参考文献

[1] Casieri C，Senni L，Romagnoli M，Sanramaria U，De Luca F. Determination of moisture fraction in wood by a mobile NMR device. J Magn Reson. 2004；171：364-372.

[2] Senni L，Casieri C，Bovino A，Gaetani MC，De Luca F. A portable NMR sensor for moisture monitoring of wooden works of art，particularly paintings on wood. Wood Sci Tech. 2011；43：167- 180.

[3] Siau JF. Transport Processes in Wood. Berlin：Springer-Verlag；1984.

[4] Panshin AJ，de Zeeuw C，Brown HP. Textbook of Wood Technology：Structure，Identification，Uses，and Properties of the Commercial Woods of the United States. New York：MacGraw-Hill；1964.

[5] Engelund ET，Garbrecht Thygesen L，Svensson S，Hill CAS. A critical discussion of the physics of wood-water interactions. Wood Sci Technol Berlin：Springer；2012.

[6] Cox J，McDonald PJ，Gardiner BA. A study of water exchange in wood by means of 2D NMR relaxation correlation and exchange. Holzforschung. 2010；64：259-266.

8.4 纸张和羊皮纸

8.4.1 简介

纸莎草和棕榈叶是最古老的写作材料。公元前 200 年在帕加马（Pergamon）发明了替代纸莎草的羊皮纸。大约 2000 年前，中国发明了纸张，并在大约公元 800 年传入伊斯兰世界。再经过 400 年后，欧洲南部才用上了纸张。公元 1400 年纸张传入德国；大约公元 1450 年，古登堡（Gutenberg）发明了活字机械印刷法。

8.4.2 目标

利用 NMR 研究纸张和羊皮纸主要是确定其变质状态和降解机制，以帮助发展适当的保护方法。利用固体 NMR 波谱研究纸张是破坏性的，因为需要采集样本。利用 NMR-MOUSE 的杂散场则无须采样，样品完好无损，可在储藏地现场测量贵重文件。这种无损、便携的测量方法将在下面详细介绍。

8.4.3　延伸阅读

［1］ Capitani D，Di Tullio V，Proietti N. Nuclear Magnetic Resonance to characterize and monitor Cultural Heritage. Prog Nuc Magn Reson Spectr. 2012；64：29-69.

［2］ Blümich B，Casanova F，Perlo J. Mobile single-sided NMR. Prog Nucl Magn Reson Spectrosc. 2008；52：197-269.

8.4.4　理论

羊皮纸主要由小牛、山羊、绵羊和鹿的皮制成。羊皮纸的成分绝大多数为胶原（一种蛋白质），存在于皮肤的拉长原纤维之中，类似于肌腱（图 6.2.1）。在制作羊皮纸前，通常在碱池中将动物皮肤脱毛，去掉上皮和皮下组织。鉴于准备工作的方法，材料中存有剩余油脂。新羊皮纸中含有约 15% 的束缚水和自由水。束缚水在胶原材料稳定性方面起关键作用。如果保存在低湿度条件中，羊皮纸将变脆。如果保存在高湿度条件中，则会发生胶凝形成透明区域，此时三胶原螺旋结构被破坏，易受真菌侵害。羊皮纸还受到水解作用和氧化作用而降解。

纸张由纤维素、水和少量添加剂制成。早期手工制造的纸张由大麻、亚麻和棉花的长纤维素制成；绝大多数现代机器制造的纸张由短纤维素混合半纤维素、木质素和其他添加剂制成。在干燥的纸张中，水分存在于小孔之中，这类水分的流失会对材料造成不可逆的破坏。纸张的破坏通常来自真菌、细菌和昆虫等生物攻击，以及化学氧化和酸的损坏。它们改变束缚水含量和纤维素的结晶度。NMR 弛豫测量可观测到束缚水和自由水，并与保存状态建立关系。

8.4.5　硬件

观测束缚水信号需要短死时间的 NMR-MOUSE，例如探测深度为 3mm、5mm 的 Profile NMR-MOUSE 或条形磁体 NMR-MOUSE［图 1.2.1(a) 和 (b)］。早期测量在简单 U 形 NMR-MOUSE 上进行（图 8.4.1）。

8.4.6　脉冲序列和参数

纸张和羊皮纸也利用杂散场仪器测量 CPMG［图 5.1.5(a)］和多固体回波［图 5.1.5(b)］等多回波序列，类似其他艺术和文化遗产。深度维扫描只采集少数回波，在物体位置确定后再选定深度进行测量。测量需要使用短回波间隔，不但测量自由水信号，而且测量束缚水以及非晶聚合物的信号。采集参数见表 8.4.1。高

图 8.4.1　NMR-MOUSE 的早期版本，连接布鲁克公司 Minispec 谱仪测量 17 世纪版的 "选帝侯 (Kurfürstenbibel) " 的 CPMG 弛豫衰减

表 8.4.1　PM3 NMR-MOUSE 测量纸张和羊皮纸的采集参数

参数	CPMG 序列	参数	CPMG 序列
发射频率 v_{rf}	17.1MHz	回波间隔 t_E	50μs
90°脉冲幅度	-8dB(300W)	回波个数 n_E	1024
90°脉冲宽度 t_p	2μs	循环延迟 t_R	1s
采样间隔 Δt	0.5μs	采集次数 n_s	512
采集时间 t_{acq}	5μs		

级测量利用饱和恢复序列［图 3.3.2(a)］和 T_1-T_2 关联图谱［图 3.2.4(a)］分析纵向弛豫。

8.4.7　初级测量

纸张和羊皮纸的破坏通常会造成短纵向和横向弛豫时间，意味着水分的流失。材料脆性的增加和弹性的下降支撑这个观点。在一本因生物变质的古代（1605 年）书籍上发现两个弛豫时间［图 8.4.2(a)］，分别对应束缚水和非结晶纤维素。来自结晶纤维素的信号大部分在传感器死时间内衰减掉了，但可通过将信号幅度外推至零时刻来估算［图 8.4.2(b)］。利用早期版本的 NMR-MOUSE（图 8.4.1）采集 Hahn 回波而非 CPMG 序列，以压制传感器中用于固定射频线圈的黏胶信号。

在人工老化研究中，发现横向弛豫衰减的测量比目测更早反映纸张的变质，NMR-MOUSE 的无损测量与均匀场下的有损测量结果吻合较好。与生物降解类似，纤维素在 $NaIO_4$ 中的氧化也使横向弛豫变短［图 8.4.2(a)］。此外，在古代纸张上探测到铁胆墨水（鞣酸铁墨水）。不同的墨水对 NMR 弛豫时间的影响不同。有时甚至能检测到褪色的墨水。纸张上油迹的弛豫信号可与油的类型和交联程度建立关系，有助于寻找恰当的保存方法。测量纸张和羊皮纸的常见问题见表 8.4.2。

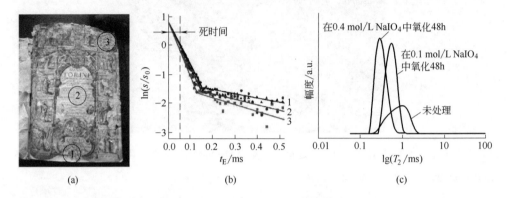

图 8.4.2　古籍纸张的横向弛豫时间。(a) 一本具有不同变质程度的 1605 年的水渍书籍：①轻度变质；②中度变质；③重度变质。(b) 利用不同回波间隔 t_E 的 Hahn 回波测得 (a) 中三个部位的相对横向弛豫衰减。连线是为了便于阅读。(c) 利用杂散场传感器测量人工老化的沃特曼（Whatman）滤纸得到的弛豫时间分布

表 8.4.2　测量纸张和羊皮纸的常见问题

——样品是弯曲的，敏感切片未完全位于材料内部
——材料太脆，信号在 10 个回波内衰减完毕
——回波时间太长，无法探测到快弛豫磁化量组分
——将样品压在 NMR-MOUSE 上的物品产生 ^{1}H 信号
——回波个数过大、循环延迟太小，导致射频线圈升温

8.4.8　高级测量

绝大多数羊皮纸和纸张一样因年久而变脆。但纸张主要是横向弛豫随变质而变化，而羊皮纸是纵向弛豫时间随变质而变化。对比现代羊皮纸和古代羊皮纸"死海古卷（Dead Sea Scrolls）"的弛豫时间发现其 T_1 具有显著差异（图 8.4.3）。来自 17 世纪的水渍书籍羊皮纸封面的 T_1-T_2 关联密度图谱也确认了该结论（图 8.4.4）。随着变质程度从低到高，T_2 的变化弱于 T_1 的变化。由不同动物皮制成的现代羊皮纸的平均 T_1 均为约（45 ± 2）ms。由于老化机制，可观察到一个上述 T_1 组分，T_1 还随着人工老化时间的增长而变大。湿热老化时观测到了 T_1 变短现象，归结为原始纤维质胶原蛋白的凝胶作用。

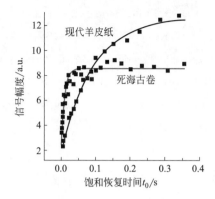

图 8.4.3 利用饱和恢复脉冲序列测量现代和古代羊皮纸的纵向磁化量增长曲线

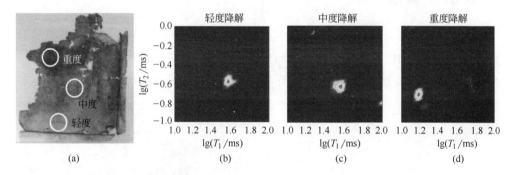

图 8.4.4 来自 17 世纪的水渍的书籍封面羊皮纸不同降解部位的 T_1-T_2 关联密度图谱。（a）羊皮纸碎片的照片；（b）轻度降解部位的谱图；（c）中度降解部位的谱图；（d）重度降解部位的谱图

8.4.9 数据处理

纸张和羊皮纸的 NMR 弛豫数据处理方法与绘画的类似（第 8.2.9 节）。

8.4.10 参考文献

[1] Kennedy CJ，Weiss T. The structure of collagen within parchment - A review. Restaurator. 2003；24：61-80.

[2] Proietti N，Capitani D，Pedemonte E，Blümich B，Segre AL. Monitoring degradation in paper：Non-invasive analysis by unilateral NMR. Part II. J Magn Reson. 2004；170：113-120.

[3] Blümich B，Anferova S，Sharma S，Segre AL，Federici C. Degradation of historical paper：Nondestructive analysis by the NMR-MOUSE®. J Magn Reson. 2003；161：204-209.

[4] Viola I，Bubici S，Casieri C，De Luca F. The codex major of the Collectio Altaempsiana：A

noninvasive NMR study of paper. J Cult Heritage. 2004；5：257-261.

[5] Del Federico E，Centeno SA，Kehlet C，Currier P，Stockman D，Jerschow A. Unilateral NMR applied to the conservation of works of art. Anal Bioanal Chem. 2010；396；213-220.

[6] Masic A，Chierotti MR，Gobetto R，MartraG，Rabin I，Coluccia S. Solid-state and unilateral NMR study of deterioration of a Dead Sea Scroll fragment. Anal Bioanal Chem. 2012；402：1551-1557.

8.5 木乃伊和骨骼

8.5.1 简介

木乃伊通常包裹在纺织品内。由于测量深度不同，木乃伊的 NMR 信号可来自织物、皮肤和骨骼。骨骼是可再生的刚性结缔组织，支撑和保护生命体。骨骼包括密质骨和具有微孔结构的松质骨（图 8.5.1）。长骨具有髓腔，活骨髓腔内含有骨髓。

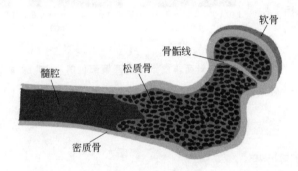

图 8.5.1　骨骼解剖学，骨骼包括密质骨和松质骨，长骨的髓腔含有骨髓

8.5.2 目标

测量木乃伊和骨骼主要是确定不同层的厚度、物质密度及其随深度的变化。对于未经处理的骨骼，氢核密度是骨骼有机胶原蛋白基质保存状态的重要指示。氢核骨密度高的骨骼更适合做 DNA 分析。通过与参考数据对比，可识别外来有机基质的存在，作为存在水分和过去保护措施的证据。

8.5.3 延伸阅读

[1] Capitani D，Di Tullio V，Proietti N. Nuclear Magnetic Resonance to characterize and monitor

Cultural Heritage. Prog Nuc Magn Reson Spectr. 2012；64：29-69.

[2] Blümich B，Casanova F，Perlo J. Mobile single-sided NMR. Prog Nucl Magn Reson Spectrosc. 2008；52：197-269.

8.5.4 理论

骨骼是刚性复合材料，主要由有机胶原蛋白、无机羟基磷灰石[$Ca_{10}(PO_4)_6(OH)_2$]和水构成。胶原蛋白提供弹性，羟基磷灰石提供机械强度。X射线照相术测量的是矿物骨密度，而NMR测量有机骨密度，除非骨骼经历了相冲突的保护措施。

8.5.5 硬件

NMR-MOUSE非常适合研究完整的骨骼和木乃伊（图8.5.2）。这类物体几乎都不平整，需要选择足够大的探测深度（例如10mm），敏感切片才能完全位于物体内部。测量新石器时代的"冰人"奥兹（Ötzi）和秘鲁的木乃伊时，将PM10 NMR-MOUSE安装在铝制台架上的手动升降台上，台架可靠近冰人的担架（图8.5.2）。在采集深度维剖面时，手动调整测量深度后的振动仅需几秒钟振动便能安定下来，说明这套装置足够稳固。

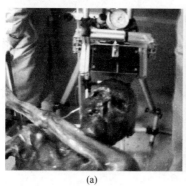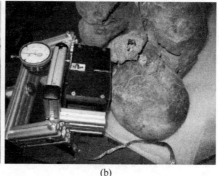

(a)　　　　　　　　　　　(b)

图8.5.2　利用NMR-MOUSE测量木乃伊。核磁共振传感器安装在铝制台架的手动升降台上。(a) 新石器时代的冰人奥兹，位于意大利博岑考古博物馆；(b) 秘鲁的木乃伊（Frank Rühli 供图）

8.5.6 脉冲序列和参数

测量硬质物体采用CPMG序列［图5.1.5(a)］和多固体回波序列［图5.1.5(b)］。如果仅测量自旋密度（例如骨密度），则只采集回波串的初始部分。在研究具有多层织物、皮肤和骨骼的木乃伊时，每个深度都测量完整的CPMG衰减。这样一来，即使在测量过后仍可利用模型方程拟合弛豫信号得到拟合参数或改变 w 方程［式(3.1.5)］的积分上下限来调整深度维剖面的对比度。测量骨骼的 CPMG 信号时的默认参数见表 8.5.1。回波个数随着样品不同而变化。古代骨骼可能仅有 6 个回波。

表 8.5.1 PM5 NMR-MOUSE 测量骨骼时的采集参数

参数	CPMG 序列	参数	CPMG 序列
发射频率 v_{rf}	17.1MHz	回波间隔 t_E	$50\mu s$
90°脉冲幅度	$-8dB(300W)$	回波个数 n_E	64
90°脉冲宽度 t_p	$5\mu s$	循环延迟 t_R	0.5s
采样间隔 Δt	$0.5\mu s$	采集次数 n_s	128
采集时间 t_{acq}	$5\mu s$		

8.5.7 初级测量

NMR-MOUSE 可以根据质子密度来探测人类和动物干燥骨骼的有机骨密度，并评估其保存状态。NMR-MOUSE 可用于在博物馆或发掘现场探测骨质艺术品和木乃伊。

古老的骨骼和木乃伊中的干燥组织的横向磁化量衰减很快。这导致 CPMG 回波串很短，常用单指数衰减方程拟合得到对应质子密度的信号幅度。骨骼很少有平整的形状，非均匀性又很强。只有在传感器的敏感区域完全处于骨骼中时，信号幅度才对应有机骨密度。如果未能准确知道骨骼的结构和所探测的位置，就需要采集整个深度维剖面来确定其位置。利用 NMR-MOUSE 测量骨骼时常见的问题见表 8.5.2。

表 8.5.2 测量骨骼时的常见问题

——样品是弯曲的，敏感切片未完全位于材料内部
——材料太脆，信号仅在几个回波内衰减完毕
——回波时间太长，无法探测到快弛豫磁化量组分
——骨骼是潮湿的，或使用含氢保护试剂做过处理，所以回波串幅度与骨密度的对应关系不再成立

当骨骼变质后，骨密度下降。在此过程中，有机和无机骨密度之间的关系呈高度非线性关系。利用 NMR-MOUSE 和 X 射线断层成像对不同变质程度的胫骨［来自达尔海姆（Dahlheim）修道院］进行联合研究，表明有机胶原蛋白机制首先分解并释放出矿物成分（图 8.5.3）。

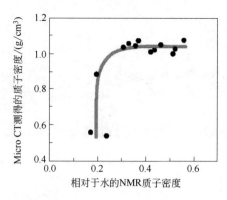

图 8.5.3　不同变质程度的古老胫骨的 X 射线和 NMR 骨密度的关系。X 射线骨密度由微计算机断层成像得到，为矿物骨密度。NMR 骨密度由 NMR-MOUSE 在相同位置测得的 CPMG 回波串幅度得到。计算机断层成像得到的是矿物密度，NMR 氢密度来自有机质。二者在骨骼腐朽的过程中以不同的速率损耗减少

　　骨骼的深度维剖面可以揭示传感器敏感区内的骨骼体积变化，当敏感区完全处于骨骼内部时可得到骨密度（要求不存在其他有机物质）。为了研究查理曼大帝（Charlemagne）胫骨（保存在亚琛大教堂的圣物箱内）的保存状态，测量了其胫骨［图 8.5.4（a）］不同位置处的 NMR 深度维剖面。这些深度维剖面［图 8.5.4（b）］表明密质骨具有不同的厚度，与该位置处的 CT 截面吻合［图 8.5.4（c）］。相对于达尔海姆修道院的胫骨［年代相似，图 8.5.4（b）左侧两幅图］，查理曼大帝的胫骨在相同位置处的信号幅度更高，表明过去曾用有机药剂对查理曼胫骨采取过保护措施。根据胫骨的长度，估算查理曼大帝的身高为 184cm。

　　在新石器时代木乃伊冰人奥兹的研究中，NMR 信号幅度作为测量骨骼降解的方法。冰人在大约公元前 3100 年被谋杀，直到 1991 年在蒂罗尔（Tyrolian）阿尔卑斯（Alps）地区的 Tisenjoch 山脊附近被发现时，他一直处于冰冻状态。该木乃伊在意大利博岑博物馆展出，保存在 -6.5℃、97%～99% 湿度环境中，身体覆有一层薄冰。对冰人进行的 NMR 研究限制在 60min 内，以避免因冷室内的谱仪和研究人员身上的热量而使其融化［图 8.5.2(a)］。

　　冰人前额的深度维剖面［图 8.5.5(a)］显示有非晶质水层、皮肤和深部的骨骼。在骨骼中，信号幅度先有一个谱峰，然后开始下降。信号的下降可根据头骨架剖图（插图）来解释，分别为密质外层、松质中间层和密质内层。来自苏黎世大学保存完好的头骨以及达尔海姆修道院的降解头骨的深度维剖面印证了这种骨密度的变化。现代木乃伊尸体前额的深度维剖面没有呈现这种变化，最可能的原因是覆盖头骨的组织层太厚，未能探测到骨骼信号。埃及木乃伊头部的深度维剖面显示出了

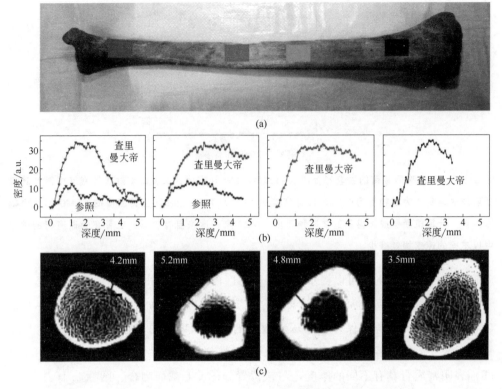

图 8.5.4　研究查理曼大帝（Carolus Magnus，公元 747—814 年）的左胫骨。（a）胫骨的照片，上面标有 NMR 深度维剖面测量位置；（b）查理曼大帝左胫骨的 NMR 深度维剖面，以及作为参照的达尔海姆修道院的一条胫骨；（c）查理曼大帝胫骨上 NMR 深度维剖面测量位置处的 CT 截面

包裹的组织，接着开始出现骨骼信号。

　　有趣的是，冰人骨骼的信号甚至比现代头骨的信号还要强。考虑到冰人一直暴露在水中，又开展了水对浸湿、冷冻、融化和干燥骨骼的作用的研究。从古代和现代颅骨的前额上切下小片头骨，分别在干燥、润湿、冷冻（−30℃）和再次干燥情况下测量深度剖面。干燥头骨切片在水中浸泡前、后的剖面差别不大，表明剩余含水率取决于湿度和干燥方法。润湿和冷冻的新头骨剖面重叠［图 8.5.5(b)］，且略低于冰人的骨骼剖面。此外，降解的古代头骨的干燥剖面［图 8.5.5(c)］低于新头骨（表明骨密度更低），在浸泡后又比湿润的现代头骨高很多。这说明损失的胶原蛋白位于大孔隙中，骨骼润湿时可吸收更多的水分。在冷冻的过程中，骨骼剖面幅度出现下降，说明有些大孔隙（冰点降低现象较轻）中的水分被冷冻到结晶冰的状态，而不再能观测到。冰人和湿润/冷冻新头骨的剖面之间存在较小差异，说明冰人前额中的水以及新头骨的冰冷头骨切片中的水都没有冻结，原因是小孔中的冰点

降低现象较强。降解头骨切片在润湿和冷冻状态下的剖面对比表明，冰人的骨骼结构的保存状态和新头骨一样好。

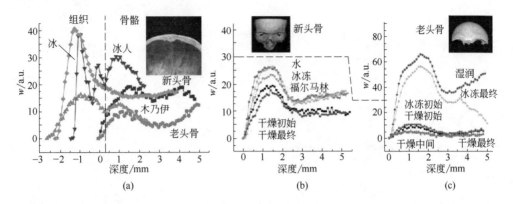

图 8.5.5　前额的深度维剖面。(a) 深度维剖面，分别来自冰人（含有冰层和皮肤）、尸体标本（含有皮肤和组织）、埃及木乃伊头部、达尔海姆修道院的变质头骨、苏黎世大学解剖标本的现代头骨。插图中给出了头骨形状的不规则性，以及密质和松质骨骼层。(b) 现代头骨切片在干燥、湿润和冰冻状态下的剖面。(c) 古代头骨切片在干燥、湿润和冰冻状态下的剖面

8.5.8　高级测量

高级骨骼 NMR 测量常采用高场 MRI 和固态 NMR 波谱。大多数临床研究对骨骼周围的组织进行成像。然而，短回波成像方法具备直接对骨骼成像的能力，也用于研究横向弛豫时间较短的干燥木乃伊组织。

8.5.9　参考文献

[1]　Collection of Frank Rühli，University of Zürich，Zürich，Switzerland.

[2]　Rühli F，Blümich B，Henneberg M. Charlemagne was very tall，but not robust. Econ Hum Bio. 2010；8：289-290.

[3]　Rühli F，Böni T，Perlo J，Casanova F，Baias M，Egarter E，Blümich B. Non-invasive spatial tissue discrimination in ancient mummies and bones in situ by portable nuclear magnetic resonance. J Cultural Heritage. 2007；8：257-263.

[4]　Wehrli FW. Magnetic resonance of calcified tissue. J Magn Reson. 2013；229：35-48.

第9章

结束语

9.1 未来发展

核磁共振是一种简单的物理现象，在分析领域有着丰富的应用。核磁共振应用的数量随着噪声因数的降低和收发信号电子器件物理体积的缩小而日益增长。早期的核磁共振磁体为电阻式电磁铁 [图 9.1(a)]，其磁场扫描过共振点，利用谱矩分析凝聚物质的宽谱线来获得横向弛豫时间。当人们发现核磁共振波谱的精细结构及其化学成因后 [图 9.1(b)]，核磁共振的主要研究兴趣从物理学转移至化学领域。因为化学位移的频率范围正比于场强，而敏感度约正比于场强的平方，高强磁场成为核磁共振仪器发展的主要目标。超导磁体的出现和多维核磁共振波谱的发展建立了生命科学核磁共振波谱学，因为大分子的结构、构造和功能都可以在其自然条件和非结晶组合条件下分析。

直到 1973 年发现核磁共振成像以前，化学分析一直是核磁共振的主话题。此后，核磁共振的主要应用从化学转移至医学领域，追求更强的超导磁体产生高强磁场仍然是战略发展目标 [图 9.2(a)]。采用永久磁体的桌面型核磁共振凭借弛豫和扩散测量在食品工业中获得一席之地，并最终扩展至其他材料科学领域。核磁共振测井仪器的出现，表明在磁体和射频线圈外的杂散场中也能实现核磁共振测量，真正地推动了这类仪器的发展。NMR-MOUSE 也利用这一原理进行无损材料检测，但硬件比测井仪器和超导磁体小得多。

目前，核磁共振的主要技术进展在于小型永久磁体的商业化，经过匀场和温度稳定设计的小型磁体强大到足以分辨出溶液的氢谱化学位移，这对化学实验室中的台式核磁共振波谱技术［图 9.1(c) 和 (d)］很有吸引力。由于诸如 1T 或 2T 低场的分辨率，应首选大样品体积。但标准 5mm 直径样品管中亚摩尔浓度的溶液就能够获得足够好的谱线结果，表明磁场均匀度能够满足窄谱线测量。

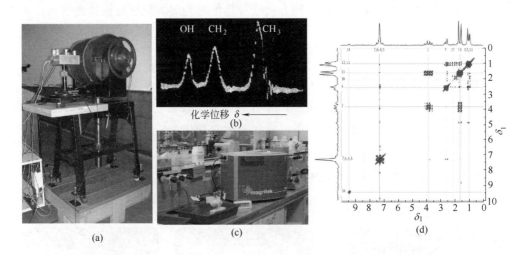

图 9.1　核磁共振硬件和谱图。(a) Walther Gerlach 的学生 Wilhelm Schütz 的磁体，已从慕尼黑经柯尼斯堡搬到了耶拿，Gerhard Scheler 用它演示连续波核磁共振实验；(b) 1951 年，利用电磁铁在 32MHz 磁场获得的乙醇的核磁共振波谱，采集时间为 2min；(c) 基于永久磁体的桌面型高分辨率傅里叶核磁共振谱仪，频率 42MHz；(d) 利用 (c) 中谱仪得到的布洛芬（异丁苯丙酸，抗炎镇痛药）的 2D COSY 谱，采集时间为 8min

核磁共振仪器的小型化仍在继续发展之中。掌上核磁共振弛豫仪器（包含磁体在内）已经测试，具有化学位移波谱分辨率的小型磁体正在变成现实。但磁体越小意味着样品越小，对于实际定量分析应用来说，敏感度需要提升。当前，人们在寻找改善敏感度方法上做了大量工作，出现了许多不同的方法。在小型波谱仪领域，最成功的是利用功能化弛豫剂（例如铁磁性纳米颗粒）在复杂流体中定位疾病的分子标记，这种弛豫剂可用小型弛豫仪器通过弛豫分析计数。利用这种方法，微型线圈能够获得很高的敏感度，微型线圈的敏感区域与浓缩分析物紧密匹配。其他提升敏感度的技术在小型仪器上目前都还未能实现。但目前的研究兴趣涉及超极化和替换检测方法。

超极化表示产生的磁化量大于热平衡状态能提供的磁化量。为了实现这个目的，可以将样品在一个不均匀的强磁场中预极化，然后转移到均匀的弱磁场中进行波谱分析；惰性气体，特别是^{129}Xe，可以用激光超极化并将极化转移给其他原子核；磁极化可以从附近自由基中的电子通过动态核极化（DNP）传递给其他原子核；仲氢分子中两个氢核的磁序可以通过临时络合作用或氢化作用转移给特定的目标分子，并传递给其他原子核。除了超极化方法，其他方法选择性地放大特殊化学基团。虽然这样做乍一看存在不足，但这在低场条件下分析发生多种共振的复杂流体混合物时具有优势。借助其他检测方法代替传统射频线圈核感应的探测方式，也能获得敏感度的提升。超导量子干涉仪（SQUIDs）和包括氮空缺钻石的光学磁力泵是正在探索中的新途径。

迄今为止，这些技术都没能小型化到智能手机大小，同时还能工作在1T场强附近，并获得化学分析可接受的化学位移分辨率。不过，一旦这些问题得以解决，并且经技术改善生产出足够均匀的小型永久磁体实现化学位移分辨率，就可以设计利用核磁共振波谱和其他技术（例如红外波谱）联合的微流体分析仪，用于医学诊断快速检测中的体液检测，或用于家庭通过互联网跟踪个人健康并优化个体营养和锻炼计划［图9.2(b)和（c）］。

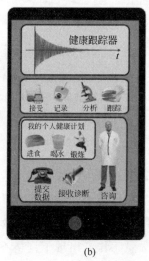

（a）　　　　　　　　　　（b）　　　　　　　　　　（c）

图9.2　现今和未来的核磁共振硬件。（a）700MHz化学分析用核磁共振磁体；（b）用于体液定量分析和个人保健的智能手机大小的核磁共振谱仪概念图；（c）个人健康记录仪中核磁共振组件的概念图

随着今天小型核磁共振仪器的发展，核磁共振已经开始用于核磁共振中心和医院以外，对被测物体实地进行材料测试、化学分析，在工厂中进行产品质量控制和过程控制。许多梦想家提出核磁共振快速医学分析仪最终将进入每个家庭，高通公司（最大的芯片制造商之一）甚至在 2012 年与 X-Prize 基金会设立三录仪奖励竞赛，开发能够获取关键健康指标和诊断 15 种疾病的手持仪器。体液和组织的核磁共振化学分析技术将是该仪器的重要组成部分。

9.2 延伸阅读

［1］ Zalesskiy SS，Danieli，Blümich B，Ananikov VP. Miniaturization of NMR systems：Desktop spectrometers，microcoil spectroscopy and "NMR on a Chip" for chemistry，biochemistry and industry. Chem Rev. 2014；in press.

［2］ Webb AG. Radiofrequency microcoils for magnetic resonance imaging and spectroscopy. J Magn Reson. 2013；229：55-66.

［3］ Qian C，Zabow G，Koretsky A. Engineering novel detectors and sensors for MRI. J Magn Reson. 2013；229：67-74.

［4］ Espy E，Matlashov A，Volegov P. SQUID-detected ultra-low field MRI. J Magn Reson. 2013；229：127-141.

［5］ Lilburn DML，Pavlovskaya GE，Meersmann T. Perspectives of hyperpolarized noble gas MRI beyond 3He. J Magn Reson. 2013；229：173-186.

［6］ Green RA，Adams RW，Duckett SB，Mewis RE，Williamson DC，Green CGR. The theory and practice of hyperpolarization in magnetic resonance using parahydrogen. Prog Nucl Magn Reson Spectr. 2012；67：1-48.

［7］ Acosta RH，Blümler P，Münnemann K，Spiess HW. Mixture and dissolution of laser polarized noble gases：Spectroscopic and imaging applications. Prog Nucl Magn Reson Spectr. 2012；66：40-69.

［8］ Utz M，Landers J. Magnetic resonance and micro fluidics. Science. 2010；330：1056-1058.

［9］ Harel E. Lab-on-a-chip detection by magnetic resonance methods. Prog Nuc Magn Reson Spectr. 2010；57：293-305.

［10］ Blümich B，Casanova F，Appelt S. NMR at low magnetic fields. Chem Phys Let. 2009；477：231-240.

［11］ Budker D，Romalis M. Optical magnetometry. Nature Physics. 2007；3：227-234.

［12］ Beckonert O，Keun HC，Ebbels TMD，Bundy J，Holmes E，et al. Metabolic profiling，metabolomic and metabonomic procedures for NMR spectroscopy of urine，plasma，serum and tissue extracts. Nature Protocols. 2007；2：2692-2703.

［13］ Jelezko F，Wrachtrup J. Single defect centres in diamond：A review. Physica Status Solidi

2006；203：3207-3225.

9.3　参考文献

［1］　Arnold JT，Dharmatti SS，Packard ME. Chemical effects on nuclear induction signal from organic compounds. J Chem Phys. 1951；19：507.

［2］　Sun N，Yoon TJ，Lee H，Andress W，Weissleder R，Ham D. Member IEEE Palm NMR and 1-Chip NMR. IEEE J Solid-State Circuits. 2011；46：342-352.

［3］　Sillerud LO，McDowell AF，Adolphi NL，Serda RE，Adams DP，Vasile MJ，Alam TM. 1H NMR detection of superparamagnetic nanoparticles at 1 T using a microcoil and novel tuning circuit. J Magn Reson. 2006；181：181-190.

［4］　Haun JB，Castro CM，Wang R，Peterson VM，Marinelli BS，Lee H，Weissleder R. Micro-NMR for rapid molecular analysis of human tumor samples. Sci Transl Med. 2011；3：71ra16.

［5］　Kennedy DJ，Jimenez-Martinez R，Donley EA，Knappe S，Seltzer SJ，Ring HL et al. A Microfabricated Xenon Hyperpolarizer. Abstract ENC Asilomar Cal. 2013.

［6］　http：//www. qualcommtricorderxprize. org（23 August 2013）.